mit
HALWART SCHRADER
unterwegs

Liebe Lesende:
Es sei Ihnen herzlich empfohlen, sich
eingehend mit der Seite 256
dieses Buches zu befassen.
Nein, nicht erst später – jetzt gleich!

Die Deutsche Nationalbibliothek verzeichnet diese Publikation in der Deutschen Nationalbibliografie; detaillierte bibliografische Daten sind im Internet über http://dnb.d-nb.de abrufbar.

Verlag und Autor haben sich bemüht, sämtliche Rechteinhaber der Abbildungen zu ermitteln und die Copyright-Angaben nach bestem Wissen und Gewissen zu erstellen. Damit eventuell nicht erfasste Ansprüche sind an den Verlag zu richten.

1. Auflage 2025

www.olms-presse.de

Gestaltung: Halwart Schrader
und Julia Bieber / texte-team
Korrektorat: Walter Grimme,
Eckhart Bartels
Druck und Bindung:
Azymut, Warschau
Printed in Poland
Gedruckt auf säurefreiem und
alterungsbeständigem Papier

ISBN 978-3-7582-0811-9

mit HALWART SCHRADER unterwegs

Warum es Spaß macht, sich mit alten Autos zu beschäftigen

Olms Presse

Inhaltsverzeichnis

Nicht nach der Baujahrs-Chronologie oder markenalphabetisch sind die Kapitel aneinandergereiht, sondern in der zeitlichen Folge, mit der sie sich im virtuellen Lebensbuch des Autors einen Speicherplatz sicherten.

Vorwort

...egal, wohin die Reise geht: Sie soll Spaß machen!

Nehmen Sie Platz und genießen Sie das Einsinken in abgewetzte Lederpolster... erleben Sie ein paar vergnügliche Abenteuer als Passagier in meinen Old- und Youngtimern. Lassen Sie sich als Schwarzfahrer auf der Ladefläche meines Brikett-Pickup in die großstädtische Hinterhofgarage von Vorgestern entführen und zockeln Sie mit mir im Fiat Topolino die Route Napoléon hinunter ans Mittelmeer. Begleiten Sie mich nach Unterhaching zur Wiederbelebung eines ausrangierten Leichenwagens und ins Städtchen Crowborough zum Aufstöbern eines in den Winterschlaf abgetauchten Autoveteranen namens Lagonda. Auf dem Rücksitz im Kompressor-Bentley werden Sie vielleicht etwas nervös werden, solange ich den »Rolling Stone« zu beherrschen versuche, und ich werde es ertragen, wenn Sie im bretthart gefederten Wohnmobil Baujahr '30 ein paar Zentimeter mehr Liegeflächenbreite für Ihr Wohlbefinden reklamieren... Der Mehrzahl der Autos, die Ihnen auf den folgenden Seiten begegnen, war ich eine Zeitlang in – wenn auch polygamer – Treue verbunden, oder ich vermochte der Versuchung nicht zu widerstehen, mit ihnen mehr oder weniger diskret zu flirten. Doch auf ein paar in diesem Buch enthaltene Geschichten trifft weder das eine noch das andere zu; ich entdeckte sie in einem virtuellen Abstellraum mit dem Schild »Was Hinz und Kunz interessiert« an der Tür, und deshalb schmuggelte ich Stories wie die über Bunty Scott-Moncrieff, Professor Max Reisch, Paul Gustav Hahnemann oder meinen Großvater ein. Ich weiß nicht, wie viele Kilometer in alten Autos zugebracht habe. Eine Million dürften schon zusammengekommen sein, in immerhin sechzig Jahren – mindestens.

Sei's drum: Wir setzen unsere Reise fort, und überall, wo wir wegen der schon wieder streikenden Benzinpumpe oder aus anderer Unfreiwilligkeit anhalten, wo man uns rätselhafte Scheunenfunde zeigt oder mit uns ein Gespräch mit den Worten »so einen hatte mein Onkel auch mal...« beginnt, da kommt es zu Begegnungen mit autonärrischen und deshalb sympathischen Gestalten. So wie mit jenem geschätzt neunzigjährigen Gummistiefel-Gentleman aus Milwaukee, der auf meine Frage, warum er sich jedes Jahr dem Gedränge des Hershey Flea Market mit dem Risiko des Zerquetschtwerdens aussetze, und das bei einem regelmäßig zu erwartenden, orkanartigen Regenflut-Desaster, mir lächelnd einen Aufkleber in die Hand drückte: I ♥ old cars.

Viel Spaß und gute Reise!

Ihr
Halwart Schrader.

Oben: Solcherart Edelmetall bekommen wir in Europa nirgendwo mehr zu sehen seit der Auflösung so berühmt-berüchtigter Kollektionen wie die der Herren Pozzoli, Duvaz, Tognazzo und Messerli.

Ach Jungchen, du und deine Autos!

Schildkröten verstehen wenig vom Klavierspielen

Wenn meine Mutter die Worte »...ach Jungchen, du und deine Autos...« aussprach, um eine der Geschichten ihres Sohnemanns zu kommentieren, deren Pointe sie wieder einmal nicht ganz verstanden hatte, dann ließen Tonlage und Klang ihrer Stimme erkennen, dass sie darauf vertraute, der Junge würde schon alles richtig machen... Jedenfalls empfand ich mütterlichen Zuspruch dieser Art gerade dann als wohltuend, wenn er mir von anderen Seiten aus pädagogischen Erwägungen versagt blieb.

Kam das »du und deine alten Autos...« über die Lippen nachbarlicher Onkelmänner, Gewohnheitsnörgler oder prinzipiell Andersdenkender, klangen sie gestoßseufzert, schadenfreudig, herablassend. Tadel und Missbilligung artikulieren sich leichter als Zuspruch. »Jetzt redet er wieder chinesisch, ich verstehe kein Wort...« lautete eine der Stereotypen meines verehrten Stiefvaters, der ja nur das Beste für mich im Sinn hatte, aber von Autos ebenso viel verstand wie eine Schildkröte vom Klavierspielen. Es war Zeitvergeudung, ihm die Funktion einer Zündkerze zu beschreiben; als Fahrrad benutzender Steuerberater konzentrierte sich sein Knowhow auf ganz andere Abstrakta.

Nein, »alles richtig« machte ich keineswegs, und Grund zum Tadeln hatte mein Stiefvater (»solange er noch seine Füße unter unseren Tisch streckt, werde ich dafür sorgen, dass der Junge etwas Vernünftiges lernt...«) genug, wenn ich eine neue Ausblühung meiner jugendlichen Leidenschaft für schrottreife Groschengräber offenbarte. »Was zum Kuckuck willst du mit dem Lieferwagen vom Kohlenhändler Hildebrandt? 250 Mark – dein gesamtes Postsparguthaben – hast du bezahlt? Junge, für soviel Geld hättest du ein Radio gekriegt oder ein Fahrrad...«

»Oder einen neuen Wintermantel, bei Peek und Cloppenburg,« mischte sich Herr Tresenreuter ein, unser Untermieter, der beim sonntäglichen Gemeinschafts-Mittagstisch seine erzieherische Befähigung ebenfalls gern unter Beweis stellte. »Herrenoberbekleidung, erste Etage. Wenn man die Rolltreppe raufkommt, gleich links, also ich meine rechts, nachdem man sich umgedreht hat. Man kann auch auf Teilzahlung, und das Personal ist sehr freundlich.«

Ich wiederhole mein Gleichnis von der Klavier spielenden Schildkröte. Ein Radio besaß ich schon, Fahrräder interessierten mich nicht, die Erneuerung meines Garderobebestands rangierte ganz weit hinten... In die Defensive gedrängt sah ich mich auch, kamen die Herren auf »das verrückte Ding im Keller« zu sprechen, einen vom Schrottplatz für fünf Mark erbeuteten Zweitakt-Monozylinder. Mein Freund Kutte Grünburg und ich wollten herausfinden, wie und warum ein Verbrennungsmotor funktioniert – mangels techni-

Wahrnehmungen eines Fünfjährigen...
Mit Ausbruch des Krieges im September 1939 verschwanden solche Schrottplätze nach und nach – alles wurde recycelt.

MÖBEL
AUTO
Halvart.schrade
Berlin Lichten.rade
Bernauer str.
9. November
1940

Mila und Achim in der Haslau beim Instandsetzen eines Steib-Seitenwagens für die 1952er Condor.

Oben: Teamwork in Hösseringen August 1990.
Links: Mila auf Florian Trenkers Zündapp KS800, Mai 1977.

scher Begabung (und geeigneter Werkzeuge) vermochten wir unsere Büchse der Pandora jedoch nicht zu öffnen, deshalb gaben wir das Unterfangen schließlich auf.

Die Vorstellung, das Motörchen in ein Seifenkistl zu installieren, rückte in weite Ferne. Vielleicht war es ganz gut, dass der leblose Kraftzwerg einer Reanimation widerstand. Er verfügte über keinen Schalldämpfer, und ein plötzliches Losknattern hätte nicht nur zur Folge haben können, durch die ungefilterte Lärmentfaltung sämtliche Bewohner unseres fünfstöckigen Mietshauses in Panik zu versetzen, sondern auch, dass er sich von seiner Halterung (ein ausrangiertes Bügelbrett) losschüttelte und samt Benzingefäß zu Boden stürzte, mit allen sich daraus ergebenden Folgen bis hin zum Großeinsatz der Wilmersdorfer Feuerwehr. President and Vice President von der Halwart & Kutte High Performance Motor Corporation – nichts als unmusikalische Schildkröten.

»Du und deine alten Autos...« lächelte die Mutter in die Tafelrunde, wenn ich zum wiederholten Mal unvorsichtig genug gewesen war, von meiner jüngsten Gebrauchtwagen-Inspektionsrunde durch Charlottenburg, Wilmersdorf, Schöneberg und Friedenau zu berichten, von einem kleinen Hanomag und einem klapprigen Framo in der Wexstraße, einem batterielosen Stoewer und einem süßen Dixi, leider mit leckendem Kühler, am Savignyplatz – alle mit Preisen ab 800 Mark viel zu teuer und obendrein miserabel bereift. Schüler- und Studentenjobs wurden mit 50 bis 75 Pfennig Stundenlohn vergeben; dass in meinem Postsparbuch dennoch ein dreistelliger D-Mark-Betrag verzeichnet war, verdankte ich dem Erfinder hoher Fest- und Feiertage, an denen großmütterliche Zuwendungen meinen bescheidenen Reichtum zu mehren pflegten.

Wesentliche Impulse verdankt meine Hinwendung zur Oldtimerei der ***AutomobilChronik*** – oder von ihrem zweiten Erscheinungsjahr an: ***Automobil- und Motorrad-Chronik***. Diesen Namen hatte der westfälische Unternehmer Uwe Hucke einem von ihm herausgegebenen Magazin verliehen, dessen Prototyp im November 1971 erschien. Es handelte sich um die erste deutschsprachige, vereinsunabhängige Zeitschrift für Liebhaber und Sammler historischer Motorfahrzeuge. Nur kam Hucke mit seinem Redakteur nicht klar, weshalb er mich ins Boot holte, um ab Januar 1973 Erwin Tragatsch zu ersetzen. Noch im selben Jahr stieg Hucke ebenfalls aus, Schrader und seinen Zwei-Personen-Verlag mit allen Verpflichtungen für das noch längst nicht lebensfähige Objekt sich selbst überlassend. Doch das Blatt überlebte immerhin bis zum Oktober 1985...

Mithin oblag mir für 154 Ausgaben die redaktionelle Betreuung eines Periodikums, das internationale Aufmerksamkeit auf sich zog, einer Vielzahl ambitionierter Autoren eine Plattform bot, eine treue Kernleserschaft zum Dialog animierte und sie ernstnahm, indem der »Oldtimer« nicht als Gaudimobil verspaßt wurde, sondern seinen motorhistorisch seriösen Status zuerkannt bekam. Loyale Mitarbeiter wie Stefan Knittel, Hans-Jürgen Schneider, Wieslaw Fusaro und Albert Leonhard leisteten ebenso wertvolle Beiträge zum Fortbestehen der AutomobilChronik wie ein Team hervorragender Experten diverser Spezialgebiete.

Sollte ich versäumt haben, das unermüdliche Engagement, den Ideenreichtum und die Kraft zu würdigen, mit der die Frau an meiner Seite unser gelegentlich havariegefährdetes Schiff durch das eine oder andere Orkantief lotste, die jedes meiner Autoabenteuer vorbehaltlos zu teilen bereit war und die sich zu meiner Überraschung von den ersten gemeinsamen Kilometern an als eine sichere Fahrerin auf zwei, drei und vier Rädern erwies – dann hole ich es hiermit nach und verbinde das mit der Erkenntnis: Eine Ehe lässt sich umso glücklicher führen, je weniger alle Beteiligten Veranlassung haben, einander technisches Verständnis in Abrede zu stellen...

mit Helmut Sch[illegible]
unterwegs

Holzgas-Lastwagen
Militärfahrzeuge
Trümmerbahnen
Davongekommene

1945: EUROPAS MOBILITÄT MUSS SICH NEU DEFINIEREN

Wenn ich groß bin, kaufe ich mir einen Jeep!

Wer hatte die interessanteren Autos?

Rückblick: Der erste bleibende Eindruck, den Autos bei mir hinterlassen haben, geht auf amerikanische Militärfahrzeuge zurück. Dass es Willys-Jeeps waren und Dodge CC, die im April 1945 – ich war zehn Jahre alt – in unserem Evakuierungsdomizil Wernigerode einrückten, erhellte sich mir erst später, und einen Militär-Volkswagen, auch Kübel genannt, hatte ich bis dahin überhaupt noch nie zu Gesicht bekommen.

Bei irgendeiner Gelegenheit hatte ich als Zwölfjähriger mal jemand behaupten hören, dass deutsche Autos die besten der Welt seien. Wieso, überlegte ich, hatte dann Deutschland den Krieg verloren? Waren unsere Autos vielleicht doch nicht so gut wie die der Amerikaner und Engländer? Traf das auch auf die mächtigen Mercedes-Wagen 770 und G4 auf jenen Sammelbildchen zu, in denen der Mann mit dem ausgstreckten Arm – wie hieß er doch gleich – die Paraden abnahm? Dass solche Fragen angesichts der durch Bomben und Granaten angerichteten Verwüstungen sich bei mir auf gute (Sieger) oder nicht so gute (Verlierer) Autos reduzierten, begreife ich noch heute nicht, doch in meiner kindlichen Einfalt glaubte ich, es müsse da doch ein Zusammenhang bestehen...

Ob ihre Autos besser waren, bleibe dahingestellt; in jedem Fall hatten sie sehr viel mehr davon und auch ausreichende Mengen an Sprit, an welchem es den deutschen Gegnern letztendlich

Berlin 1946.

Tausende blieben auf der Strecke

Humber FWD Utility, Dodge Command Car, Willys Jeep.

Links:
Ein in Paris im August 1944 von der Wehrmacht zurückgelassener VW Kübelwagen.

Einzug der Amerikaner in Krefeld (rechts) und in Coburg (unten), 1945. Die aus dem Fenster gehängten weißen Bettlaken sollten signalisieren, dass kein bewaffneter Widerstand mehr geleistet wurde. Trotzdem hat man aus dem Hinterhalt noch geschossen. Die letzten Volkssturm-Männer gaben erst auf, nachdem sämtliche Panzerfäuste wirkungslos verballert waren.

gebrach... Den olivgrünen Sieger-Jeep mit seinem wuchtigen Ersatzrad am Heck erkor ich zu meinem Traumwagen. Er bot drei Personen Platz, war mit einer umfangreichen Ausrüstung behängt, dabei kurz und wendig; seine Windschutzscheibe konnte man nach vorn auf die Motorhaube umlegen, und es gab ein Klappverdeck. Im Allgemeinen kamen die Jeeps verschmutzt und verschmiert daher, nur die der U.S. Military Police präsentierten sich stets pieksauber, wie auch deren Insassen Sonntagsuniformen wie aus einer Wiener Operette trugen, mit weißen Gamaschen, weißen Handschuhen und weißen Helmen.

Auf ihrem Vormarsch wurden die amerikanischen Truppen in Wernigerode von nachrückenden Engländern bereits Ende April 1945 abgelöst. Die Amis zogen weiter Richtung Elbe, wo sich in Torgau Offiziere einer U.S.-Einheit mit ihren sowjetischen Waffenbrüdern die Hände schüttelten. Der Einzug der Briten in der Harzregion vollzog sich mit Fahrzeugen, die ganz anders aussahen als die amerikanischen Jeeps. Deutlich habe ich noch die Flotte olivgrüner Humber- und Ford-Militärfahrzeuge vor Augen, letztere mit den unten einwärts gewinkelten Frontscheiben (aus kanadischer Produktion, wie ich drei Jahrzehnte später lernte).

Der Allrad-Humber Heavy Utility mit seiner bei Thrupp & Maberly hergestellten Karosserie und extra dicken Reifen war ein Automodell, das ich besonders gut in Erinnerung behalten habe. Im Gegensatz zu den Amerikanern war in den Gesichtern der Briten kein Lächeln zu entdecken. Höhere Dienstgrade trugen ein Stöckchen unter dem Arm und klopften damit in gebieterischer

1946: Holzgas-Fahrzeuge blieben in Betrieb, solange flüssige Kraftstoffe kaum erhältlich waren.

Rechts: Wo ein mit Briketts beladener Lastwagen auftauchte, waren Kinder zur Stelle, die aufzuspringen und zu klauen versuchten...

Berlin 1948.

Manier auf ungehorsame Fremdkörper und andere subalterne Objekte, wie sie es im Kolonialdienst praktiziert hatten. Mit Süßigkeiten und Kaugummistreifen wie die Amis warfen sie jedenfalls nicht um sich. Denn was Nahrungs- und Genussmittel anging, so waren die infolge ihrer abgeschnittenen Seewege weitgehend isolierten Briten während der Kriegszeit und auch während der ersten Nachkriegsjahre nicht besser dran als die Deutschen.

So sehr mich der Ami-Jeep und der Briten-Humber interessierten: Autos spielten bis zu meinem siebzehnten Lebensjahr keine große Rolle. Ab September 1939 gab es dort, wo wir wohnten, ja auch kaum noch Autos zu sehen. Alle Privatwagen – Zweitakter und Kleinstmobile ausgenommen – hatte nach Ausbruch des Krieges die Wehrmacht requiriert. Ein »schönes« Auto stellte meines Vaters Opel Olympia dar, das zweitschönste war ein Ford Eifel, mit dem uns Albert Kempeni aus Kiel im Jahre 1941 in Lichtenrade besucht hatte. Wieso Onkel Albert das Privileg genoss, als Zivilist über ein Privatauto zu verfügen und damit Reisen unternehmen zu können, konnte ich nicht wissen. Erst viele Jahrzehnte später erfuhr ich von meinem Vetter, dass Onkel Albert ein im Regierungsauftrag tätiger Filmer und Fotograf war.

Noch fand ich Straßenbahn und Eisenbahn faszinierender als Autos, und welches Knabenherz schlug damals nicht für Schienenfahrzeuge? Selbstverständlich hatte auch ich in Lichtenrade eine Aufzieh-Spielzeugbahn samt kleinem Schienen-Oval, einem Tunnel, Signalen und einem Bahnhof besessen. Auch einen Schuco-Flitzer. Autos interessierten mich nicht sonderlich; auf der Straße sah man ja ab Jahresende 1939 auch kaum mehr welche. Und die Lastwagen mit stinkendem und qualmendem Holzgasgenerator, auf deren Pritschen Zuckerrüben, Trümmerschutt oder gelegentlich Menschen befördert wurden, vermochten nicht einmal Technikfreaks zu begeistern, Solche Fahrten waren grauenhaft, man stand dicht gedrängt auf der Ladefläche und hielt sich am planenlosen Dachgestänge fest; die

wegen des Nachstocherns im Brenner und des Zuschüttens von Holzstücken erforderlichen Fahrtunterbrechungen verzögerten das Vorankommen auf unberechenbare Weise.

Auf diese Lastwagen waren wir noch bis 1948 angewiesen, als ein notwendiges Übel, wobei auch die ältesten und schrottigsten nicht davor verschont blieben, sich über die Runden zu quälen, denn das bessere Material hatte in Russland rechts und links der Rollbahn Ost mangels Treibstoff längst seinen Geist ausgehaucht. Einigermaßen fahrbereite Lastwagen waren insofern besonders wertvoll, als das Schienennetz der Reichsbahn großenteils zerstört war.

Meine automobilistischen Reminiszenzen an jene Ära schließen Büssing-Lastwagen aus Wehrmachtsbeständen und Omnibusse mit ihren nach Waldbrand duftenden Holzgas-Anlagen ein.

Griechenland, September 1956. Herbert Schrader und sein Sohn befinden sich auf einer Urlaubsreise und begegnen überall, wo sie anhalten, Bewunderern ihres dunkelblauen BMW 502, so auch auf einer Straßenbaustelle bei Saloniki. »Ihr Deutsche habt schon immer primaprima Autos gebaut,« sagt einer, der offenbar keinen Groll mehr gegen die einstigen Balkan-Besatzer hegt und deren Sprache gelernt hat. Besonders primaprima sei der Businack gewesen, jawoll – panichyros dynatos!

Businack? Ich kam nicht gleich drauf, dass Businack die griechische Interpretation für Büssing-NAG war.

Später, in meiner (zweiten) Berliner Zeit von 1946 bis 1956, rückten amerikanische Militärfahrzeuge wieder näher in meine Wahrnehmung. Faszinierend fand ich außer den Jeeps der U.S. Military Police die bulligen Dodge CC (Command Cars) des Ordonnance & Signal Corps mit ihren großen Antennen auf dem Heck. Zuweilen fanden ausgemusterte Exemplare ihren Weg auf den deutschen Zivilmarkt.

Ab 1948 begann sich der Straßenverkehr in den Westzonen des geteilten Deutschlands allmählich wieder zu beleben, nicht zuletzt durch Miniaturmobile, die bis 1964 in der Zulassungsstatistik weit oben rangierten, auch im europäischen Ausland. In den Geschäftsräumen der Autohändler sah man keine aufpolierten Vorkriegs-Okkasionen mehr, doch vom Fleck weg einen Borgward oder Mercedes 170 aus dem Schaufenster mitnehmen – das ging nicht: »Bedaure sehr, das ist unser einziger Vorführwagen...« Die Lieferfristen betrugen noch zehn Jahre nach Kriegsende nicht selten acht bis vierzehn Monate; der Export hatte Vorrang, und die Produktionskapazitäten waren begrenzt. Europaweit herrschten Rohstoffmangel und ein allgemeines Fachkräfte-Vakuum.

Die frühe Berliner Nachkriegszeit ist mir in vieler Beziehung lebhaft in Erinnerung geblieben. Die wieder in Betrieb genommenen städtischen Omnibusse aus den Dreißiger Jahren, die teils durch Papptafeln ersetzten Scheiben auch in den Straßenbahnen, die Schmalspur-Trümmerbahnen in den Straßen, die Sorge um Heizmaterial im Winter... und wenn das Wort »drüben« fiel, bezeichnete dies die Ostzone oder, ab 1951, die »so genannte« DDR, oder die »so genannte« BRD oder die Westzonen – je nachdem, wo man wohnte. Es liefen Radionachrichten zum Mitschreiben einschließlich der Wasserstände aller deutschen Binnengewässer und deren Tauchtiefen, die Uhrzeit nannte der Radiosprecher »mit dem Gongschlag ist es...« – und man vernahm den »Bong!« eines richtigen Blechgongs. Es gab endlos lange gesendete Pausenzeichen (während des Krieges nach der Melodie »üb' immer Treu und Redlichkeit...«) und keine Radiowerbung. Dafür immer wieder Suchmeldungen, vermisste Kriegsteilnehmer und Flüchtlinge, vor allem Kinder betreffend, die von ihren Eltern getrennt worden waren. Und es gab Radiogymnastik, wobei eine Damenstimme (sie dürfte einer ex-BDM-Führerin gehört haben) die Übungen vorgab: »Ooohnd jetzt den Rumpf beugäään – und beide Arme schwingäään – ja, eins zwei eins zwei, weitäää, weitäää – wir schwingäään schööön weiiitäää – haaalt, jetzt aufrichtäään – «

Wer eine Taschen- oder Armbanduhr besaß, musste sie regelmäßig aufziehen. Das galt natürlich auch für den Wecker. Die am häufigsten ver-

Platz vor dem Hauptbahnhof Frankfurt am Main, 1949. Im städtischen Verkehrsbild fallen die Dreirad-Lieferwagen auf, die den Krieg unbeschadet überstanden hatten – für die man sich neue Reifen allerdings auf dem Schwarzen Markt besorgen musste.

wendete Ausrede fürs Zuspätkommen »Ich habe verschlafen, Herr Lehrer« war meist darauf zurückzuführen, dass die Weckeruhr stehen geblieben war. Wer – wie ich – ein Radiogerät besaß, hatte die Wahl zwischen fünf Lokalsendern: AFN (amerikanisch), BFN (britisch), RIAS, SFB (Sender Freies Berlin) und Berliner Rundfunk (die Radiostation des Ostsektors, die sich paradoxerweise in West-Berlin befand). Wer über einen Telefonanschluss verfügte, konnte per Selbstwahl nur Ortsgespräche führen; jedes Ferngespräch musste beim »Fräulein vom Amt« lange vorher angemeldet werden. Und noch 1959 zog unser Gemüsehändler mit einem dreirädrigen Motortransporter durch die Straßen, den er nebenher zu Fuß gehend an einer langen Lenkstange dirigierte. Es war eine Cyklonette aus den Zwanziger Jahren. Ein ähnliches Gefährt, aber immerhin mit Sitzplatz, stellte die mobile Teppichreinigungsmaschine eines Armeniers dar, der seine Runden durch die Hinterhöfe zog.

mit Halwart Schrader
unterwegs

WIR DREHEN DEN FILM DER GESCHICHTE ZURÜCK

Willkommen in der Abteilung für Zeitmaschinen

Kriéger Electrique
1906

Großvaters elektrische Fehlentscheidung

Wird man durch Schaden wirklich klug? Ich bin mir da nicht so sicher. Dass man aus seinen Fehlern lerne, ist jedenfalls ein Aberglaube.

Einer meiner Großväter gehörte zu denen, die durch Schaden zwar klug – oder ein bisschen klüger – geworden sein mögen, aber das war's dann auch schon: Er war um 1906 die Mitgift seiner Braut ebenso schnell wieder los geworden wie er das viele Geld von seinem Schwiegervater auf den Traualtar gelegt bekommen hatte.

Der junge und in geschäftlichen Dingen unerfahrene Ehemann hatte die Mitgift in eine Gesellschaft investiert, die in Berlin Elektrotaxis in Verkehr setzte. Das Taxigeschäft in der Großstadt boomte, die Pferdedroschke war auf dem Rückzug. Albert von Oettingen erwartete wie seine Mitaktionäre der Berliner Automobil-Droschken AG daher eine baldige Amortisation. 24 Fahrzeuge der französischen Marke Kriéger hatte man angeschafft. Es gab zwar auch Elektrodroschken anderer Hersteller, doch die von Kriéger besaßen den besten Ruf. Solch ein Fahrzeug kostete 6000 Goldmark. Auch benötigte man gut ausgebildete, lizensierte Chauffeure, die zugleich Mechaniker und Wagenpfleger waren, ferner eine große Remise in der Innenstadt, eine Ladestation und eine ausreichende Zahl von Reservebatterien zum Tausch. Der Kapitalbedarf dürfte also bei mehr als 200.000 Goldmark gelegen haben, ein Betrag, der die Mittel der Gesellschafter weit überstieg. Daher ließ sich das Unternehmen nur mit einem Bankdarlehen gründen

Leider musste der französische Hersteller Louis-Antoine Kriéger 1907 Konkurs anmelden, das war kurz nach der Lieferung der Taxis nach Berlin. Die Gesellschaft, an der mein Großvater beteiligt war, brach ein Jahr später ebenfalls zusammen. Der aufgenommene Bankkredit konnte nicht bedient werden, denn die Einkünfte deckten bei weitem nicht die Geschäftskosten, sie glichen nicht einmal die Abschreibungen aus. Es erwies sich, dass man einer falschen Vision erlegen gewesen war: Nicht dem Elektro-, sondern dem Benzinmotorwagen gehörte die Zukunft. Außerhalb der Garagenhöfe gab es für Elektrowagen nirgendwo Lade- oder Austauschstationen für die Batterien, und die Reichweite der Autos war mit 30, maximal 40 Kilometer für eine Großstadt wie Berlin viel zu gering. Das Tagespensum eines Wagens belief sich im Durchschnitt auf 150 Kilometer, also musste zwei- oder gar dreimal am Tag das Depot zum Wechseln der Batterien angesteuert werden. Das dauerte jedes Mal mehr als eine Stunde. Auch kam es immer wieder vor, dass Fahrzeuge ohne »Saft« stehen blieben und die Fahrgäste verärgert zur Konkurrenz abwanderten. Unter Mitnahme der restlichen Bargeldbestände verschwand zudem einer der Taxi-Gesellschafter mit unbekanntem Reiseziel, und die Elektroautos der glücklosen Firma wurden im Zuge der Liquidation versteigert.

Die von Louis Antoine Kriéger 1897 in Courbevoie bei Paris gegründete Société des Voitures Electriques stellte anfangs Vorspannwagen mit Radnaben-Elektromotoren (avant-trains) für Pferdekutschen her, ab 1898 auch komplette Fahrzeuge.

Der vermögende Partner Kriégers, der ein Studium an der Ecole Centrale des Arts et Métiers

In den USA gab es vor 1920 zahlreiche Elektrowagenhersteller, während in Europa Kriéger den E-Automarkt beherrschte.

absolviert hatte, war der Kubaner Severiano de Heredia. Dessen Investition amortisierte sich schnell, denn die Firma Kriéger verkaufte auch Lizenzen ihrer Konstruktion ins Ausland, so an die British Electromobile Co. in London, an die Firma S.T.A.E. in Italien sowie an die A.B.A.M. in Köln und an die Norddeutsche Automobil- und Motoren AG (Lloyd) in Bremen. Die Fahrzeuge wiesen durchweg Radnabenmotoren von je 3 kW an den Vorderrädern auf, und bei Bergabfahrt wirkten sie als Generatoren zur Wiederaufladung der Batterien. Im Allgemeinen betrug die Reichweite einer Batterieladung 60 Kilometer. Es gab verschiedene Ausführungen als Zwei- und Viersitzer. Großaufträge wie jener der Compagnie Parisienne des Taxautos, die 1902 bei Kriéger 150 Fahrzeuge in Auftrag gab, sorgten für eine Auslastung des Betriebes.

Von 1902 an gab es auch Automobile mit benzin-elektrischem Antrieb, wobei der Motor ein 24 CV von Richard-Brasier war. Bei diesen Fahrzeugen erfolgte der elektromotorische Antrieb auf die hinteren Räder. Für ihre Herstellung hatte man eigens eine Société des Garages Kriéger et Brasier gegründet. Doch diese Fahrzeuge entstanden nur in geringer Zahl; bis zum Produktionsende 1907 waren die meisten Kriéger reine Elektromobile.

Mein Großvater besaß keinen Führerschein und hat auf öffentlichen Straßen auch nie einen selbstfahrenden Wagen gelenkt. Als Kuriosum sei jedoch angemerkt, dass ihm in der Zeit der Wirtschaftskrise 1929/30, als er wie Millionen andere Deutsche keine Arbeit hatte, der Job eines Elektrokarrenfahrers auf dem Werkshof der Junkerswerke in Dessau angeboten wurde – mit dem Hinweis auf seinen eingereichten Lebenslauf. »Sie hatten schon einmal etwas mit Elektrowagen zu tun?«, soll der Personalchef ihn gefragt haben. »Dann ist diese Arbeit für Sie doch genau das Richtige!« Vielleicht war das gar nicht ironisch gemeint. Großvater nahm an, wenn auch nur ungern. Eine bessere Stelle fand er nicht, und die Familie litt Not.

Panhard-Levassor
1908

Mögen die Chinesen keine Automobile?

In einem Buch, das 1938 erschien und in welchem der Verfasser die Verbreitungsmöglichkeiten des Kraftwagens untersucht, finden wir beinahe alle Länder der Erde erwähnt. Und da offenbar alle europäischen Länder für den Kraftwagen als Verkehrsmittel in Frage kamen, wurde auch Russland in seiner ganzen Ausdehnung genannt, »besonders für schwere, starkpferdige Wagen,« wie der Autor Wilfrid Bade in seinem Werk »Das Auto erobert die Welt« vermerkte. Ich beeile mich hinzuzufügen, dass aus manchen in diesem Buch formulierten Aussagen auch hervorgeht, welch dunkelbrauner, goebbelsgläubiger Nationalsozialist der Ministerialrat Bade war – wobei andere von ihm publizierte Schriften noch viel ätzender von erschreckender NS-Propaganda durchwabert sind. Bar jeglicher ideologischen Wertung mögen die nachfolgenden Passagen – in Parenthese – daher als Betrachtungen aus einer Zeit zu verstehen sein, in welcher der wirtschaftliche und gesellschaftliche Stellenwert des Autos überall auf dem Globus mythologische Urständ' feierte. So befand denn Bade auch oberlehrerhaft:

»Von den überseeischen Ländern bekommt Mexiko ein besonderes Lob, weil man dort bereits früh angefangen hat, die Straßen in den Städten zu asphaltieren. Argentinien wird als ideales Land genannt, wogegen Brasilien sich nicht ganz so sehr der Freundschaft der Exporteure erfreut, weil es außerordentlich hohe Benzinzölle erhebt und so die Automobilverbreitung behindert.«

Über Ecuador, Kolumbien, Venezuela und Guayana heißt es kurz und bündig: »Die hochliegenden Landesteile sind für den Wagen, die tiefgelegenen für den Besitzer gesundheitlich wenig zuträglich, womit das Notwendige gesagt ist. Afrika dagegen wird ernsthaft für den Export in Anspruch genommen, wobei man auch auf klimatische Eigentümlichkeiten eingeht und zum Beispiel Holz als ungeeignet für die Karosserie verwirft und dafür lieber Aluminiumkarosserien zu verwenden vorschlägt, die sich nicht verziehen oder von Insekten zernagt werden und nicht austrocknen können.«

Weiter befindet Bade: »Für die Kolonialgebiete wird Vierradlenkung sowie Vierradantrieb empfohlen. Was Indien angeht, so heißt es in einem 1919 erschienenen Werk, dass der Kraftwagen bereits die landesübliche Tonga zum Teil ersetzt habe und fahrbare Straßen überall vorhanden seien. Wenngleich dies etwas übertrieben anmutet, so hatten doch die Engländer schon 1905 eine Wettfahrt über 2000 Kilometer zwischen Delhi und Bombay organisiert, an der 58 Wagen teilnahmen. Ein De Dietrich gewann. Der Ferne Osten fällt dagegen so gut wie ganz aus. Die Chinesen mögen keine Automobile und haben auch keine vernünftigen Straßen, und die Japaner haben ihre Straßen im Zeitalter des Eisenbahnbaus arg vernachlässigt. Also beschäftigt sich die Automobilindustrie des frühen Jahrhunderts nicht mit diesen beiden Ländern. Sibirien aber wird als gut überwindbar angesehen.

Es hat nicht an praktischen Versuchen gefehlt, dies zu beweisen. Zwei Reisen insbesondere haben damals Sibirien in den Mittelpunkt des Weltinteresses gerückt, beide sehr voneinander verschieden, beide aber auf die Überwindung dieser ungeheuren Einöden eines ganzen, fast unerschlossenen Erdteils eingestellt. Das war die

Reise, die Mister Lehweß, Deutschengländer, im Jahre 1902 ankündigte, und zwar ›um die Welt‹, und die ihn zunächst durch Deutschland und Polen nach St. Petersburg führte, von wo er zur Durchquerung Sibiriens aufbrach, und die große Fernfahrt, die der »Matin« 1907 von Peking nach Paris ausschrieb, und die quer durch die Wüste Gobi, durch die Mandschurei, Sibirien, Russland, Deutschland und Belgien führen sollte. Fünf Wagen traten damals in Peking an, vier erreichten Paris.

Die beiden Sibirienfahrten waren grundverschiedene Angelegenheiten. Mister Lehweß betrachtete seine Weltreise nicht anders als es die Leute tun, die heute an ihr Fahrrad eine Papptafel hängen: ›Wir fahren um die Welt‹, nämlich als ein angenehmes Mittel, überall gut zu essen und zu trinken, sich einladen und feiern zu lassen und möglichst viel Vorschusslorbeeren zu sammeln, möglichst oft in der Presse erwähnt zu werden, möglichst kurze Etappen zu fahren und möglichst lange Aufenthalte zu machen.

Die Peking-Paris-Fahrt des Prinzen Borghese mit einem Itala war eine erstklassige sportliche Leistung, mit allem Ernst und aller Tapferkeit vollbracht, die ein solches Unternehmen im Jahr 1907 erforderte und die auch heute noch als eine beachtliche Tat vermerkt werden würde.

Herr Lehweß ging mit einem Panhard-Levassor, den er sich eigens nach seinen Wünschen hatte anfertigen lassen, auf die Reise. Der Motor leistete 25 PS, der Wagen war hochrädrig, allseitig geschlossen und sah einer Droschke nicht unähnlich. Innen hatte er Klappsitze, die man zu

Panhard-Levassor, 1906. Für eine Reise nach Sibirien ist dieses Militärfahrzeug nicht gerade das am besten geeignete Automobil...

Meter für Meter freischaufeln – oder aufgeben?

Betten verwandeln konnte. Er faßte in einem großen Tank 500 Liter Benzin, die für 950 Kilometer Fahrt ausreichten. Das Auto kostete ›nur‹ 60.000 Mark. Lehweß und sein Begleiter Max Cudell, der Aachener Vertreter der De Dion-Werke, nahmen außer allen üblichen Ausrüstungsgegenständen auch Revolver und Gewehre mit, um angreifende Räuber abzuschießen, und Angelruten, um in den sibirischen Strömen Nahrung zu fischen. Sie waren, wie man sieht, romantische Gemüter.

Zunächst allerdings, da Mister Lehweß ebenso geschäftstüchtig wie romantisch war, stellten sie den fertig ausgerüsteten und gelb lackierten Wagen in London aus und erzielten damit, wie ein Zeitgenosse sich ausdrückte, eine milde Sensation. Als Reiseweg war auf dem Schild, das neben dem Wagen hing, angegeben, dass man über Southampton, Le Havre, Paris, Brüssel, Köln, Berlin, Posen, Warschau, Wilna, St. Petersburg, Moskau, Nischnij Nowgorod, Rasan, Tscheljabinsk, Omsk, Krasnojarsk, Irkutsk, nach Riachta, dann durch die Wüste Gobi nach Peking und Wladiwostok fahren wolle. Von dort aus werde man Japan berühren, um schließlich über Honolulu nach San Franzisko zu gehen, Neumexiko, New Orleans, St. Louis, Chikago und Buffalo zu durcheilen, die Niagarafälle zu besuchen, um schließlich als triumphale Sieger in Neuyork einzuziehen.

Der Start war im Hydepark, damit die Reise auch den entsprechend vornehmen Anfang habe. Man fuhr über Le Havre nach Paris, wo alle Welt die kühnen Erdbezwinger freundlich empfing und ihnen zu Ehren die erwarteten Diners zelebrierte. Offenbar waren diese so gut, dass der Aufenthalt in der französischen Hauptstadt auf volle sechs Wochen ausgedehnt werden musste. Wie konnte man auch aufbrechen, ohne die Pferderennen von Longchamps gesehen zu haben! Erst nach der Rennsaison setzte man sich ernsthaft in Bewegung, und in zwölf Tagen gelang es tatsächlich, bis Berlin zu kommen. Aber Berlin muss den beiden noch besser gefallen haben als Paris, denn hier blieben sie sogar neun Wochen!

Die Fachpresse witzelte, dass die Expedition dazu diene, nicht nur die automobilistischen Möglichkeiten zu ergründen, sondern auch das bemerkenswert große Stehvermögen (Zeit des Stillstands) des Wagens.

1912 erschienene Anzeige.

Endlich, am 1. September 1907, als es in Sibirien schon zu schneien begann, fuhr man aus Berlin ab, zehn Minuten vor Mitternacht. Um 1 Uhr 55 hielt man bereits wieder an, klappte die Sitze auseinander, rollte sich in die also entstehenden Betten und schlief heldenhaft, 26 Kilometer hinter Berlin, auf einer ostwärts führenden Straße. Am 10. September fuhr man in Warschau ein, immerhin schon fünf Monate nach dem Start in London. Die polnische Hauptstadt kostete der

Expedition acht Tage ihrer kostbaren Zeit. Aber man konnte unmöglich den Polnischen Automobilklub und die zahlreichen gastfreien Magnaten des Vergnügens berauben, die tapferen Fahrer Tag für Tag einzuladen und sie mit den erlesensten Genüssen Polens bekanntzumachen.

Dann aber rissen sich Lehweß und Cudell los, schweren Herzens zwar, aber es musste sein. Am 17. September fuhr die Weltkutsche wieder ostwärts.

Aber ihre drei Tonnen Gewicht und die russischen Wege vertrugen sich nicht gut. Etwas besser ging es noch auf den Getreide-Stoppelfeldern neben den Straßen, und so zuckelte der Panhard-Levassor 322 Kilometer in vier Tagen, bis Grodno den beiden Insassen wieder zu einem annehmbaren Dinner verhalf.

Schließlich, mit Hilfe vieler gutmütiger Bauernfäuste und zahlreicher Panjepferde gelang es, St. Petersburg zu erreichen. Was hier geschah, ist nicht überliefert, auch weiß man nicht, wann die kühnen Fahrer in die winterliche Unwirtlichkeit Sibiriens aufbrachen. Sie kamen bis Nischnij Nowgorod. Hier gaben Lehweß und Cudell nicht nur die Weltreise, sondern auch gleich den Wagen auf, der so vielversprechend den Namen ›Passe partout‹ führte. Er überwand offenbar doch nicht jedes Hindernis, und wenn nicht alles trügt, so hatten seine Herren vergessen, dass Wasser im Winter nachts gefriert und also auch das Kühlwasser nicht abgelassen. Des Morgens zersprangen prompt zwei Zylinder, und so war Schluss mit der Reise. Lehweß kümmerte sich nicht weiter um den Wagen, er ließ ihn einfach stehen. Der Schnee hüllte ihn ein, begrub ihn unter sich.

Die beiden Weltfahrer bestiegen die Eisenbahn und kehrten nach London zurück. Hier verkauften sie den Wagen, der im Schnee in Nischnij Nowgorod ruhte, oder genauer, im Schnee eines kleinen Dorfes nahe von Nischnij Nowgorod, an einen Herrn Friswell. Dieser fuhr in jenes Dorf und hatte große Mühe, dass die Russen ihn einreisen ließen, denn es war ihnen noch nicht vorgekommen, dass jemand einen Wagen gekauft haben wollte, der irgendwo in ihrem Lande unterm Schnee lag. Aber siehe da, es stimmte, und als man genügend herumgegraben hatte, fand sich tatsächlich der gelbe Panhard unter einer meterdicken, hartgefrorenen Schneedecke. Man zog ihn heraus, Bauern und Pferde hatten viel Arbeit damit – und schleppte ihn zur nächsten Eisenbahnstation. Und während er so wieder nach Westen rollte, taute er auch langsam auf und wurde ein viel bewundertes Ausstellungsstück in Mr. Friswells Garage und später auf der Automobilausstellung in der Landwirtschaftshalle, an demselben Platz, an dem er schon einmal gezeigt worden war, bevor Lehweß und Cudell mit ihm ihre Reise begonnen hatten und die nun zu guter Letzt einem cleveren Gentleman, der seine Landsleute und ihre Vorliebe für bizarre Erlebnisse kannte, zu erwünschter Aufmerksamkeit verhalf.«

Charles Friswell war Importeur verschiedener französischer Fabrikate und hatte den repatriierten Panhard als besonderen Blickfang in die Mitte seines Ausstellungsstandes gestellt.

1894 hatte Friswell mit dem Import von Automobilen der Marke Peugeot begonnen; er nahm mit einem solchen Wagen 1896 auch am London-Brighton-Run teil. Friswell vertrat eine Zeit lang auch Renault und Argyll, und seine Firma war auch die erste Auslandsvertretung der 1905 gegründeten Firma Delage. Der von Louis Delage in Levallois hergestellte kleine Wagen mit De-Dion-Motor wurde in England 1906-07 unter dem Namen »Friswell Baby« angeboten. 1905 übernahm Friswell auch den Exklusivvertrieb der Standard Motor Company. Durch seine großen Umsätze erwarb er bei Standard eine Teilhaberschaft, wurde Vorstandsvorsitzender und führte dort 1907 auch ein neues Markenzeichen ein: den Union Jack.

Es ist nirgendwo zu erfahren, wann und wo Wilfrid Bade verstarb, er gilt seit April 1945 als verschollen. Auch über Herrn Lehweß habe ich keine weiteren Einzelheiten herausbekommen können.

Opel Darracq 24 PS 1903

18 Pfennig Chausseezoll sind zuviel

Diese akribische Aufzeichnung der im Sommer des Jahres 1903 unternommenen Überführung eines Opel-Darracq Motorwagens von Rüsselsheim nach Quedlinburg ist mehr als ein Protokoll – es ist ein Epos, das sich mit den Reiseberichten von Baron Liebieg (1894 Reichenberg–Reims), Otto Julius Bierbaum (1902 München–Palermo) und des Amerikaners Charles Jasper Glidden (1901 von Massachusetts zum Polarkreis) nicht nur vergleichen lässt, sondern sie an Aussagekraft in mancher Hinsicht übertrifft. In den Pionierjahren des Automobilismus verhießen solche Fernreisen diverse Risiken und verlangten, wie wir Wolfgang Voglers Bericht entnehmen können, Vertrauen in eine unausgereifte Technik sowie eine gehörige Portion Zuversicht, man werde schon alle Widrigkeiten überwinden. Das Ansinnen, achtzehn Pfennig Chausseegebühren zu entrichten, oder das Verwenden eines zu dünnflüssigen Motoröls gehörten noch zu den geringeren Missliebigkeiten... Das Originalmanuskript befindet sich im Archiv meines Kollegen Eckhart Bartels, der mir freundlicherweise gestattete, es im Rahmen dieser Geschichtensammlung zu veröffentlichen.

*

Nachdem ich am 15. Juni 1903 von der Automobilfabrik Adam Opel in Rüsselsheim a. Main die Nachricht erhielt, dass mein neuer 4-cylindriger, 24-pferdiger Opel-Darracq-Wagen, welchen ich Anfang März auf der Charlottenburger Ausstellung bestellt hatte, von Paris angekommen und ab dem 17. Juni zur Abholung bereitstände, fuhr ich zusammen mit meinem Chauffeur am 15. Juni, nachdem wir morgens noch unserer Wahlpflicht genügt hatten, per Bahn nach Rüsselsheim, wo wir gegen Mitternacht eintrafen.

Am anderen Morgen begaben wir uns in die grosse Fabrik der Herren Opel, welche in allen Teilen einen vorzüglichen Eindruck machte, um unseren Wagen in Empfang zu nehmen.

In langer Reihe standen in einer großen, mit Oberlicht versehenen Halle verschiedene neue Wagen fertig zur Ablieferung bereit, vom kleinsten 2-Sitzer bis zum 24-pferdigen 6-sitzigen, Break-artig gebauten Wagen, welch' letztere Type ich für mich als Familien-Touren-Wagen, meist im Gebirge zu fahren, gewählt hatte. Ich hatte der Fabrik die Aufgabe gestellt, mir einen Wagen zu bauen, welcher sich weniger durch große Schnelligkeit, als durch unbedingte Betriebssicherheit und starke Maschine, jede Steigung im Harz-Gebirge spielend nehmend, auszeichnen sollte und kann im voraus gleich an dieser Stelle bemerken, dass dieselbe ihre Aufgabe in glänzender Weise gelöst hat.

Der Wagen fährt auf ebener Chaussee mit 6 Personen besetzt allerdings nur 40 – 42 Kilometer per Stunde, da für meinen speziellen Fall eine erheblich niedrigere Übersetzung der Cardan-Kammräder auf das Differential-Getriebe (58 : 21, anstatt wie gewöhnlich 53 : 18) angebracht ist. Wenn ich aber die Bergfahrten einrechne, so kann ich immer noch eine durchschnittliche Geschwindigkeit von 50 Kilometer die Stunde constatieren, was für meine Zwecke vollauf genügt, denn wir wollen den Wagen nicht zu Sportzwecken benutzen, wollen nicht rasen, sondern nur die Möglichkeit haben, sämtliche Berg-Touren unseres schönen Harzgebirges mit Leichtigkeit bei vollbesetztem Wagen ausführen zu können.

Nachdem der Vormittag des 17. Juni noch mit Anbringung verschiedener Kleinigkeiten, wie der beiden Frank'schen Acetylen-Laternen, einer eisernen Bergstütze, eines Nummernschildes nebst vorschriftsmässiger Laterne (Fahrrad-Laterne) etc. hingegangen war und ich mir inzwischen auch noch den großartigen Betrieb der Firma Opel zur Fabrikation von Nähmaschinen, Fahrrädern und Automobilen in all' seinen interessanten Einzelheiten angesehen hatte, wurde ich von Herrn Fritz Opel und dessen Mutter in liebenswürdigster Weise mittags bewirthet und fuhr dann nachmittags bereits mit meinem Wagen die erste Versuchstour nach Frankfurt a. Main ca. 40 Kilometer, um nach einer vorzüglich durchschlafenen Nacht im altbewährten Hotel Frankfurter Hof am anderen Morgen den Wagen wiederum mit eigener Kraft seinem Bestimmungsort Quedlinburg am Harz zuzuführen. In Frankfurt gesellte sich noch mein Schwager, ein Hauptmann a.D. aus Blankenburg uns zu, welcher sich für die ganze Tour zuvor die entsprechenden Generalstabskarten besorgt hatte und uns auf diese Weise bei dem uns völlig unbekannten Terrain stets mit Leichtigkeit den Weg angeben konnte. Außerdem hatte mir die Firma Opel einen ihrer bewährtesten Mechaniker, Herrn Obermonteur Hilz, mitgegeben, welcher den Wagen zunächst führte, während

Das Opel-Werk in Rüsselsheim, 1899.

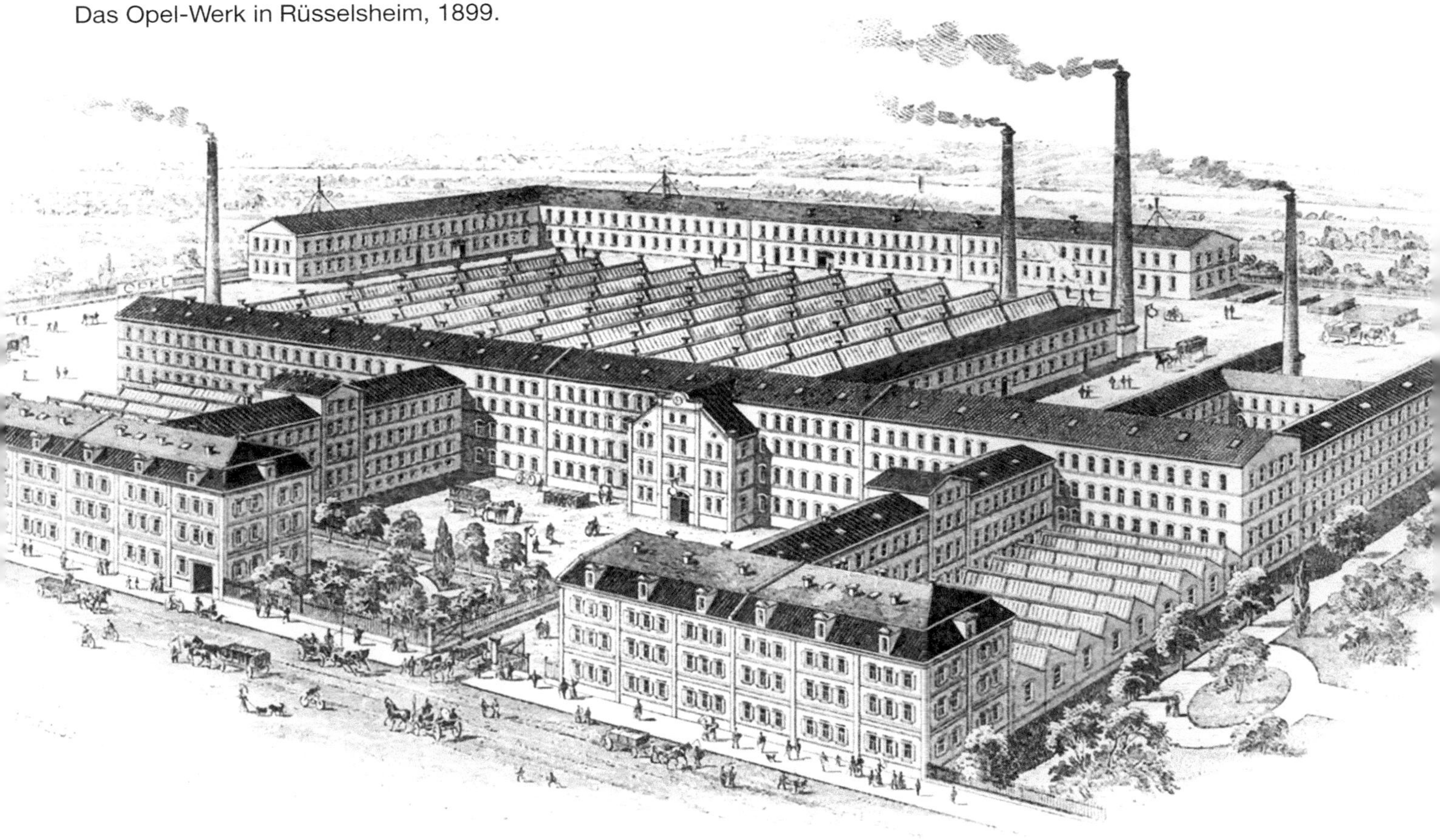

später er von meinem Monteur abgelöst wurde. Um 9.57 Uhr vormittags am 18. Juni fuhren wir, wohlvorbereitet für die lange Fahrt, vom Hotel Frankfurter Hof ab, zunächst noch ca. 4 Kilometer die Zeile hinunter durch die Grossstadt Frankfurt und deren Vorstadt, in welcher wir bei dem starken Verkehr langsam fahren mussten und kamen nach 33 Minuten (19 Kilometer Entfernung) in Hanau an.

Der Wagen, welcher am Abend vorher nochmals nach der Fabrik in Rüsselsheim zurück und am Morgen des 18. Juni wieder die ca. 40 Kilometer lange Strecke nach Frankfurt gefahren war, fuhr durchaus gleichmäßig, es machte sich nur ein unangenehmer Oel- und Benzin-Geruch bemerkbar, der mit der für das Einlaufen des Wagens stark eingestellter Oelung zusammen hing. Gleich hinter Hanau hatten wir leider die erste Panne zu verzeichnen. Mitten auf schöner, glatter Chaussee bei flottestem Gange des Wagens bemerkten wir alle fast zu gleicher Zeit ein eigentümlich klucksendes Geräusch – und als ich links aus dem Wagen heraussah, zeigte sich mir der Mantel des linken Vorderrades wie ein Teller breit auf der Erde schleifend.

Schnell war unser Obermonteur von seinem Sitz herunter und constatierte einen Hufnagel schönster Form, welcher genau senkrecht den schönen neuen 870 mal 100-er Pneumatic und Schlauch durchbohrt hatte und nur mit einem Theile des Kopfes oben noch sichtbar war. Mein Monteur wollte sofort den mitgeführten Reserve-Schlauch einwechseln, aber der Obermonteur meinte gleich: »Das werden wir sehr schnell haben!« Und richtig, genau 24 Minuten dauerte das Flicken, ohne den Mantel vollständig abzunehmen, und wir waren wieder flott.

Es ging im schnellsten Tempo weiter, um die versäumte Zeit einzuholen, was uns auch zum größten Theil gelang und noch mehr gelungen wäre, wenn wir nicht ab und zu wegen der vielen Kuhbauern, bei denen alles Signalgeben und Schreien nichts half, um sie, die regelmäßig mitten auf der Chaussee fuhren, zum Ausbiegen zu bringen, hätten langsam fahren müssen.

Um 10.57 Uhr passierten wir Langenselbold, um 11.15 Gelnhausen und trafen um 11.49 in Saalmünster ein, wo gerade eine Menge Volks festlich gekleidet, unter Aufbauen von Hausaltären vor den Häusern, anscheinend ein katholisches Fest feierte. Gleich hinter Schlüchtern (12.19) passierten wir vor Elm den ersten größeren steilen Berg und mussten beim Bahnübergange unsere 24 Pferde, da wir merkten, dass der Wagen vorn an der Bienenkorb-Kühlung stark dampfte, zum ersten Male mit frischem Wasser tränken (7 Minuten Aufenthalt).

Neugestärkt ging es weiter, der Weg zeigte andauernde Steigung, welche der Motor indess meist sogar mit der größten direkten Übersetzung spielend überwand, bis zur Höhe von Fulda, der altehrwürdigen Bischofsstadt mit ihrem herrlichen Dom und anderen schönen öffentlichen Gebäuden, macht einen vorzüglichen Eindruck. Leider hatten wir nur wenig Zeit uns dieselbe anzusehen und kamen im Hotel Zum Großen Kurfürst gerade noch zur table d'hôte zurecht, an der wir uns nach den Anstrengungen der Reise stärkten.

Wir hatten bis jetzt ab Frankfurt 103 Kilometer, die beiden Aufenthalte abgerechnet, in 198 Minuten = 3 Stdn.18 Min. netto Fahrzeit zurückgelegt, was per Kilometer 1,92 Min. = 31,3 Kilom. per Std. ausmacht. Der Benzin-Verbrauch betrug ab Rüsselsheim, also für 142 Kilom. 2/3 des ca. 57 Liter haltenden Benzinbassins = 38 Liter, demnach 26,7 Liter für 100 Kilometer, wobei allerdings zu berücksichtigen ist, dass wir viele kräftig ansteigende Berge zu überwinden hatten, die naturgemäß einen höheren Benzin-Verbrauch erforderten, abgesehen davon, dass die Maschine, weil noch zu neu, beim Einlaufen überhaupt mehr Benzin braucht. Bemerken möchte ich noch, dass der Wagen bei Einschaltung der direkt auf das Differentialgetriebe der Hinterachse wirkenden größten Übersetzung, wie mir von Herrn Opel versprochen, fast geräuschlos läuft, was entschieden zur Annehmlichkeit des Fahrens bei Familien- und sonstigen Parthien erheblich beitragt.

Mit frischer Wasser-, Benzin- und Oel-Auffüllung verließen wir um 3 Uhr 2 Min. Fulda und in flotter Fahrt ging es über Marbach, Hünfeld, Rasdorf, Buttlar bis Vacha in Thüringen, wo wir um 5.42 eintrafen. Gleich hinter Vacha, nachdem wir uns eben noch über die vorzügliche Leistung des Wagens, der bei dem meist bergigen Terrain fast alle Steigungen ohne weiteres mit der größten Übersetzung nahm, gefreut hatten, gab es plötzlich die zweite Panne zu verzeichnen, durch die andauernd starke Oelung war ein Zünder verrusst und merkte man dies sofort an dem Ton der arbeitenden Maschine, indem eben nur 3 Cylinder arbeiteten. Hauptsache aber war, dass der ganze Wagen vorn wieder stark dampfte und Maschine wie Bienenkorb glühend heiß geworden waren. Die Maschine, die noch neu und sich auf dieser langen Fahrt erst ordentlich einlaufen sollte, verlangte eine kräftige Kühlung, die durch den heissen Sonnenschein sehr beeinträchtigt wurde. So war der obere Gummischlauch, welcher die Wasserkühlrohren der beiden Cylinder-Paare verbindet, an einer Stelle von der Hitze durchgeschmolzen und wir hatten den größten Theil des Kühlwassers verloren.

Am Cambachshof um 4.41 mussten wir halten und dauerte die Ausbesserung des Schadens 39 Minuten. 5 Uhr 20 Minuten ging es weiter, die Maschine, die nunmehr vollkommen abgekühlt, zuerst etwas schwer anging, lief sofort wieder tadellos, und spielend nahmen wir die Steigungen des Thüringer Waldes. In Dömmingen waren wir gezwungen, ganz langsam zu fahren, weil eine starke Gänse-Herde mit Consequenz immer vor unserem Wagen herlief, anstatt nach der Seite auszubiegen, und gelangten sehr bald um 5.53 nach Förtha, wo wir Vorsichtshalber nochmals Wasser nahmen. 6 Uhr 25 abends trafen wir auf dem Marktplatz von Eisenach ein, wo wir in dem rühmlichst bekannten Hotel Zum Rautenkranz Nachtquartier nahmen. Bei der Ankunft staunte alle Welt unseren neuen Wagen an, der für 6 erwachsene Personen reichlich Platz bietend im hellen perlgrauen Anstrich mit seinem Sommerverdeck, 2 Reise- und einem Schirmkorb aber auch recht stattlich aussah.

Um es kurz zu resümieren, waren wir am ersten Tage Frankfurt a.M. – Eisenach 175 Kilometer in netto Fahrzeit 356 Minuten = rd. 6 Stunden gefahren, macht durchschnittlich pro Kilom. 2 Min. 2,4 Sekunden.

Unsere beiden Monteure machten sich nach dem Abendbrot sofort an die gründliche Reinigung des Wagens, welche gegen 9 ½ Uhr vollendet war, während wir beide zu Fuß der herrlich gelegenen Wartburg einen Besuch abstatteten. Es war ein wundervoller Sommerabend und wird uns der Blick von oben in das friedlich stille Thal von Eisenach, der mir und meinem Schwager noch völlig neu war, ewig in Erinnerung bleiben. Sehr bald stieg der Vollmond am Himmel empor und war es überaus angenehm, nachdem Abendessen und der schnellen Fahrt des Tages noch ein Stündchen in den Strassen der Stadt ruhig zu promenieren.

Am anderen Morgen um 7 Uhr 13 Min. brachen wir von Eisenach auf, das Wetter war zunächst trübe, klärte sich aber bald auf und bald brannte die Sonne wieder wie am Tage vorher auf uns nieder. Da der direkte Weg Eisenach – Langensalza nur zum Theil gute Chaussee ist, so fuhren wir der Sicherheit halber einen Umweg von 17 Kilom. über Gotha wurden dafür aber auch durch gute Chausseen entschädigt. Die Fahrt von Eisenach bis Gotha (28 Kilom.) über Wartha, Mechterstedt, Aspach, meist durch bergiges Gelände, dauerte genau 1 Stunde, nachdem wir uns in Eisenach noch 3 Minuten verfahren hatten.

In Gotha wurde uns wiederum bezüglich des Weges verschiedentlich falscher Bescheid gegeben und verloren wir volle 7 Minuten, ehe wir aus der Stadt herauskamen (8.20). Dann ging es auf prachtvoller schnurgerader Chaussee mit geringen Steigungen nach Langensalza, wo wir bereits um 8.50 eintrafen. Wir hatten die 19 Kilom. lange Strecke in tadelloser Fahrt in genau 30 Min. zurückgelegt.

Mit wehmüthigem Blick betrachteten wir im Vorbeifahren die Denkmäler für die gefallenen Krieger von 1866 (Schlacht bei Langensalza, Preußen gegen Königreich Hannover), dann ging es weiter über Merxleben, Kirchheiligen nach Almenhausen, wo wir wegen Wasser-Entnahme 4 Minuten Aufenthalt hatten.

Gleich hinter Ebeleben in Marksura (9.42) mussten wir leider schon wieder halten, da das in Fulda gekaufte Oel viel zu dünnflüssig war und sich zu schnell verbrauchte. Nach Beschaffung und Auffüllung von neuem Oel, das erst nicht zu bekommen war, waren wir nach 23 Minuten wieder flott und eine halbe Stunde darauf trafen wir bereits in Sondershausen ein, nachdem wir zuvor eine lange Strecke herrlichen Waldes durchfahren hatten. Beim Eingang von Sondershausen fuhren wir in flottem Tempo an einem Chaussee-Haus vorbei und rief uns der Einnehmer mit Stentorstimme zu, wir möchten gefälligst Chausseegeld bezahlen. Ich verstand dies erst, als wir den guten Mann schon eine ganze Strecke hinter uns hatten und bedauerte sehr, seinem Wunsche nicht nachkommen zu können, da mir überdies auch eine Reichsgerichtsentscheidung, wonach vorläufig Automobile Chausseegeld nicht zu zahlen haben, aus den Zeitungen bekannt geworden war. Kaum waren wir 2 Minuten weiter durch die hübschen Straßen von Sondershausen gefahren, als auf einmal ein großes Schild unsere Aufmerksamkeit erregte »Für Kraftwagen gesperrt«. Gerade die schöne gerade Chaussee nach Kelbra, sehr schattig durch die an beiden Selten stehenden alten Obstbäume, war amtlich für Automobile gesperrt und so blieb uns nichts weiter übrig, als den Umweg nach dem Kyffhäuser über Frankenhausen zu nehmen.

In Frankenhausen dieselbe Geschichte! Eine gute Frau verlangte erstens energisch 18 Pfennig Chausseegeld, worauf ich ihr erwiderte, dass ich dies nicht zu zahlen bereit sei, und zweitens befand sich am Wegesrand wieder ein Schild »Für Kraftwagen nach dem Kyffhäuser gesperrt!« Voll Verzweiflung erkundigten wir uns auf der Post in Frankenhausen und hörten, dass überhaupt der Kyffhäuser für Autos nicht zu befahren erlaubt ist, indem der Fürst Sizzo von Schwarzburg-Rudolstadt es seinem Schwiegervater, dem Herzog von Anhalt, nachgemacht hat, welcher bekanntlich den gesamten schönen anhaltinischen Harz für Automobile hat sperren lassen. Nur von dem nördlich gelegenen Sittendorf aus könnte man, sagte mir der freundliche Postbeamte, bis zur halben Höhe des Kyffhäusers (Richters Restaurant) hinauffahren, und so telegraphierte ich, schnell entschlossen, meiner Frau, welche sich mit unseren beiden Jungen gerade auf der Gymnasial-Turnfahrt von Quedlinburg aus auf dem Kyffhäuser befand, dass wir nur bis zur Hälfte der Höhe hinauffahren und uns dort treffen wollten.

Nun begann die Fahrt rings um den Kyffhäuser herum leider auf sehr schlechten, lehmigen, zum Theil Feldwegen, sodass mir mein neuer Wagen bei den fürchterlichen Rucken der Federn, hervorgerufen durch die großen Löcher in den Wegen, aufrichtig leid tat. Um 12.28 gelangten wir über Ichstedt nach Tilleda, und um 12.40 hatten wir, nach Überwindung eines sehr steilen und schlechten Weges, bei welchem wir sogar die niedrigste Übersetzung (Bergsteiger!) anwenden mussten, die halbe Höhe des Kyffhäusers (Richters Restaurant) erreicht.

Als wir das erste Stück des steilen Weges hinauffuhren, hatten wir leider noch eine wenig angenehme Begegnung mit 2 scheuen Pferden eines vollbesetzten Landauers. In dem Moment der Überholung des Landauers, aus dem die Insassen aus Furcht vor unserem Wagen sofort heraus sprangen, ruckte das Handpferd desselben dermaßen stark zu, dass der rechte Schwengel des Wagens durchbrach. Glücklicherweise behielt der Kutscher des Fuhrwerks, anscheinend ein sehr besonnener und ruhiger Mann, die Gewalt über Wagen und Pferde, sodass an der abschüssigen Stelle kein Unglück weiter passierte.

Im vorliegenden Falle that nun der Kutscher seine volle Schuldigkeit und ich bedauerte lebhaft, dass wir ihn gerade auf diesem steilen Weg begegnen mussten und die Veranlassung zu einem Defekt seines Wagens wurden. Auf der anderen Seite ist es wirklich richtig und vielleicht gestattet, an dieser Stelle mit einigen Worten noch zu bemerken, dass uns das Automobilfahren oft verlei-

Die Auffahrt zum Kyffhäuser-Denkmal war für Motorfahrzeuge gesperrt. Automobilisten stellten den Wagen auf dem Parkplatz des Hotels ab und statteten Kaiser Barbarossas Schlummerplatz ihren Besuch wie alle anderen Ausflügler zu Fuß ab.

det wird durch die überaus große Nachlässigkeit, Unaufmerksamkeit, ja ich kann geradezu sagen, den Hass der Kutscher im allgemeinen, die dem Automobil-Fahrer thatsächlich jede Existenzberechtigung abstreiten! Wie oft habe ich auf den Chausseen Kutscher getroffen, die absichtlich mitten auf dem Wege fuhren, ohne auch nur im geringsten von dem Hup-Signal Notiz zu nehmen und dann zu allerletzt erst mit der größten Langsamkeit dem schnell fahrenden Automobil ausbogen! Wie oft habe ich Geschirrführer vorn in ihren Lastwagen in tiefem Schlaf sitzen sehen, die erst aufwachten, als das Auto an ihnen vorbeifuhr und die scheuenden Pferde plötzlich scharf anzogen.

Da ohne Zweifel das Automobil in Zukunft eine weite Verbreitung finden wird, wenn erst mal nicht bloß Rennwagen, sondern vernünftig fahrende Touren- und Familien-Wagen in der Hauptsache gebaut werden, so dürfte es wohl angezeigt sein, wenn behördlicherseits einmal Bekanntmachungen bezw. Erlasse erschienen, in denen nicht bloß den Automobilführern Instruktionen für Begegnungen mit von Pferden gezogenen Fuhrwerken ertheilt werden, sondern auch den Führern von Kutsch- und anderen Wagen genau vorgeschrieben wird, dass sie nicht bloß immer auf das entgegenkommende Automobil, sondern auf ihre Pferde sehen, dieselben scharf im Zügel behalten, stets rechts ausbiegen, vor allem aber bei Strafe nicht schlafen dürfen! Wie manches Mal habe ich nur mit knapper Noth trotz des vorsichtigsten Fahrens einen Zusammenstoß vermeiden können, wenn der vorfahrende Kutscher auf ein Mal links statt rechts ausbog, und zwar gewöhnlich erst im letzten Augenblick! Auf diese Weise entsteht dann leicht Unglück, das alle Mal in den Zeitungen mächtig aufgebauscht und stets den vermaledeiten Automobilisten in die Schuhe geschoben wird.

Nachdem wir in dem Restaurant auf halber Höhe des Kyffhäusers erfahren hatten, dass die Spitze desselben höchstens in 25 Minuten zu Fuss zu erreichen sei, entschlossen wir uns, doch noch hinaufzugehen und meine Frau daselbst abzuholen, was uns bei der Mittagsgluth allerdings einige Schwierigkeiten kostete. Es war aber nach dem langen Sitzen auf der Vormittagsfahrt ohne Zweifel eine recht gesunde Bewegung für uns. Oben angelangt trafen wir sogleich mit meiner Frau zusammen und aßen dann mit den Lehrern und Schülern des Quedlinburger Gymnasiums gemeinschaftlich Mittagbrod, denen wir natürlich unsere Erlebnisse der langen Automobilfahrt erzählen mussten.

Da uns noch die immerhin starke Tour quer über den Harz bevorstand, so brachen wir bald auf und fuhren punkto 3 Uhr vom Hotel unterm Kyffhäuser ab. In flotter Fahrt waren wir in 7 Minuten bereits in Kelbra, wo wir erst nochmals reichlich Oel, Benzin und Wasser nahmen, was einen Aufenthalt von 20 Minuten veranlasste. Um so schneller ging es dann weiter über Rottleberode, das herrliche Thyra-Thal hinauf nach Stolberg.

Der Autor des Reiseberichts unternahm 1903 eine Fahrt nach München, wo diese Aufnahme von seinem Opel entstand (vorderer Wagen). Von der Überführung des Wagens von Rüsselsheim nach Quedlinburg existieren keine Fotos.

Unten: Sommerach am Main, 1903.

Der Wagen lief tadellos, immer mit der großen Übersetzung und saßen wir bereits 36 Minuten nach der Abfahrt vom Kyffhäuser auf dem Marktplatz in Stolberg vor Hotel Kanzler beim Café.

Nach dreiviertelstündigem Aufenthalt setzten wir unsere Fahrt fort, immer unser schönes heimatliches Harzgebirge hinauf, über Breitenstein, Friedrichshöhe, Stiege bis Hasselfelde (5.52), wo wir die Höhe erreicht hatten, und freute ich mich nochmals, wie der Wagen spielend sämtliche grosse Steigungen, wenn auch manchmal mit der 2. Übersetzung, nahm, die immer noch eine Geschwindigkeit von ca. 18 Kilom. ergibt.

In Hasselfelde nahmen wir nur der Vorsicht halber nochmals Wasser und trafen über Wendefurt nach 40 Minuten in Blankenburg ein, wo sich mein Schwager von uns verabschiedete. Nachdem uns meine Schwester noch durch Speis' und Trank gestärkt hatte, verließen wir Blankenburg um 6.48 Uhr, um nach schneller Fahrt auf guter Chaussee über Westerhausen abends 7.15 Uhr unser Ziel Quedlinburg zu erreichen.

Wir waren am zweiten Reisetag 195,5 Kilom. in 401 Minuten = 6 Std.41 Min. netto Fahrzeit gefahren oder der Kilometer durchschnittlich in 2 Min. 3,6 Sekunden, also fast genau dasselbe Resultat wie am Tage vorher. Beide Tage zusammen gerechnet ergibt ein Durchschnittsresultat von 2 Min. 3 Sekunden.

Meine Behauptung dürfte also richtig sein, wenn ich für den Wagen für Bergfahrt und Fahrt in der Ebene zusammen genommen eine Durchschnittsgeschwindigkeit von rund 50 Kilom. per Stunde annehme.

Ich kann nicht umhin, des mir von der Fabrik mitgegebenen Obermonteurs Herrn Hilz noch rührend Erwähnung zu thun, der sich in jeder Weise als erfahrener und zuverlässiger Fahrer erwies, und es in den zwei Tagen verstanden hatte, meinen Chauffeur im Fahren recht gut und gründlich zu instruieren. Letzterer hat andererseits erfreulicherweise, nachdem er zuvor zwei Jahre lang einen Benz-Wagen älterer Construction gefahren, ein solches Interesse für den neuen Opel-Wagen entwickelt, dass er in sehr kurzer Zeit durchaus sicherer Führer geworden ist, dem ich mich mit meiner Familie gern und in aller Ruhe anvertraue.

Nachdem ich den Wagen in letzter Zeit hier von Quedlinburg aus nach dem Harz wie nach den weiter umliegenden Städten und Ortschaften wie Braunlage, Schierke, Harzburg, Elmen, Magdeburg etc. verschiedentlich probiert habe, kann ich noch hinzufügen, dass derselbe jetzt, nachdem er vollkommen eingelaufen, die Steigungen noch weit besser nimmt als auf der oben beschriebenen Fahrt, auch der Benzin-Verbrauch ist noch geringer geworden und verrußen die Zündkerzen nicht mehr so leicht.

Der Wagen ist ohne Zweifel als Tourenwagen ersten Ranges zu bezeichnen, welcher der Firma Adam Opel alle Ehre macht. Er bewährt sich in jeder Weise als zuverlässig, was ich für ein Automobil als ein Haupterfordernis erachte.

*

Nicht weniger erlebnisreich als die von Wolfgang Vogler beschriebene Reise im Jahre 1903 war jene vonstatten gegangen, die acht Jahre zuvor Baron Liebieg mit einem Motorwagen unternommen hatte – allen Warnungen des Vaters zum Trotz, der seinen Theo einen Narren schalt. Die Narren sind aber laut Agricola schon immer recht gescheite Menschen gewesen...

Theodor Freiherr von Liebieg, Inhaber des ersten amtlich ausgestellten Führerscheins der Welt, absolvierte im Sommer 1894 eine sich über 2500 Kilometer erstreckende Reise mit einem filigranen Motorfahrzeug, das für eine derart strapaziöse Leistung gar nicht vorgesehen war.

Liebieg war der einundzwanzig Jahre junge Sohn eines Tuchfabrikanten in Reichenberg, Böhmen (heute Liberec), einer der in dieser Branche bedeutendsten Unternehmer in Österreich-Ungarn. Dessen Brüder und Vettern betrieben ebenfalls Spinnereien sowie Textilfabriken, deren Gründung zum Teil auf das frühe 18. Jahrhundert zurückging.

Die aus Braunau stammenden und später geadelten Brüder Franz und Johann Liebieg hatten

1828 eine Weberei übernommen, die sie zu einem der erfolgreichsten Textilunternehmen in Europa ausbauten, das seine Produkte bis nach Süd- und Mittelamerika lieferte. Ende des 19. Jahrhunderts beschäftigte Liebieg fast 3000 Arbeiter. Die Liebieg-Werke waren bis 1938 das größte Textilunternehmen der Tschechoslowakei.

Johanns Cousin Theodor gehörte zu den ersten, die in Böhmen ein Automobil erwarben und damit auch Reisen unternahmen. Sein Benz Victoria war das Exemplar mit der Fabriknummer 76 und steht heute im Technischen Nationalmuseum in Prag. Theodor von Liebieg hatte den Wagen bei Carl Benz persönlich gekauft und war hierzu im Oktober 1893 eigens nach Mannheim gekommen. Vorsichtshalber hatte er ein Retourbillet (Rückfahrkarte) gelöst, und um die zweite Hälfte des Ticketwertes nicht verfallen zu lassen, trat der Herr Baron auch die Heimreise wieder mit der Bahn an; sein frisch erworbener Victoria gelangte ebenfalls per Eisenbahn nach Reichenberg.

Kleiner Abstecher ins Jahr 1933. »Historische Automobilschau« nannte sich jene Ausstellung, die in Mannheim stattfand und erstmals Motorveteranen aus damaliger Sicht gewidmet war. »Hier wird die Entwicklung des Kraftfahrwesens in Deutschland von seinen ersten Anfängen an gezeigt,« berichtete der Reporter Kurt Doerry in der Berliner Illustrierten Nachtausgabe. »Eines der bemerkenswertesten Stücke der Ausstellung ist ein Führerschein aus dem Jahre 1893. Mit ihm bescheinigt der Stadtrat von Reichenberg dem Freiherrn Theodor von Liebieg, dass er Anfang des Jahres 1893 unter polizeilicher Aufsicht eine Probefahrt mit einem Benzin-Motorwagen unternommen hat und dass sich seit der Benutzung desselben nicht die geringste Beanstandung ergeben habe...«

Leider sei das Deutsche Museum in München nicht bereit gewesen, den ersten, 1885 entstandenen Benz-Viersitzer zur Verfügung zu stellen. »Zu den Exponaten der interessanten Schau zählen aber ein Benz von 1893, ein 4 PS Opel-Lutzmann von 1899, ein NAG von 1900, der erste Gräf & Stift aus Wien, der 1896 schon Vorderradantrieb aufwies, und da steht der Jagdwagen Kaiser Wilhelm II. aus dem Jahre 1911. Wir sehen die berühmtesten deutschen Rennwagen der Vergangenheit wie den 40/100 PS Opel von Jörns aus dem Jahre 1912 mit schon damals weit über 200 Kilometer Stundengeschwindigkeit, Salzers Mercedes-Rennwagen von 1906, Lautenschlagers Mercedes Grand-Prix-Siegerwagen von 1914, ferner sieht man historische Fahrzeuge der Marken Wanderer, Horch, Stoewer, Brennabor, Adler und Rumpler...«

Eine Besinnung auf historisches Kraftfahrwesen war in den frühen Dreißiger Jahren eigentlich kein Thema. Noch sprach niemand von »Oldtimern«. Doch es gab in Deutschland einen Club, der sich der Motor-Traditionspflege verschrieben hatte und bereits seit 1900 bestand, der Allgemeine Schnauferl-Club, gegründet von einer »kleinen Gruppe fortschrittlich gesinnter Männer, die sich als Konstrukteure und Produzenten, aber auch als Fahrer und Mechaniker für das junge,

Freiherr von Liebieg, Inhaber des ersten amtlich ausgestellten Führerscheins der Welt, absolvierte im Sommer 1894 eine sich über 2500 Kilometer erstreckende Reise mit einem Benz, an welchem er hier im hellen Anzug posiert.

zukunftsträchtige Fahrzeug begeistern konnten,« wie der ASC in seinen Annalen vermerkt. Alles, was in der Branche Rang und Namen hatte, trat dem ASC bei. Den Begriff »Schnauferl« führt man auf die ersten Autos in Bayern zurück; mit ihren Einzylindermotoren mussten sie tüchtig schnaufen, wenn sie eine Steigung zu bewältigen hatten, was manchmal nur im höher übersetzten Rückwärtsgang gelang. Als Schrecken aller »Schnauferlbrüder« galt der berüchtigte Zirler Berg in Tirol mit 16 Prozent Steigung.

*

Am Silvesterabend des Jahres 1878 hatte Carl Benz erstmals den von ihm konstruierten, wassergekühlten Zweitaktmotor zum Laufen gebracht, ein wesentlich leichteres und kompakteres Aggregat als eine gleichstarke Dampfmaschine. Zusammen mit weiteren Erfindungen jener Zeit wie Vergaser, Spulenzündung mit einer Batterie und Zündkerze setzte er den Motor in ein eigens hierfür gebautes Dreiradfahrzeug aus Stahlrohr ein. Doch der dreirädrige Benz-Motorwagen vermochte niemanden so recht zu überzeugen.

Einen kommerziellen Durchbruch schaffte die Gasmotorenfabrik Benz & Cie. in Mannheim erst 1893 mit ihrem vierrädrigen 3,5-PS-Modell Victoria, das gegen den Konkurrenten Daimler antrat. Das Fahrzeug wies Achsschenkellenkung mit patentierten Kreuzgelenken auf; gesteuert wurde mit Hebeln an einer senkrechten Lenksäule.

Nach der Ankunft seines in Mannheim erworbenen Benz Victoria unternahm Theodor von Liebieg allwöchentlich Ausflüge in die Umgebung Reichenbergs, auch hinauf zum Jeschken. Der Baron wurde von Mal zu Mal sicherer im Beherrschen seines Gefährts. In den Monaten Juli und August 1894 absolvierte er eine ausgedehnte Reise, die ihn in Begleitung seines Freundes Franz Stransky von Reichenberg über Mannheim, wo sie Carl Benz besuchten, nach Gondorf an der Mosel führte, weil die Familie seiner Ehefrau hier ein Weingut besaß (das Schloss Niederburg trägt noch heute den Zusatznamen Liebieg).

Die beiden setzten ihre Fahrt bis nach Reims fort, eine gewaltige Leistung. In Anbetracht der relativ geringen Motorkraft ihres Fahrzeugs und der damaligen Straßenverhältnisse war ein Schnitt von 13,5 km/h über 2500 Kilometer Strecke nicht schlecht. Im Sudetendeutschen Verlag Franz Kraus erschien 1938 ein Buch über die erste Langstreckenfahrt Liebiegs und Stranskys.

Mit seiner Fahrt hatte Baron Liebieg das Vertrauen von Carl Benz gewonnen, der ihm anbot, einen seiner Wagen am 20. September 1899 beim ersten deutschen Stadt-zu-Stadt-Rennen zu fahren. Von Liebieg siegte.

Das Fabrikat Benz war die erste deutsche Automarke, die weitflächig im Ausland vertreten war. Carl Benz hatte 1888 seinen Motorwagen dem Franzosen Emile Roger gezeigt, der eine Werkstatt in Paris besaß und seit einigen Jahren schon stationäre Benz-Zweitaktmotoren vertrieb. »Er kam, sah und kaufte, erst einen Wagen, dann mehrere, schließlich viele«, schrieb Benz in seinen Lebenserinnerungen. Dieser Erfolg in Frankreich war Wegbereiter für die weitere Fabrikation, denn in Deutschland fanden die Automobile von Benz nur wenige Käufer. Einer der Wagen von 1888 hat überlebt und gilt als das älteste komplett erhaltene Automobil der Welt.

Emile Roger übernahm nicht nur die Benz-Vertretung in Paris, sondern kümmerte sich auch um den Verkauf. Er bekam das alleinige Vertriebsrecht für Frankreich und das gesamte übrige Ausland. Bis Anfang 1893 hatte Benz zwar nur 69 Fahrzeuge produziert, aber mehr als 60 Prozent davon wurden an den Franzosen geliefert. Bis zur Wende zum 20. Jahrhundert setzte Benz & Cie. etwa ein Drittel der gesamten Produktion von gut 2300 Motorwagen in Frankreich ab. Vertretungen gab es bald auch in Budapest, Buenos Aires, Bukarest, Genf, Kairo, Kapstadt, London, Mailand, Melbourne, Moskau, Singapur, Stockholm und Wien. Der britische Markt war für Benz besonders wichtig; die Mannheimer lieferten allein von November 1895 bis Dezember 1898 mehr als 30 Velos nach England.

Napier 16 HP Phaeton
1902

Gelegentlich ging es auf Bahntrassen weiter

Zu denen, die in der Disziplin der Ferntouristen im frühen 20. Jahrhundert Weltruhm erlangten, gehört der Amerikaner Charles Jasper Glidden, der 1901 eine Automobiltour von Massachusetts zum Polarkreis in Kanada unternahm und ein Jahr später am Lenkrad eines Napier zu einer Weltreise aufbrach, die bis 1908 dauerte. Glidden hätte von Jules Verne erfunden worden sein können und inspirierte sicher auch Fräulein Clärenore Stinnes zu ihrer 1928 gestarteten Weltreise

Der von der U.S. Army im Rang eines Colonel (Oberst) verabschiedete Gentleman, geboren am 29. August 1857, hatte wechselnde Begleiter an Bord, von denen einem die wichtige Funktion eines Mechanikers oblag. Die Firma Napier & Son hatte diesen jungen Engländer namens Charles Thomas an Glidden »ausgeliehen«; er war am Bau des Fahrzeugs beteiligt gewesen und mit dessen Technik also bestens vertraut. Ein zweiter Passagier war zeitweilig Mrs. Lucy Emma Glidden. Eine Hochzeitsreise war es nicht; das Paar war bereits seit 19 Jahren verheiratet. Im Verlauf dieser Tour befuhren Glidden und seine Crew 39 Länder, legten 74.880 Kilometer zurück und besuchten mehr als 8000 Städte.

Als erste Autotouristen durchquerten Glidden und seine Begleiter Länder wie Australien, Malaysia, China und Japan. Seine Europatour schloss eine Exkursion bis ins nördlichste Schweden ein, auf Straßen, die nur lose Schotterpisten darstellten. Und südlich des Äquators ließ er seinen Napier auch zur Fidschi-Insel Viti Levu transportieren, wo er sich mit dem Häuptling im Wagen fotografieren ließ. Glidden war der erste Automobilist, den die Insulaner zu Gesicht bekamen.

Unzählige Male hörte Glidden die furchtsam bis drohend geäußerte Feststellung, dass es doch nicht mit rechten Dingen zugehen könne, dass

Im Verlauf ihrer Tour befuhren Glidden und seine Crew 39 Länder, legten 74.880 Kilometer zurück und besuchten mehr als 8000 Städte. Um auch auf Bahngleisen fahren zu können, führte man einen Satz Spurkranzfelgen mit.

Glidden über Frankreich: »So populär war das Automobil hier bereits, dass man so gut wie in jeder Stadt Benzin kaufen konnte, und die Hotels auf unserer Strecke hielten sämtlich Vorräte an Öl parat und verfügten über geräumige Remisen zum Abstellen von Fahrzeugen während der Nacht...«

sich ein Wagen ohne Zugtiere von der Stelle bewegte... Aber es überwogen Respekt und Bewunderung. In jenen Jahren sah man Automobile außerhalb europäischer und amerikanischer Städte noch selten. Nur in Frankreich hatten Motorwagen auch in der Provinz bereits eine etwas größere Verbreitung gefunden.

Die amerikanische Crew absolvierte die Reise in mehreren Etappen. Immer wieder lud Glidden Reporter zum Mitfahren ein. Im Sommer 1904 war er wieder einmal in seiner Heimat und nahm dort an der von der American Automobile Association (AAA) organisierten Zuverlässigkeitsfahrt von New York nach St. Louis teil. Er stiftete sogar einen Pokal und eine Prämie von 2000 Dollar in bar – damals ein immenser Betrag – für den Sieger. Von 1905 bis 1913 fand die daraufhin »Glidden Reliability Tour« genannte Fahrt in jedem Jahr statt. Den ersten Event gewann Percy Pierce auf einem Pierce Arrow. Von Jahr zu Jahr legte man die Streckenführung schwieriger aus. Ein Problem war das viele überfahrene Geflügel der Bauern, so dass Glidden den Behörden der passierten Landkreise aus eigener Tasche pauschalen Schadenersatz für das unbeabsichtigt gemeuchelte Federvieh bezahlte.

Von Gliddens in England gestarteter Weltreise existiert ein ausführlicher Bericht, eine Art Tagebuch. Der pensionierte Schullehrer Andrew M. Jepson, Enkel des Mechanikers Charles Thomas, hat es 2013 veröffentlicht und mit Fotos versehen, die sein Großvater unterwegs gemacht hat. Glidden schrieb: »Im November hatte ich beim Hersteller Napier in London einen viersitzigen Motorwagen mit vier Plätzen bestellt. Obwohl 24 PS stark, wurde er 16hp genannt«...

Die 16 horsepower waren nicht eine zu bescheiden formulierte Leistungsangabe für den Motor, sondern stellten eine fiskalische Größe dar, unseren einstigen Steuer-PS entsprechend. In weiser Voraussicht verfügte der Napier über eine Spurweite, die es erlaubte, auf Schienen fahren zu können; zu diesem Zweck führte man vier austauschbare Spezialfelgen mit. Denn es war damit zu rechnen, dass in entlegenen Regionen ein Vorankommen auf Eisenbahnstrecken leichter sein würde als auf straßenlosem Terrain.

Glidden vermerkte: »Am 1. Juni (1902) war der Wagen fahrbereit. Da mein Bericht sich nicht so sehr der Szenerie, den Landschaften oder der Historie besichtigter Kathedralen widmet, sondern dem Motorwagen und dem Verlauf der Reise, erwähne ich, dass jener über zwei wirkungsvolle Bremsen verfügte, mit denen man auch am steilsten Gefälle das Fahrzeug jederzeit anhalten konnte, ferner über ein elektrisches Zündsystem, das sich vom Sitz des Fahrers aus regulieren ließ, und ein per Hebel zu betätigendes Getriebe, um die Geschwindigkeiten zu regeln, von denen vier zur Verfügung standen. Der Inhalt des Kraftstofftanks reichte für eine Strecke von 200 Meilen, und das an Bord mitgeführte Schmieröl war für den

Bedarf von zwei bis drei Monaten ausgelegt. Automatisch gelangte es an alle Stellen, wo es benötigt wurde...«

»Ernste Schwierigkeiten bereitete uns in Frankreich das Entziffern von Wegweisern an den Straßengabelungen. Die Schrift auf den Schildern war so klein, dass man sie – ohne den Wagen anzuhalten – meist nicht lesen konnte. Oftmals fehlten Schilder gänzlich, und wir mussten uns von Dorf zu Dorf durchfragen. In den Städten waren wenigstens Straßenkarten erhältlich...«

Sämtliche Distanzen und auch kleine Ereignisse wurden notiert: »Als wir in Frankreich unterwegs waren, stellten wir fest, dass die Schafe auf den Landstraßen besser erzogen waren als die in England. Sie gehorchten den Kommandos der Schäfer und deren Hunden ohne Verzug, wenn wir uns näherten, und gaben die Straße frei... Nirgendwo sahen wir Zäune, das Land schien uns ein einziger, großer Park zu sein, mit Obstplantagen zwischendrin, Wiesen und Getreidefeldern. Und so populär war das Automobil hier bereits, dass man so gut wie in jeder Stadt Benzin kaufen konnte, und die Hotels auf unserer Strecke hielten sämtlich Vorräte an Öl parat und verfügten über geräumige Remisen zum Abstellen von Fahrzeugen über Nacht...«

6775 Meilen (fast 11.000 Kilometer) legte der Napier dort, wo es keine Straßen über Land gab, auf Eisenbahnschienen zurück: »Wir wurden stets als Sonderzug eingestuft und mussten uns an bestimmte Fahrpläne halten... Es war wundervoll, auf diese entspannte Art und Weise exotische Landschaften zu genießen und ausgeruht am Ziel einzutreffen...«

Charles Jasper Glidden engagierte sich auch intensiv im damals noch jungen Flugwesen. Der Colonel amtierte viele Jahre als Executive Secretary im World's Board of Aeronautical Commissioners und organisierte nach dem Ersten Weltkrieg die erste Flieger-Rallye rund um den Globus. 1921 wurde er zum Präsidenten der Kommission gewählt. Es heißt, er habe die Bedeutung der Fliegerei in naher Zukunft schon früh erkannt und gesagt, dass »eine Flugreise schon bald für Jedermann so selbstverständlich sein wird wie die Benutzung eines Motorrades«.

Glidden war durch innovative Aktivitäten in der frühen Telefonbranche Amerikas schon in jungen Jahren ein vermögender Mann geworden. Auf ihn geht die Einführung von Fernämtern zurück, in denen weibliche »operators« die Verbindungen manuell an großen Schaltpulten herstellten. Bei uns hießen die Telefondamen »Fräulein vom Amt«.

Der Multimillionär C. J. Glidden verstarb am 11. September 1927 in Boston.

Automobile der Marke Napier gab es von 1900 bis 1924. Und schon mit dem ersten Zweizylinderwagen beteiligte sich der Verkaufsdirektor Selwyn Francis Edge an einer Reihe von Zuverlässigkeitsfahrten, und gemeinsam mit Charles Stuart Rolls bestritt er Ende Juli 1900 das 1347-Kilometer-Rennen von Paris nach Toulouse und zurück.

Der erste Vierzylinder, der ebenfalls 1900 entstandene 16 HP, wies einen Motorblock aus Aluminium auf, Zylinderlaufbuchsen aus Stahl und wie der Zweizylinder Kettenantrieb. 1901 stellte Napier einen weiteren, größeren Rennwagen vor; dessen Vierzylindermotor hatte 17,2 Liter Hubraum. Ein Jahr später gewann Edge mit einem 6,5-Liter-Wagen den Gordon-Bennett-Cup. Mehr als 250 abgesetzte Fahrzeuge im Jahre 1903 wertete Edge als Beweis, dass Motorsport den Verkauf beflügelte.

Anfang 1904 entstand der erste Napier mit einem 5,0-Liter-Sechszylinder, der großes Aufsehen erregte – es war ein 18/30 HP Kettenwagen mit wassergekühlten Bremsen, das erste in Serie hergestellte Sechszylinder-Automobil der Welt. Sechszylinder waren eine Domäne Napiers, und um dieses Image nicht zu beeinträchtigen, wählte man für die drei Vierzylinder-Wagen, die 1908 für das Tourist-Trophy-Rennen gemeldet wurden, einen anderen Markennamen: Hutton.

Die Jahre vor Ausbruch des Ersten Weltkriegs waren für Napier weiterhin sehr erfolgreich, nicht

Napier Tourer 1907. Automobile dieser Marke gab es von 1900 bis 1924.

zuletzt durch Einführung neuer, kleinerer Modelle mit Zwei- und Vierzylindermotor.

Den Napier 40/50 HP bezeichnen Kenner als eines der besten Autos, die je in Großbritannien gebaut wurden. Dessen Gesamtkonstruktion stammte von Arthur J. Rowledge und war Anfang 1918 entstanden. Der Sechszylindermotor aus Aluminium war eine moderne ohc-Konstruktion mit thermostatgesteuerter Kühlung, die Zündung arbeitete mit Batterie- und Magnetstrom, und selbstverständlich verfügte der Wagen über einen elektrischen Anlasser. Doch kein Napier hatte Vorderradbremsen – mit Ausnahme der letzten sieben, 1924 gebauten 40/50 HP. Die Fußbremse wirkte stets auf die Getriebehauptwelle, die Handbremse auf die Hinterräder, wie es auch bei anderen Fabrikaten gängige Praxis war.

3:

mit Halwart Schrader unterwegs

VERLOR'NE LIEBESMÜH? BELOHNTE ZUVERSICHT!

PROFIS WISSEN: NUR DAS BESTE WERKZEUG IST GUT GENUG

Studebaker Champion 1950

Straßenbekanntschaft am Landwehrkanal

Straßenbekanntschaften suchte und fand man(n) an der Joachimsthaler Straße Ecke Tauentzien, nicht an der Kanalecke des Charlottenburger Ufers, aber Ausnahmen bestätigen bekanntlich die Regel.

Paulchen Schaak gehörte zu denen, die durch ihre schattenhaftige Unauffälligkeit auffielen. In unserer Grafik-Klasse bemühten sich Männlein wie Weiblein mehr oder weniger erfolgreich, gewisse Klischees zu bedienen: Der Karlheinz machte einen auf Picasso, der Hagen imitierte den Stil eines Paul Klee, die Gerlis sah sich als Bardot-Double, die kleine Marianne versuchte eine geklonte Käthe Kollwitz zu sein, die Ingeborg beschmierte ihre Staffeleipappe wie ein Roger Bissière fremder Leute Fensterscheiben. Als angehende Dipl.-Künstler mussten wir uns ja positionieren. Paulchen indes schwarzweißelte seine unspektakulären Kritzeleien aufs Ingrespapier, so dass es nach nichts aussah, nicht einmal nach Chaval oder Dubout. Um so mehr überraschte er mich mit seinem geflüsterten »Chef, ich weiß, wo wir ein herrenloses Auto abstauben können, hier ganz in der Nähe, machste mit? Aber sag' es nicht weiter!«

Mit »Chef« redete er jedes auch nur halbwegs männliche Wesen an, aber noch nie hatte ich ihn eine solche Wortfülle auf einmal von sich geben hören.

Herrenlos? Schien unwahrscheinlich. Neugierig stiefelte ich ihm hinterher, Richtung Landwehrkanal, und da stand er, der hellgrüne Studebaker mit seiner verchromten Drohgebärde statt eines vernünftigen Kühlergrills, mit heruntergekurbelten Türscheiben und windschief angeklemmten Nummernschildern der U.S. Forces in Germany. Seit Tagen schon stünde der Wagen hier am Rinnstein, sagte Paulchen, öffnete keck die unverschlossene Fahrertür und setzte sich hinter das Lenkrad, als sei das seine Routine. Ich nahm we-

Eine Rakete war der 1950er Studebaker Champion nicht, auch wenn er so aussah...

Oben: BMW Isetta als Pick-up 1956; links der originelle Messerschmitt KR 175.

Verkehrsalltag 1952: Pit Rades auf seiner 98er Sachs aus der Vorkriegszeit, ein Ford Taunus Deluxe in Schwierigkeiten, Lastwagen-Schlange am deutsch-deutschen Grenzübergang Marienborn-Helmstedt (Transit-Autobahn). Hier mussten die Transporte von und nach West-Berlin in der Regel bis zu sechs Stunden auf ihre Abfertigung warten.

niger routiniert auf der Beifahrerseite neben ihm Platz. Noch nie hatte ich einen solchen Exoten von innen gesehen... aber so toll fand ich das Interieur nun auch wieder nicht. Kein Radio, kein Maskottchen...

Den Wagen wird jemand geklaut und ihn dann mit leer gefahrenem Tank hier abgestellt haben, mutmaßte ich, die Polizei würde gewiss nach ihm suchen. »Nee, Chef, das sehe ich ganz anders. Die Amerikaner werden doch niemals die deutsche Polizei drauf ansetzen, ein Amiauto zu suchen. Und selber beschränkt sich ihre Zuständigkeit nur auf den amerikanischen Sektor. Wir befinden uns hier aber im britischen Sektor. Nee, Chef, so eine tolle Kiste wie diese hier gehört bestimmt einem hohen Ami-Offizier, und der hat den Verlust seiner Versicherung gemeldet und sich einen neuen Schlitten besorgt. Dies' Auto hier betrachte ich als herrenlos.«

Ja und?

»Wenn etwas herrenlos ist, kann ich es mir aneignen. Mein Opa hat in Gatow einen großen Schuppen, dort stelle ich den Wagen unter, lackiere ihn dunkelrot und lass' ihn erstmal zwei, drei Jahre stehen, alles Weitere ergibt sich.«

Du hast aber keine Fahrzeugpapiere und bestimmt nicht das Recht, dir irgend ein Auto von der Straße weg anzueignen, nur weil du glaubst, es sei herrenlos!

Paulchen schien nicht imstande, aus seinem Traum aufzuwachen: »Lass' das man meine Sorge sein, Chef, ich kriege das schon alles hin... erst muss ich ja noch meinen Führerschein machen!«

Doch nicht erst in zwei, drei Jahren ergab sich »alles Weitere«, sondern schon weniger als 24 Stunden nachdem Paulchen mich zum Mitwisser seiner Burleske gemacht hatte. Denn als er nächstentags die Mittagspause nutzte, seine Straßenbekanntschaft zu vertiefen, war er eine halbe Stunde später wieder zurück und jammerte: »Zu spät! Er steht nicht mehr da. Mir ist jemand zuvorgekommen...«

Also hatte eine gütige Fee unseren Kommilitonen in letzter Minute vor einer lebenslangen Wegsperrung auf der Zuchthausinsel Alcatraz bewahrt, wenn nicht gar vor dem elektrischen Stuhl. Ob er sich später auf legalem Wege einen Studebaker angeschafft hat, glaube ich nicht. Paulchen war eher ein Porschetyp.

Und da ich von der Marke Studebaker noch weniger Ahnung hatte als Paulchen vom Paragraphen 958 BGB (»Eigentum wird nicht erworben, wenn die Aneignung gesetzlich verboten ist«), wusste ich natürlich nicht, dass die Firma in Amerika sehr hohes Ansehen genoss. 1902 hatte sie ihre traditionsreichen Wildwest-Kutschenbau-Aktivitäten auf den Automobilbau ausgedehnt, und schon 1908 kam sie mit ihren gut verkäuflichen Fahrzeugen auf den dritten Platz in der amerikanischen Produktionsstatistik. Noch in den frühen Zwanziger Jahren bewegte sie sich im vorderen Feld unter den vielen Dutzend Marken, die in den Vereinigten Staaten um die Gunst der Käufer warben. Mit Willys-Overland, dem späteren Jeep-Hersteller, rang Studebaker stets um einen der ersten fünf Plätze, ehe General Motors, Ford und die Chrysler-Marke Plymouth ihre Führungspositionen etablierten und Studebaker 1964 zur Aufgabe zwangen.

*

In Hamilton, Ontario, existierte eine kanadische Tochterfirma, die bei der Schließung des Stammwerkes in South Bend, Indiana, eigene Wege zu gehen versuchte. Eine letzte Aktivität dieser kanadischen Studebaker-Dependance war der Vertrieb des deutschen Volkswagens in den Jahren 1965–1966. Das gesamte kanadische VW-Händlernetz wurde von Studebaker beliefert, was aber außen nicht erkennbar wurde. Kaum ein Käfer-Käufer in Kanada dürfte sich in jenen Jahren bewusst gewesen sein, dass er seinen Wagen von Studebaker vor die Tür gestellt bekam. Ich habe den Sachverhalt von meinem Onkel Gunter v. Oettingen erfahren, der damals für die Volkswagen of Canada Inc. Chef der Ersatzteildisposition war. Natürlich interessierte das alles weder Paulchen noch mich, zumal wir bislang ja noch nie etwas von einer Firma Studebaker gehört hatten.

Mit dem Fuldamobil erregte man ebensoviel Aufsehen wie mit einem Messerschmitt.

Eine unserer Kommilitoninnen war Julia Leistikow, Enkeltochter des bekannnten Impressionisten und einer der Gründer der »Berliner Secession«. Der gehörten zeitweilig auch Beckmann, Corinth, Feininger, Kandinsky und Barlach an. Ganz so begabt wie ihr Großvater war Julia nicht, doch unser Mal-Dozent Ortel hatte großen Respekt vor der jungen Dame und versuchte mit viel Geduld, ihre künstlerischen Fähigkeiten zu entdecken, die ja doch irgendwo verborgen sein mussten...

Was die Motorisierung betrifft, so erregte Julia die Aufmerksamkeit der ganzen Schule, weil ihr Freund sie gelegentlich mit einem Fuldamobil abholte. Dieses eigenartig geformte Kunststoff-Dreirad war im März 1950 auf den Markt gekommen mit einem Baumsägenmotor der Firma Baker & Pölling in Niedernhall, Württemberg. Dies war ein 8,5 PS leistender 248-ccm-Zweitakter mit einem Dreiganggetriebe von Hurth; das einzelne Hinterrad wurde durch eine Kette angetrieben. Über eine Kette erfolgte auch die Lenkung der Vorderräder.

1951 folgte das Modell N1 Silberfloh – eiförmig und überraschend geräumig. Das kleine Auto kostete 3100 DM. Das war viel Geld. 1953 erhielt das Fuldamobil einen 9 5 PS leistenden 197-ccm-Motor von Ilo. Um die gleiche Zeit erschien das Modell S mit Karosserieteilen aus warm verformtem Aluminiumblech. Ein solches Fahrzeug besaß Julias Freund Robert, und selbstverständlich genoss sie die Bewunderung ihrer Kommilitonen, wenn sie zu ihrem Chauffeur in die Stromlinienkapsel stieg.

Citroën 5 HP Trèfle
1925

Kleeblatt amphibischer Philosophen

Langsam aber sicher drängte sich dann doch das Auto in meinen Wahrnehmungs-Orbit. Nicht das Moped oder Motorrad (wahr- (wahrscheinlich, weil ich nicht radfahren konnte). Die Vorstellung, so bald wie möglich Autobesitzer zu werden, nahm erstmals im August des Jahres 1953 Konturen an. Und zwar durch die Begegnung mit einem kleinen Franzosenauto, das mich faszinierte und inspirierte.

Ich war – inzwischen achtzehnjährig und fernwehbesessen – mit meiner Freundin auf einer Faltboottour auf der Rhône. Wir vom Rest der Welt isolierten Berliner nahmen jede Gelegenheit wahr, herauszukommen aus der städtischen Enge, wobei der preußische Großstädter besonders gern nach Bayern und noch lieber nach Italien reiste. Mich reizte indessen Frankreich mehr, was vielleicht auf ein paar hugenottische Ahnen zurückzuführen war, und als Faltbootbesitzer verfügte ich über ein ideales Fortbewegungsmedium für Explorationen in jede Himmelsrichtung. Sich die Rhône bis zum Mittelmeer hinabtreiben lassen: Konnte es einen schöneren Urlaub geben?

Eines unserer Campingquartiere befand sich auf der Insel Piot-Bagatelle gegenüber der oft besungenen Brücke von Avignon. Kaum, dass wir uns in unserem Zelt zur Nachtruhe begeben hatten, kündigte sich mein automobiles Schlüsselerlebnis durch ein ungewöhnliches Motorengeräusch an; es war ein Zusammenspiel von Knattern und Blubbern und Schnaufen. Die Symphonie verstummte nach einem Weilchen, hatte mich aber neugierig gemacht. Ich wollte mir das Fahrzeug, das derart melodisch angekommen war, am Morgen genau anschauen. Vielleicht war es ein Boot mit einem antiken Außenborder...
Als ich nach Sonnenaufgang erwartungsvoll aus dem Zelt kroch, erblickte ich ein paar Meter vor unserer Leinwandvilla ein Fahrzeug, wie ich es noch nie gesehen hatte; es besaß gewisse Ähnlichkeit mit einem Automobil, aber auch mit einem auf dem Kopf stehenden Wasserflugzeug, mit den Kufen nach oben. Es handelte sich um ein dreisitziges Trèfle der Marke Citroën, Baujahr etwa 1923-25, mit einem aufgeschraubten Skelett aus dünnen Eisenrohren. Die vermeintlichen Kufen eines Wasserflugzeugs waren zwei umgedrehte Aluminiumkanus. Das Rohrgerüst diente zugleich als Gestänge für einen Zeltvorbau, der aus dem Bootstransporter ein Wohnmobil machte.

Mein Staunen nahm zu, als aus dem Gehäuse vier Gestalten traten, vollbärtige, sonnengebräunte Satyrsöhne. Ich suchte mit den Studenten aus Paris das Gespräch und erfuhr, dass der vierte Mann auf der Heckklappe sitzen musste, sich am Tragegestänge für die Boote – in deren Inneren sich das Reisegepäck befand, sofern es nicht in Beuteln am Wagen baumelte – festhaltend. Aber das würde nur in Ausnahmefällen, so wie gestern, praktiziert, auf Nebenstraßen dritter Ordnung: Die Gendarmerie, weißt du...

In der Regel machten sie es so: Zwei legten eine Tagestour mit den Booten zurück (es waren relativ kurze Ein-Mann-Kanadier), die anderen beiden trafen am verabredeten Etappenziel mit dem Trèfle ein. Dann tauschten die Teams ihre Fortbewegungsmittel. Auf diese Weise hatte das Quartett schon viele Flussläufe – stets stromab, versteht sich – sowohl vom Wasser aus als auch von der Uferperspektive her kennen gelernt, den

Ob zu Wasser oder zu Lande: Michelin-Kartenmaterial war immer im Gepäck!

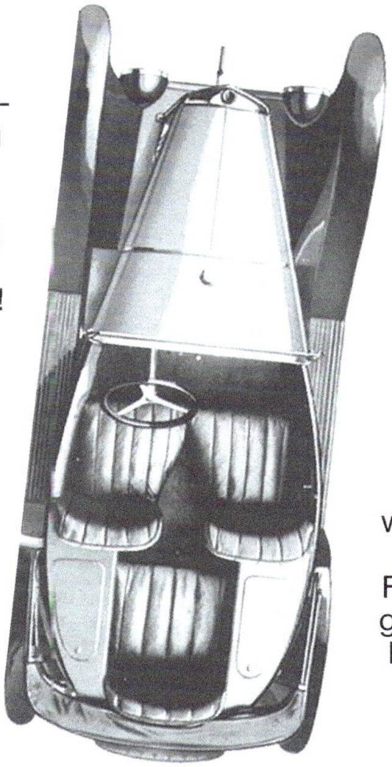

In seiner Ausführung als dreisitziges Cabrio war der 5 HP für den Fond-Passagier nur dann komfortabel, wenn er extrem kurze Beine hatte.

Doubs, die Saône, die Ardèche, die Dordogne, und jetzt war die Rhône an der Reihe. Welch herrliche Art zu reisen das war! Mich als Faltbootfahrer faszinierte das sehr. Autoreisen und Wasserwandern zu kombinieren, was für eine tolle Idee.

Faltboot + Freundin + Auto...?

Wieder zu Hause in Berlin, galt mein Interesse jetzt kleinen Nutz-Fahrzeugen, die es gestatten würden, maritime Neigungen mit terrestrischer Distanzbewältigung zu verbinden. So etwas müsste in Berlin doch irgendwo zu finden sein...

Wer besaß aber Anfang der Fünfzigerjahre in Berlin schon privat ein Auto... und eine Genehmigung, es zu benutzen... Der Doktor nebenan fuhr einen 1934er DKW, mit welchem er Hausbesuche machte, während der Optiker Henning aus der Blissestraße zu den wenigen gehörte, die sich einen nagelneuen Ford 12M leisten konnten. Manch ambulanter Gemüsehändler bewegte ein Tempo-Dreirad aus der Vorkriegszeit. Dem von 1948 bis 1953 amtierenden Westberliner Oberbürgermeister Ernst Reuter stand als Dienstwagen ein alter Horch zur Verfügung, den er erst gegen einen Mercedes 300 einwechselte, nachdem die Amtskarosse während einer Dienstfahrt ihren achtzylindrigen Geist ausgehaucht hatte.

In den frühen Fünfzigern blickten wir Jungs uns nach jedem Auto um, das auf den Straßen der Inselstadt Berlin zu sehen war, vor allem, wenn es ein amerikanischer Schlitten war – oder ein neuer Volkswagen, ein Opel Kapitän, ein Champion, ein Borgward 1500, ein Dyna-Veritas. Die Mutter meines Freundes Harrar Noesselt bewegte jedoch noch einen Vorkriegswagen, einen roten Tornax. Sensationell!

Bei Studenten war ein ganz bestimmtes Auto Favorit: Der kleine, 1927 bis 1931 gebaute Dixi alias BMW 3/15 PS. Diese »Nuckelpinne« gab es als Limousinchen, als Coupé, als Cabrio und sogar als Sportroadster, angeboten um die 500 bis 800 Mark. Der Dixi beziehungsweise BMW war bescheiden im Benzinverbrauch und so schön anachronistisch; man sah diese Studentenautos noch eine ganze Weile im Verkehrsbild, ebenso Vorkriegs-Leichtmotorräder, die längst Museumsreife erlangt hatten.

Borgward FW 200
1938

Zebra Extra Drei Special Grand Sport

Das Drama mit meinem Brikett-Transporter begann im Oktober 1954. Auf dieses Abenteuer hatte ich mich eingelassen, ohne dass ich einen Führerschein besaß. Den bekam ich erst zwei Monate später. Schon etwas länger verfügte über den »Lappen« aber Peter Alban, der mit mir gemeinsam das Dreirad von Wittenau in eine angemietete Garage in der Blissestraße fuhr – dies sollte die einzige längere Fahrt mit meinem ersten Auto bleiben, und Peter Alban war der einzige Mensch, der den dreirädrigen Borgward, so lange ich ihn besaß, je über eine Entfernung von mehreren Kilometern bewegt hat. Ohne, später aber auch mit Führerschein tat es der Wagen bei mir kaum mehr als zehn Meter. Er verließ nie wieder auf eigener Achse den Garagenhof.

Das für 250 Mark erworbene Vehikel hatte einen (theoretisch) 7,3 PS leistenden 199-ccm-Einzylindermotor. Wer sich einigermaßen auskannte, sagte: aha, ein alter Goliath! Aber in den Papieren und in der Betriebsanleitung stand: Borgward FW 200.

Ich glaubte, mein so günstig erworbenes Dreiradfahrzeug erst einmal gänzlich zerlegen zu müssen. Dadurch ermordete ich es auf grausame Weise, zerstückelte es und riss es in hundert Teile, und das nicht allein aus dem Grunde, seine Anatomie so gründlich wie möglich kennen zu ler-

Links: Pritschenwagen Borgward FW 200 alias Goliath; Werbefoto von 1939.

nen, sondern um den ehemaligen Brikett-Lieferwagen anschließend in einen offenen Sportzweisitzer zu verwandeln, mit einer Gepäckkiste auf der Heckplattform. Dabei wäre es ein Leichtes gewesen, das brave Autochen einfach »nur« zu renovieren, es vom Kohlenstaub zu befreien und, wo nötig, instand zusetzen. Die enge, zweisitzige Kabine, die Pritsche dahinter, die Fronthaube – alles war ja im Originalzustand und hätte lediglich einer Auffrischung bedurft. Etwas mehr als Kosmetik freilich, denn das Auto wies einige Beulen, Schrammen und Dellen auf, eine ausgeschlagene Lenkung und erneuerungsbedürftige Bremsen. Aus heutiger Sicht jedoch wäre ein restauriertes Dreirad Modell FW 200 ungleich wertvoller als ein obskurer Eigenbau, der mehr oder weniger zufällig ein Borgward-Chassis besitzt.

Meine Freunde Peter Alban und Pit Rades verstanden mehr von Technik als ich. Doch ihnen blieb es wie mir verwehrt, den Motor der in unzähligen Freizeitstunden umgebauten und dabei in vieler Hinsicht verhunzten Dreikantfeile mittels Dynastarter wieder zum Laufen zu bringen. Bis zum Garagenhof hatte es der Wagen doch geschafft,warum bloß streikte der Motor denn jetzt?

Immer und immer wieder luden wir die kleine 6-Volt-Batterie auf, reinigten die Zündkerze, spritzten wir eine kleine Appetitdosis Feuerzeugbenzin in den Ansaugluftfilter. Der Motor hustete dann ein paar Takte, beförderte eine Ölwolke aus dem Auspuff, verschluckte sich und erstarb. Zu dritt schraubten und klopften und feilten und schweißten wir an dem armen Dreirad herum, das mich schon traurig aus seinen großen Augen anblickte, wenn ich am Sonnabendmorgen das Garagentor öffnete. Diese großen – viel zu großen – Augen waren zwei Scheinwerfer, die von einem Horch Achtzylinder stammten; für ein paar Mark hatte ich sie bei einer Autowerkstatt in Schöneberg erhalten, zusammen mit Stoßstangen von einem DKW.

Nicht nur die Scheinwerfer des Borgward hatte ich ausgewechselt. Der gesamte Aufbau war aus Blech und Hartfaserpappe nach und nach neu entstanden. Aus dem grauen Pritschenwagen war ein offener Zweisitzer mit roten Polstern geworden, mit Weißwandreifen und chromblitzenden Stoßbügeln. Ich hatte einen

Links: Wäre mein Dreirad ein Kastenwagen gewesen, hätte ich ein Wohnmobil aus ihm gemacht.
Rechts. Dieses grafische Meisterwerk ist der von mir angefertigte Stromlaufplan für das Zebra. Die farbige Kennzeichnung der Kabel nahm ich vor dem Verlegen durch Emaillelacktupfer vor, auch den Sicherungskasten baute ich selbst und platzierte ihn unterhalb des Armaturenbretts.

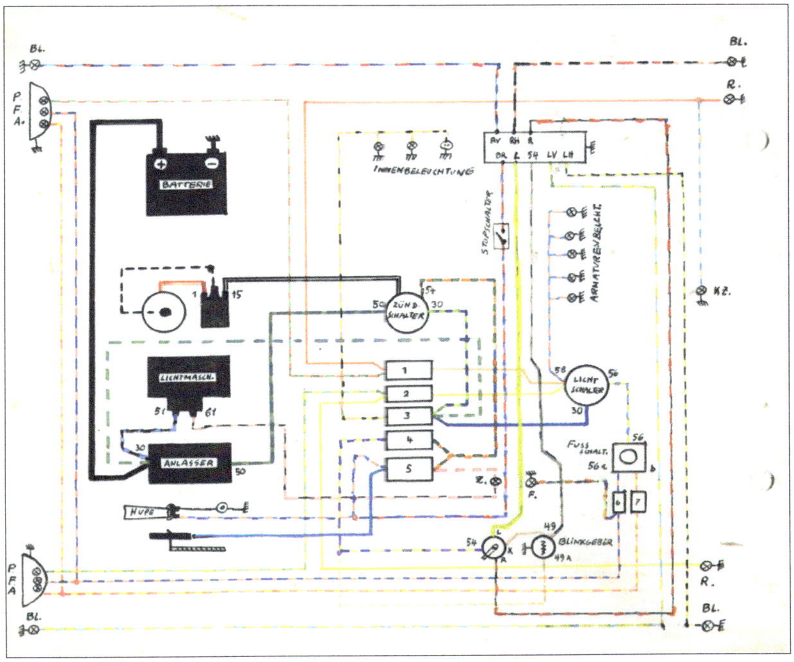

neuen Stromlaufplan für die Elektrik entworfen und die dafür verwendeten Kabel vorschriftsmäßig farbig markiert – mittels in kurzen Abständen aufgetupfter Farbstreifen auf der Isolierung.

Das Nonplusultra war die Lackierung meiner Dreikantfeile, wie Emil Pfaff, Hausmeister des Garagenhofes, meinen immobilen Luxusliner nannte. Der »Portugiese« kassierte von mir jeden Monat zehn Mark Miete, und ich nahm ihm ziemlich übel, dass er mal gesagt hatte: »Selbst wenn du die Karre zum Laufen bringen solltest – ich glaube, mit der kommste nicht weit!« Dabei hätte die Karre bestimmt jedem Veranstalter von Safari-Reisen in Afrika gefallen. Das Auto wies nämlich schwarze und weiße Zebrastreifen auf, liebevoll mit Ducolux aufgemalt und gut zu dem roten Plastik-Sitzpolster kontrastierend. Weißwandreifen? Selbstverständlich! Nur ein Verdeck gab es nicht, dessen Anfertigung traute ich mir nicht zu. Bei Regenwetter wäre man halt nass geworden. Notfalls hätte ein Regenschirm herhalten müssen.

Was immer den Motor daran gehindert haben mag, die ihm zugedachte Arbeit aufzunehmen (Peter Alban tippte auf mangelnde Kompression durch einen Riss im Zylinder, der Portugiese auf himmlische Vorsehung) – mein Traum von einem fahrbaren Auto ließ sich mit diesem Gefährt nicht realisieren. Ganz abgesehen davon, was der TÜV-Prüfer wohl gesagt haben würde, sofern er sich von seinem Schock beim Anblick des Zebras mit Original-Schrader-Eigenbau-Sportkarosserie je wieder erholt hätte. In mindestens zwanzig Punkten, so würde ich aus heutiger Sicht meinen, ging es mit den auch damals schon strengen Vorschriften der StVZO nicht konform.

Im Juni 1956 gab ich das Projekt auf und verkaufte das Vehikel für den lächerlichen Betrag von 250 D-Mark an einen Studenten der TU Berlin. Wäre er doch Mediziner gewesen: Der hätte bestimmt wissenschaftlich abgesicherte Reanimationsmethoden zur Aufweckung eines Ohnmächtigen gekannt, von denen wir Mechanik-Gläubige keine Ahnung haben.

Erstaunlich, dass ich so rasch einen Käufer für die Dreikantfeile gefunden hatte. Der Aushang am Schwarzen Brett der TU war von mir allerdings auch nach allen Regeln der Werbekunst gestaltet worden – schließlich hatte ich acht Semester Ge-

Das vordere Einzelrad des FW 200, hier mit Lochfelge.

Die Karosserie wurde sträflicherweise zur Gänze auseinander genommen.

brauchsgrafik hinter mich gebracht und konnte nun beweisen, dass ich gelernt hatte, wie »Sales Promotion« in der Praxis funktioniert. Innerhalb von drei Tagen war ich meinen Traumwagen los... Auf welchem Autofriedhof mag er seine letzte Ruhestätte wohl gefunden haben?

Kaum war der zebragestreifte Borgward alias Goliath FW 200 aus den Augen, war der nächste Delinquent schon im Sinn. Der eigentlich für den Schrottplatz ausgemusterte 1938er Opel P4 überlebte dank meiner Fürsorge zwar nur wenige Monate, diese aber noch im Vollbesitz seiner 23-pferdigen und auf Zuruf verfügbaren Kräfte – ein Fahr-Zeug also und kein Stand-Zeug... und von jetzt an gab es für die nächsten 62 Jahre keinen Augenblick mehr, den ich ohne ein »altes Auto« zu besitzen verbracht hätte... Halt, das stimmt nicht. Den halben Januar des Jahres 1959 hielt ich es ersatzweise mit einem NSU-Lambretta-Motorroller aus, aber auch keinen Tag länger. Denn auf zwei Rädern hatte ich es noch nie sehr weit gebracht, und so blieb es nicht aus, dass ich die Neckarsulmer Lizenz-Lambretta auf regennasser Fahrbahn auf die (rechte) Seite legte. Die Geschichte, auf welche Art und Weise ich die Prüfung für meinen erst kurz zuvor erlangten Motorradführerschein absolviert hatte, ist so abenteuerlich, dass ich sie besser nicht verrate.

CARL F. W. BORGWARD / BREMEN
Automobil- und Motoren-Werke

BORGWARD
Lieferwagen
Typ FW 200 / FW 400

Betriebsanleitung

Links: Der zu allen Unsinnigkeiten zur Verfügung stehende Kutte Grünberg am Lenkrad des Zebras. Mit seinen roten Sitzpolstern und einem ebenso knallroten Benzinkanister, den riesigen Chromscheinwerfern und gewaltigen Stoßbügeln am Heck war das Safari-Auto eine Karikatur seiner selbst. Kuttes Sturzhelm ist eine Leihgabe, ich hatte die Haube für eine D-Mark aus US-Beständen erworben – auf derlei Dinge hatten sich in Berlin zwei Geschäfte der STEG spezialisiert: Fundgruben für Zweitverwender, die kein Problem damit hatten, sich mit dem ausrangierten Militärzeug der Amerikaner einzukleiden.

Opel P4 Cabriolimousine 1937

Zuverlässig, unauffällig und anspruchslos

Zuverlässigkeit als automobile Tugend war noch in den 1930er Jahren nicht selbstverständlich. Die Firma Opel gab indessen ein Versprechen ab, das sie auch immer zu halten bemüht war und in ihrem Slogan zum Ausdruck brachte: »Opel der Zuverlässige«. Was meine Opelautos angeht, so erwies sich der Werbespruch als zutreffend, sofern man den Begriff Zuverlässigkeit nicht gleichsetzt mit Unkaputtbarkeit.

Denn durch den normalen Prozess der Alterung, der beim Automobil nicht anders als bei Mensch und Tier und Dampfmaschine mit voranschreitendem Alter ein paar Fehlfunktionen oder Unzulänglichkeiten zutage treten lässt, so auch bei einem Opel, kann es gelegentlich zu Verdrießlichkeiten kommen.

Mit der Anschaffung meines ersten Opel verbanden sich relativ bescheidene Erwartungen: Dass er vier und nicht etwa nur drei Räder haben und dass der Motor spätestens nach dem dritten Startversuch seine Arbeit aufnehmen möge – und dass der Dampfkessel-Überwachungsverein (so nannte sich damals der TÜV) Gnade vor Recht ergehen lassen würde.

Da ich für das immobile Dreirad Ersatz suchte, dafür aber nur anzulegen im Stande war, was der Verkauf des Zebras gebracht hatte, glaubte ich beim Gebrauchtwagenhändler Burkschat ein für mich besser geeignetes, weil funktionsfähiges Fahrzeug entdeckt zu haben. Und das war ein Vorkriegs-Opel vom Typ P4. Eine etwas konservative Erscheinung zwar...

Ich kannte die meisten Gebrauchtwagenplätze der näheren und weiteren Umgebung bestens. Und solche Plätze gab es zahlreich.

Der Opel P4, den ich bei Burkschat in meiner Kragenweite gefunden hatte, war genau das Fahrzeug meiner Vorstellung. Es war noch keine zwanzig Jahre alt und sprang auch sofort an, wenn man den Hebel zum Starten mit dem Fuß hinter dem Gaspedal ertastet hatte. Nicht mehr als 250 Mark sollte die Cabriolimousine kosten,

Mein beim Gebrauchtwagenhändler Burkschat erworbener P4 befand sich weitgehend im Originalzustand.

Mit dem Modell P4 präsentierte die Firma Opel ihre gegen den in Vorbereitung befindlichen KdF-Wagen gerichtete Konzeption eines Volks-Autos.

Das Verkehrsaufkommen war 1946 noch bescheiden...

mit frisch erteiltem TÜV-Segen und zwei neuwertigen Reifen als Dreingabe. Ich fand den hellgrauen Opel wunderschön und freute mich, nun über ein Auto zu verfügen, das sogar fahrfähig war!

Das Herausspringen des ersten Gangs kurz nach dem Anfahren, das Klappern der Türen und der darin versenkbaren Scheiben, das ungleichmäßige Ziehen der Bremsen, das gelegentliche Klemmen der Klappwinker, das Spiel in der Lenkung waren Unzulänglichkeiten, an die ich mich nach wenigen Kilometern gewöhnt und die sogar der TÜV toleriert hatte.

Mein in Hamburg lebender Vater hatte mir nahegelegt, nach dem Abschluss des Studiums in den Westen zu kommen – »mit deinem alten Opel selbstverständlich, die paar Kilometer wirst du schon schaffen... nur Mut, mein guter Sohn!« – und mir dort einen Job zu suchen. Hamburg, nicht ohne Grund »Tor zur Welt« genannt, bot wirklich mehr Sprungbretter für einen Berufsanfänger als Berlin.

Und es überraschte mich nicht, dass meine Freundin Antje den Wunsch äußerte, mich auf der Fahrt nach Hamburg im Opel begleiten zu wollen. Mein nicht sehr umfangreiches Gepäck, dessen Hauptbestandteil die Mappe mit meinen Bewerbungsarbeiten darstellte, erlaubte außerdem ohne weiteres die Zuladung eines Zeltes und einiger Übernachtungsutensilien, denn ob wir die Fahrt von Berlin nach Hamburg an einem einzigen Tage bewältigen würden, war nicht sicher; wir wollten den Umweg über Helmstedt und Braunschweig nehmen. Der hellgraue Opelveteran lief höchstens 70 km/h, und mit der einen oder anderen Panne mussten wir rechnen.

Wir verließen Berlin in der ersten Augustwoche 1956. Nervosität kam gleich zu Anfang auf, als der Motor nicht wieder anspringen wollte, nachdem ich ihn am ersten Kontrollpunkt Dreilinden dummerweise ausgeschaltet hatte. Opel, der Unzuverlässige...? Nein, ich hätte lediglich den Choke nicht ziehen dürfen...

Der DDR-Grenzpolizist hatte unsere Ausweise und die Fahrzeugpapiere geprüft und seinen Zeitvermerk in den Durchfahrtsschein für die Autobahn nach Helmstedt eingetragen.

»Nu fahrnse schon, die Leide hindo ihn'n wolln ja ooch drangomm!« schimpfte der Grenzer, doch auf meine hilflose Geste hin winkte er zwei Kollegen herbei, und zu dritt schoben sie uns durch den geöffneten Schlagbaum... zweiter Gang rein, Kupplung raus, Choke zurücksetzen, etwas Gas... schon lief der Vierzylinder wieder.

Mit wahnwitzigen siebzig Sachen scheuchte ich den Opel auf der Überholspur an Kolonnen dahinschleichender Lastwagen vorbei, im Temporausch an nichts anderes denkend als an die viel zu langsam schrumpfende Streckendistanz bis zum Etappenziel Helmstedt...

Eine weitere und ungeplante Fahrtunterbrechung ergab sich nur wenige Kilometer vor dem Erreichen des Grenzübergangs. Mehrere Male hatte Antje gefragt, was das denn für ein Klappergeräusch rechts neben ihr sei. Das sind die Kurbelfenster! sagte ich. »Nee, die sind das nicht.« Na, dann vielleicht der Türgriff? Antje rüttelte an ihm: »Der sitzt auch fest.« Die Frage beantwortete sich von selbst, als uns ein Rad rechts überholte und im Eiertanz im Gebüsch neben der rechten Spur verschwand.

Verflixt, mein Reserverad! Dessen Drehknebel hatte sich anscheinend durch das Hüpfen des Wagens über die Fugen der Betonplatten allmählich gelockert, so dass es keinen Halt mehr hatte, aus der Kotflügelmulde sprang und zu desertieren versuchte. Ich brachte das Auto zum Stehen, ließ vorsorglich den Motor laufen und suchte im Gebüsch mein kostbares Rad. Das fand ich auch, befestigte es wieder, wo es hingehörte – und weiter ging die Reise, nachdem wir noch eine Wurststulle verzehrt und etwas Kühlwasser nachgefüllt hatten. Während der Rettungsaktion und der Brotzeit war an uns ein gutes Dutzend Lastwagen gefährlich dicht vorbeigerumpelt. Wenn wir ein Lächeln im Gesicht der Lkw-Beifahrer wahrnahmen, dann galt dies wohl meiner Beifahrerin.

Marienborn: Verehrte Reisende, Sie verlassen jetzt den demokratischen Arbeiter- und Bauernstaat, bitte halten Sie Ihren Durchfahrtsschein bereit! Mit dem unseren verschwand der diensttuende Stiefelknecht in seiner sozialistischen Arbeiter- und Bauern-Baracke. Herzklopfen. Was hatte das zu bedeuten?

Wo wir die ganze Zeit geblieben wären, wollte er wissen. Laut Durchfahrtsschein hätten wir bereits vor spätestens 30 Minuten eintreffen müssen. Ich erzählte ihm vom Pech mit dem verlorenen und wieder eingesetzten Reserverad. Ob mir bewusst sei, dass ich damit in drei Punkten gegen die für Transitstrecken bestehende DDR-Verordnung verstoßen habe? Erstens: Verkehrsunsicheres Fahrzeug. Zweitens: Unerlaubtes Anhalten, und drittens: Durchführen einer Reparatur auf ungesicherter, freier Strecke. Macht je Verstoß zehn Mark, in Westwährung selbstverständlich. »Ich will Ihnen de Vörwannungsgebihr ausnohmswäse orlassen,« tönte der Uniformierte endlich.

Die uns erlassenen 30 Mark wurden wir wenig später dennoch los, sogar das Doppelte davon: Bei der Opel-Werkstatt Cordes in Uelzen. Das Ersetzen eines Novotex-Stirnrades am Motor unseres Opel schlug mit 60,25 Mark zu Buche.

Zwei Monate tat der P4 brav das, was man von ihm erwarten durfte: Ich bewegte mich jeden Morgen mit ihm zu meiner neuen Arbeitsstelle in der Innenstadt und abends zurück zur väterlichen Villa in Othmarschen. Trotzdem muss mir das Auto etwas übelgenommen haben, wofür es sich rächte. Und zwar auf einer Fahrt nach Bremen. Ich habe vergessen, was der Zweck der Reise gewesen sein mag; sie fand am Sonntag, den 13. Oktober 1957 statt. Ich zockelte mit geöffnetem Verdeck Kilometer um Kilometer dahin, bis es einen fürchterlichen Schlag tat und jegliche Vorwärtsbewegung endete. Ich stieg aus und sah eine Ölpfütze unter dem Auto.

Wenige Minuten später entdeckte mich die Polizei, half mir den Opel auf die Standspur zu schieben und ließ ein Abschleppfahrzeug kommen, das meinen Wagen samt durchschlagenem Hinterachsgehäuse zurück nach Hamburg holte. Fünfzig Mark kostete die Aktion. Und genau so viel gab mir nächstentags der Schrotthändler in Altona für meinen P4, den zu reparieren eine von mir konsultierte Opelwerkstatt abgelehnt hatte.

Opel P4 Cabriolimousine 1938

Der Zuverlässige 2.0 – dasselbe in Schwarz

Bevor ich von meinem dritten Auto zu erzählen beginne, will ich von meinem vierten berichten. Denn bei diesem handelte es sich abermals um einen Opel P4. Dieses Second-Hand-Exemplar wies noch seine schwarze Originallackierung auf und befand sich augenscheinlich in hervorragendem Zustand, sogar mit, wie man mir versicherte, »erst kürzlich überholter Hinterachse«. Leider ermangelte es dem Auto der vorderen Stoßstange, weshalb ich mir aus verchromtem Bandeisen im Vintage-Look selber welche anfertigte.

Für 650 Mark war die Schönheit zu erwerben. Auch bei ihr handelte es sich um eine so genannte Cabriolimousine, nur war sie ein Jahr jünger, außerdem verfügte das Auto über einen nachträglich angesetzten Kofferkasten.

Lange währte die Liaison auch mit meinem zweiten P4 nicht; Ende Dezember des gleichen Jahres 1958 übernahm meine Kollegin Graziela Preiser (eine nicht ganz unbekannte Designerin) den weißwandbereiften Wagen zum Freundschaftspreis. Erst im Mai war das Auto bei Kilometerstand 91.613 für 199 Mark und 26 Pfennig noch einmal auf Vordermann gebracht worden. Denn inzwischen hatte sich die mir bestens bekannte Schwachstelle auch bei diesem P4 zu erkennen gegeben: die Hinterachse.

»Ist doch ganz normal, dass die kränkelt«, meinte der Opel-Kenner Hermann Reimers. »Der Wagen hat doch fast hunderttausend Kilometer drauf. Seien Sie froh, dass wir keine weiteren Defekte gefunden haben!« Ja, da musste ich ihm beipflichten.

Hochzeitskutsche 1958. Ich gab mir viel Mühe, die Reifen meines Autos in »white walls« zu verwandeln, auch ersetzte ich die fehlenden Stoßstangen durch Eigenschöpfungen, ohne den TÜV gefragt zu haben...

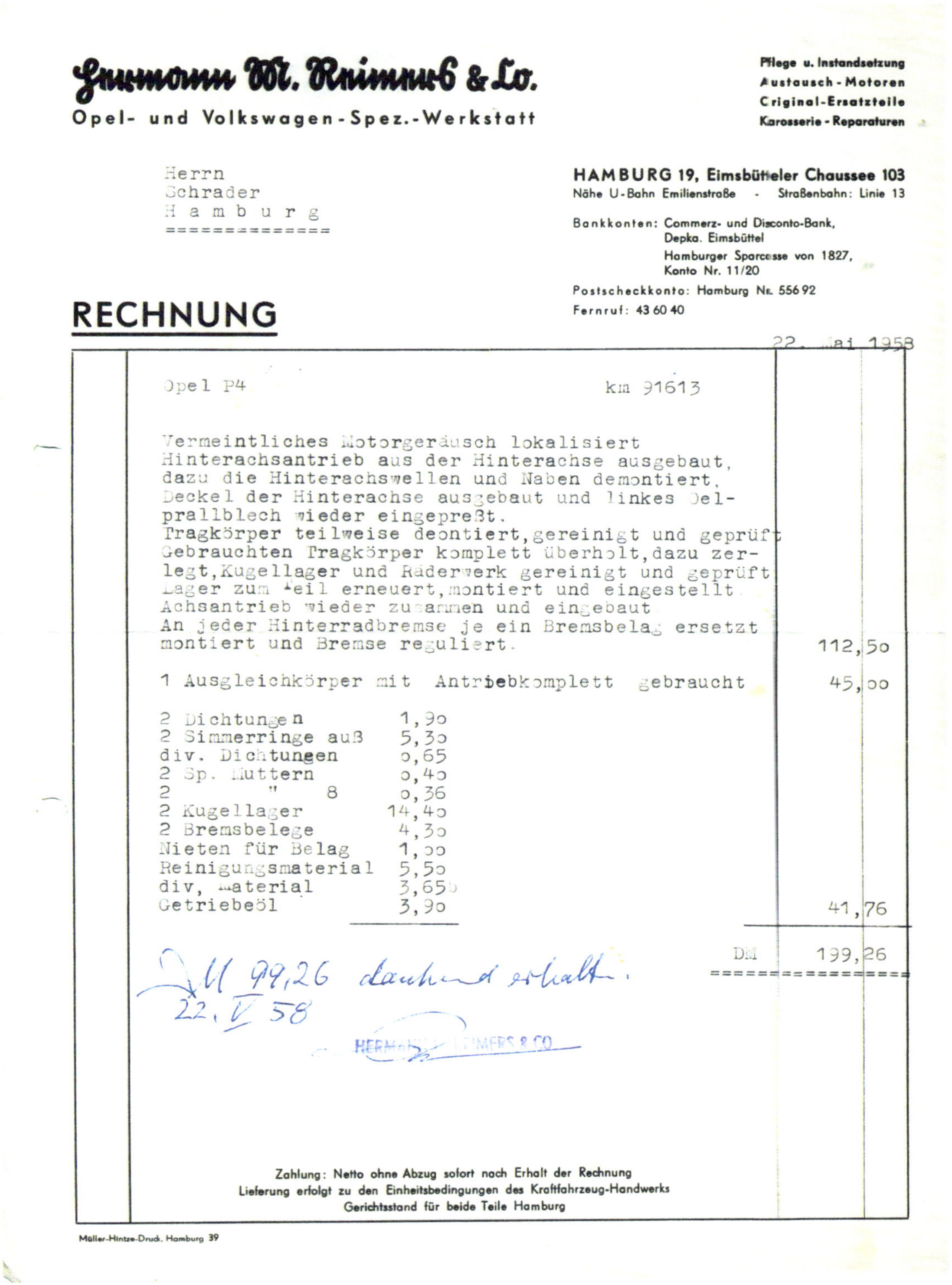

Hermann W. Reimers & Co.
Opel- und Volkswagen-Spez.-Werkstatt

Pflege u. Instandsetzung
Austausch-Motoren
Original-Ersatzteile
Karosserie-Reparaturen

Herrn
Schrader
H a m b u r g
==============

HAMBURG 19, Eimsbütteler Chaussee 103
Nähe U-Bahn Emilienstraße - Straßenbahn: Linie 13

Bankkonten: Commerz- und Disconto-Bank, Depka. Eimsbüttel
Hamburger Sparcasse von 1827, Konto Nr. 11/20

Postscheckkonto: Hamburg Nr. 556 92
Fernruf: 43 60 40

RECHNUNG

22. Mai 1958

Opel P4 km 91613

Vermeintliches Motorgeräusch lokalisiert
Hinterachsantrieb aus der Hinterachse ausgebaut,
dazu die Hinterachswellen und Naben demontiert.
Deckel der Hinterachse ausgebaut und linkes Oel-
prallblech wieder eingepreßt.
Tragkörper teilweise deontiert,gereinigt und geprüft
Gebrauchten Tragkörper komplett überholt,dazu zer-
legt,Kugellager und Räderwerk gereinigt und geprüft
Lager zum Teil erneuert,montiert und eingestellt
Achsantrieb wieder zusammen und eingebaut
An jeder Hinterradbremse je ein Bremsbelag ersetzt
montiert und Bremse reguliert. 112,50

1 Ausgleichkörper mit Antriebkomplett gebraucht 45,00

2 Dichtungen	1,90	
2 Simmerringe auß	5,30	
div. Dichtungen	0,65	
2 Sp. Muttern	0,40	
2 " 8	0,36	
2 Kugellager	14,40	
2 Bremsbelege	4,30	
Nieten für Belag	1,00	
Reinigungsmaterial	5,50	
div, Material	3,65	
Getriebeöl	3,90	41,76

DM 199,26
================

DM 199,26 dankend erhalten.
22. V 58
HERMANN W. REIMERS & CO

Zahlung: Netto ohne Abzug sofort nach Erhalt der Rechnung
Lieferung erfolgt zu den Einheitsbedingungen des Kraftfahrzeug-Handwerks
Gerichtsstand für beide Teile Hamburg

Müller-Hintze-Druck, Hamburg 39

»Der Wagen hat doch fast hunderttausend Kilometer drauf. Seien Sie froh, dass wir keine weiteren Defekte gefunden haben!«

DKW F7 Cabriolet 1937

Des Knaben Wunsch (den kannste wegwerfen!)

Kurz vor den Weihnachtsfeiertagen 1956 trat ein DKW Frontantriebswagen Typ F7 an die Stelle meines Opel P4. Den DKW behielt ich bis Anfang 1958. Die Buchstaben DKW standen einstmals für »DampfKraftWagen« und um 1920 für »Des Knaben Wunsch«, als in Zschopau Spielzeugmotoren hergestellt wurden; es folgten Fahrrad-Hilfsmotoren, Motorräder und ab 1928 Automobile für Geringverdiener. Bei der Motorradproduktion lag die Marke DKW zeitweilig an der Spitze der Weltstatistik.

Mein unter dem Kennzeichen HH-LU 100 in Hamburg zugelassener Knabenwunsch erwies sich als ein wintertaugliches Gebrauchsfahrzeug: DKW der Zuverlässige! Ich hatte ihn für 350 Mark aus den Beständen der Hamburger Postbehörden übernehmen können, und die rote Lackierung ebenso wie der Kasten unter der Heckklappe statt eines Notsitzes machten diese Herkunft auch deutlich. Der Zweisitzer hatte zur Briefkastenleerung gedient. Leider ließ sich das Verdeck nicht öffnen: Das hatte man mit einigen Schrauben fest mit dem Rahmen der Frontscheibe verbunden. Das Auto war damit zu einem Coupé geworden. Ich beließ es zunächst dabei; erst im Frühjahr mutierte das Auto wieder zu einem sportlichen Cabriocoupé, das sich bei schönem Wetter offen fahren ließ.

Gewöhnungsbedürftig waren für mich der Frontantrieb, der mit einem Benzin-Öl-Gemisch 1:25 zu fütternde, tärräng-tängtäng tönende Zweitaktmotor, die Gangschaltung mit einem Revolvergriff zum Ziehen, Drehen und Drücken im Armaturenbrett. Und die Sperrholzkarosse wies den für DKW typischen Überzug aus Kunstleder auf, der nicht erkennen ließ, welche Fäulnisprozesse sich darunter abspielten. Dass es sie gab, erfuhr ich später sehr wohl. Aber anfangs machten sie sich nicht bemerkbar.

Mit dem DKW erlebte ich meinen ersten Unfall, ausgerechnet an Heiligabend. Mein Heimweg

DKW F7, 1937, anfangs noch ohne vordere Stoßstange.

nach Othmarschen führte geradlinig durch Sankt Pauli über die Reeperbahn, eine zu jeder Tageszeit auch von Fußgängern – See- wie Sehleuten – stark frequentierte Vergnügungsmeile. In der 16-Uhr-Dämmerung stolperte mir ein sternhagelvoller Sailor vor den Wagen, warf sich auf die Motorhaube. Als ich anhielt, rutschte er herunter. Zeugen hatten beobachtet, wie sich der Vorfall abspielte und bestätigten mir, dass ich völlig schuldlos sei. Man verzichtete darauf, die Polizei zu verständigen. Ich erbot mich, mein Unfallopfer ins Hospital zu fahren. Der Bursche schien zwar nicht ernsthaft verletzt, jammerte aber sehr – auf Russisch. Ich setzte ihn an der Ambulanz des Hafenkrankenhauses in der Bernhard-Nocht-Straße ab. Noch eine Woche lang duftete mein Autointerieur nach Schnaps und Bier.

Das ganze Jahr 1957 über hielten wir einander noch die Treue, der DKW und ich. Dann aber begann die Kunstlederhaut immer eigenartigere Falten zu bilden; die Türen ließen sich nicht mehr gewaltlos öffnen und schließen, im Fußraum plätscherte Wasser selbst an regenfreien Tagen. Die Konturen des Karosseriekörpers veränderten sich zusehends, eine Implosion auf Raten fand statt... Einer, der sich mit derlei Geschichten auskannte, meinte nur: »Den kriegste garantiert nicht mehr durch den nächsten TÜV, den kannste nur noch wegwerfen!«

Ob der in sich zusammenschrumpfende Knabenwunsch noch immer existiert, möchte ich deshalb bezweifeln.

Der DKW im ideologisch korrekten Erscheinungsbild der 1930er Jahre.

London-Brighton Run 1896

Pferdehändler sahen ihre Existenz bedroht

Ein touristischer Korso sollte es werden, eine Road Show, wie man heute sagen würde. Eine Demonstration für die Freiheit auf der Straße – aber kein Rennen, bei welchem es Gewinner und Verlierer geben würde. Denn Gewinner seien sie ja alle, sagte Henry »Harry« John Lawson, 44, Sieger im illegal geführten Kampf um die Emanzipation des Motorwagens auf den Straßen Britanniens am 14. November 1896 von London nach Brighton.

Der Technischem aufgeschlossene Mr. Lawson hatte sich als 17-Jähriger sein eigenes Fahrrad gebaut, das er zum Patent anmeldete. Zur Serienherstellung seines »Safety Bicycle« gründete er 1887 die Rudge Cycle Co. Ltd., und er war Mitgründer der Fahrradfabrik Humber. Seine Aktivitäten erstreckten sich auch auf die Reifenfabrikation und das Versicherungswesen. 1895 kaufte er Frederick R. Simms die Lizenzrechte für den Daimler-Motor ab, gründete die British Motor Syndicate Ltd. und begann 1896 in Coventry nach Daimler-Vorbild mit dem Bau von Motorfahrzeugen. Seine Partner waren Simms, die Investoren Evelyn Ellis, Henry Sturmey sowie Gottlieb Daimler. Aus der Gesellschaft ging noch im gleichen Jahr die Daimler Motor Co. Ltd. hervor.

Lawson als einflussreiche Persönlichkeit hatte die London-Brighton-Fahrt organisiert anlässlich der Aufhebung des Locomotive on Highways Act, nach welchem motorisierte Straßenfahrzeuge nicht schneller als 4 mph (6,4 km/h) fahren durften, innerorts sogar nur 2 mph. Noch bis 1878 hatte jedem Fahrzeug sogar eine Person mit einer roten Warnflagge voranzuschreiten – diese Vorschrift hatte man zehn Jahre zuvor angesichts der damals im Vereinigten Königreich aufkommenden Dampfomnibusse erlassen, die als für Mensch und Tier gefährliche Ungetüme ein neues, immense Risiken verheißendes Straßenzeitalter heraufzubeschwören schienen. Ab jetzt war also ein Tempo von immerhin 12 Meilen pro Stunde erlaubt, wodurch die bisher kaum wahrnehmbare Motorisierung – wenn man von den Dampffahrzeugen einmal absieht – im ganzen Land neue Impulse bekommen sollte. Auf die Idee, Motorfahrzeuge zu registrieren und mit einem Nummernschild zu versehen, kam die britische Regierung erst im Sommer 1903; bis dahin fragte auch niemand nach einer »drivers license«.

Es war eine Kavalkade der unterschiedlichsten Vehikel, die an jenem nebligen Novembermorgen 1896 an der Londoner Central Hall versammelt war, um gen Brighton aufzubrechen. Den meisten Fahrzeugbesitzern hatte die Markthalle im Stadtteil Holborn über Nacht als Unterstellplatz gedient. Der Start war für zehn Uhr dreißig vor dem Portal des Hotels Metropol vorgesehen; ein gemeinsames Frühstück nahm man im Charing Cross Hotel ein. Um acht trafen dort die ersten der 33 angemeldeten Wagen ein; noch war es dunkel, und der vielstimmige und von ungedämpften Motorgeräuschen, Fehlzündungen und Warnsignalen durchmischte Lärm ergab einen »infernalischen Krach, wie er in London wohl noch nie zu hören gewesen war,« wie sich ein Teilnehmer später erinnerte. Dieser Teilnehmer war Charles Jarrott, ein aus Schottland stammender Radrennfahrer, der das »Vergnügen hatte, als Passagier auf einem der Bollée-Dreiräder mitfahren zu dürfen.« Vergnügen? Eine dicke Erkältung

Léon Bollée Dreiräder Modell 1897 (links) und 1900 (rechts). Im Gegensatz zum Motorrad befindet sich der Soziussitz nicht hinter, sondern vor dem Fahrer.

dürfte er sich geholt haben... aber das ist nur eine Vermutung...

Charles Jarrott legte sich 1897 ebenfalls ein Bollée-Motordreirad zu. Doch es war ein Panhard, mit welchem er 1901 am Rennen Paris-Berlin teilnahm, und mit einem 13,6-Liter-Wagen dieser Marke gewann er das Ardennen-Rennen 1902. Ein Jahr später eröffnete er in London eine Autohandlung, fuhr auch weiterhin Rennen und absolvierte einige Rekordfahrten, so 1906 einen Marathon von London nach Monte-Carlo in 37 Stunden und 30 Minuten. Während des Ersten Weltkrieges war er Direktor im Royal Flying Corps der britischen Streitkräfte, eine hohe Position zu Zeiten der frühen Militärfliegerei.

Über seine Eindrücke vom Emancipation Run notierte Jarrott 1906: »Léon und Camille Bollée beeindruckten mit ihren Tricycles das Publikum auf das Erstaunlichste...«

Ein Bollée Dreirad gehört zu jenem halben Dutzend Fahrzeugen, die ich gerne besessen hätte, mir aber nicht leisten konnte. Die anderen fünf: Ein 4.5 Litre Invicta, ein Jensen Interceptor FF, ein Bentley S2 Continental, ein Alfa Romeo 2500 Superleggera, ein Austro-Daimler Bergmeister. Näher in Betracht gezogen hätte ich aber auch einen 1952er Packard Woody, einen Lancia B50, einen Stutz Bearcat, einen Bugatti Typ 55, einen Jaguar XK140 oder einen Marendaz. Nein, keinen Ferrari, keinen Porsche, keinen Lambo... von denen meine Enkel aber ebenso wenig träumen, zumal es sie nicht drängt, den Führerschein zu »machen«. Für den Betrag, der heute für den »Lappen« aufzuwenden ist, könne man fünf Jahre lang Bahn, Bus, Tram und Taxi fahren, sagen sie. Darauf wäre ich nie gekommen.

Das Bollée Dreirad gehörte um 1895–1900 zu den schnellsten Motorfahrzeugen in Europa: Die sportlichen Tricars gingen an die 60 km/h. Zu gerne hätte ich – ohnehin Dreirad-affin – ein solches Gefährt besessen, doch die Preise rangierten schon »zu meiner Zeit« in kaum erreichbaren Höhen...

Citroën 5 HP Trèfle Torpedo 1924

Mademoiselle von der Barmbeker

Eines regnerischen Morgens im Sommer des Jahres 1957 geriet ein Citroën 5 HP Trèfle zum zweiten Mal in meinen Autokosmos. Ich entdeckte das Gefährt auf dem Gelände einer Tankstelle an der Barmbeker Straße in Hamburg. Die Erinnerung an das Kleeblatt der Philosophen war noch frisch!

Schon seit fünf Monaten wartete die kleine Französin, Baujahr 1924, auf Abholung durch ihren Besitzer oder einen Käufer; inzwischen belief sich die Gebühr für den Stellplatz auf 50 Mark. Man wollte den Karren loswerden und gab mir die Adresse des Studenten, der das blaugrau lackierte Auto mit Motorschaden in Hamburg stehen gelassen hatte.

Ich begab mich zum ADAC, um mich zu erkundigen, wie die Verzollung des Autoveteranen abzuwickeln sei. Gleichzeitig gab ich im Hamburger Abendblatt eine Kleinanzeige auf und bot den 5 HP für fünfhundert Mark zum Verkauf an. Ich dachte: Wer immer sich meldet, den würde ich um das Vorkaufsrecht bitten, falls er das Auto eines Tages wieder abzustoßen gedächte. Eines möglichst fernen Tages... wenn ich nämlich imstande sein würde, mir ein solches Schmuckstückchen als Zweitwagen leisten zu können.

Indes, auf das Inserat meldeten sich mehrere Leute, auch ein Herr, der sich am Telefon als Helmut Rathjen vom ADAC vorstellte. »Waren Sie nicht vor ein paar Tagen bei uns? Mich interessiert das Auto!« Gemeinsam mit einem Zollbeamten erschien Rathjen an jener Tankstelle, wo der Citroën stand. Wir einigten uns auf zweihundert Mark; den geringen Zollbetrag zu übernehmen, erklärte sich Rathjen gern bereit. Nach Abzug der Standgebühr und der Kosten für das Inserat, Porto und Telefonate hatte ich an dem Handel gerade einmal fünfzig Mark verdient, mehr nicht. Aber es hatte mir Spaß gemacht, Mademoiselle zu retten und einem seriösen Liebhaber zuzuführen.

Verkehr in der Barmbeker Straße... und irgendwo wartet ein schmählich verlassenes kleines Trèfle darauf, entdeckt zu werden...

Noch bis in die späten 1960er Jahre bescherte der Kleinanzeigenteil in den Motorgazetten dem Leser so manche Überraschung, sowohl automobile Besonderheiten betreffend als auch Wünsche kontaktfreudiger Damen, die einen »großzügigen Herrn« zwecks kostenloser Überlassung eines Sportwagens suchten.

RENNWAGEN

Formel Junior 62 auf VW-Basis, gediegene Ausführung, rennfertig, evtl. auch ohne Motor, mit oder ohne Spezialanhänger, sofort zu verkaufen. Zuschriften unter 1041 an „das AUTO, MOTOR und SPORT", Stuttgart, Postfach 1042. 17 952/2425

ROLLS-ROYCE

ROLLS RR ROYCE
und BENTLEY
Allein-Importeur
AUTO-BECKER
Düsseldorf, Suitbertusstr. 150
Telefon 343034- FS: 08582874

ROVER

LAND ROVER

eländegängig, 40 000
m Allgemeinzustand,
:tem Aufbau, ½ Jahr
für Jagd, Camping,
geeignet, günstig
ozugeben. Zuschrif-
AUTO, MOTOR und
. 1042. 17 822/2415

A

nteressenten Tips
bzw. allgemeine
Neuling auf die-
er 1009 an „das
RT", Stuttgart,
17 854/2417

n, 1250 ccm,
Euskirchen,
straße 60. 18 069/2434

SKODA

SKODA
ERSATZTEILE
Große Fabrikersatzteillager
ASCHOFF & Co. K.G. KREFELD
Oppumer Str. 67-69 Telefon 28427
AUTO-PACHTNER MÜNCHEN
Kaulbachstr. 82-86 Telefon 332901

9er Skoda, 2sitz. Cabrio, schwarz mit rot. eder, TÜV zugel., guter Zustand, an utoliebh. zu verk. Tel. Ffm. 77 11 77 zw. 4–17 Uhr. Zuschriften unter Nr. 1049 an das AUTO, MOTOR und SPORT", 7 Stuttart, Postfach 1042. 18 002/2429

SUNBEAM

Sunbeam Alpine 1600

it Overdrive, Baujahr 1960, gut gepflegt,

Sunbeam Alpine, Bauj. 1962, Cabr., DM 2500.– unter Neupreis abzugeben. Zuschriften unter Nr. 1055 an „das AUTO, MOTOR und SPORT", Stuttgart, Postfach 1042. 18 018/2430

Sunbeam Alpine, 60, 39 000 km, Hardtop, Speichenräder etc., DM 6300.–. Rheydt, Telefon 4 51 50. 17 989/2428

STUDEBAKER

Studebaker Comander
V 8, 180 PS, 180 km, Sportlim., Mod. 1957, weiß/saharagelb. Schalt-, Lenk- u. Bremsautomatic, Doppelkammer-Neyon-Weißw.-Reifen 6fach fast neu, neuer Orig.-Bremsbelag, nur als Reisewagen gef. (Verbr. 16–18 Liter), unfallfrei – 116 000 km (Getriebeturbine muß erneuert werden, ca. DM 900.–), für DM 1700.– zu verk. inkl. Radio, Heiz.-Gebläse, Klimaanlage u. Sicherheitsgurten. Theodor Schacht, Hamburg 13, Schlüterstr. 26, Telefon 44 89 83. 17 958/2425

TRIUMPH

STANDARD TRIUMPH
TRIUMPH
TR 4 Sportwagen 2,2 l
2138 ccm 100 (DIN PS) Spitze ca. 180 km
Preis DM 11 790.–
HERALD 1200 CABRIOLET
1147 ccm 39 (DIN PS) Spitze ca. 128 km
Preis DM 7080.–
Importeur
für das Bundesgebiet
Walter Hagen & Co., GmbH.
KREFELD
Ostwall 103–105, Telefon 2 31 71
Weitverzweigtes Kundendienstnetz vorhanden

TR 4, Bauj. 1962, 8000 km gelaufen, umständehalber abzugeben. Zuschriften unter 1054 an „das AUTO, MOTOR und SPORT", Stuttgart, Postfach 1042. 18 017/2430

TR 3, Bauj. 1959, rot, preisgünstig abzugeben. Zuschriften unter 1056 an „das AUTO, MOTOR und SPORT", Stuttgart, Postfach 1042. 18 019/2430

Triumph TR 3, April 61, rot/schwarz, garantiert unfallfrei, 18 000 km, absolut neuwertig, mit Extras, zum Festpreis von DM 6500.– zu verkaufen. Helmut Bonny, Aachen, Boxgraben 58, Telefon 3 61 73. 18 158/2441

TR 3, Bauj. 58, Scheibenbremsen, Speichenräder, Ledersitze, neu lackiert, generalüberholt, DM 4900.–. Brandschwede, Bestwig/Ruhr, Vereinsstr. 4. 18 145/2440

VETERANEN

Ich verkaufe meinen AGA, Bauj. 1920, ein bekannt zuverlässiges Veteranen-Rally-Fahrzeug in allerbestem Zustand, gegen Höchstgebot. Siegfried Stotz, 7411 Würtingen/Reutlingen. 18 023/2430

VOLVO

VOLVO
VOLVO-Vertretung
SPEZIALWERKSTATT
Heinrich van Beers
Osnabrück-Hahne, 511 01

VW

SPEZIAL-ZUBEHÖR für VW
Gratiskatalog anfordern bei
AUTO Bedarf POTTHOFF
ESSEN POSTFACH 61

Ghia-Cabriolet
Bauj. 1958, forellenblau, mit Rammschutzstangen.
VW-Cabriolet
Bauj. 1961, türkis, 23 000 km.
Gebrauchtwagen-Zentrale
Autohandelsgesellschaft mbH.
GEORG RITTERSBACHER
KAISERSLAUTERN
Pariser Straße 28–36, Telefon 33 46. 18 109/2437

VW-Schwimmwagen, Original, Allrad, fahrber. u. schwimmfähig, zu verkaufen, DM 5000.–. Zuschriften unter 1097 an „das AUTO, MOTOR und SPORT", Stuttgart, Postfach 1042. 18 159/2441

1 VW-Motor 30 PS, neu, 7000 km, kompl., zu verkaufen. Godel, Stgt.-Weilimdorf, Landauer Str. 5, Tel. 88 42 57. 18 010/2429

Porsche-Bremsen, fast komplett, zum Einbau in VW oder Ghia, zu verkaufen. Kalkuhl, Solingen, Jagenberg 17, Tel. 2 37 48. 18 132/2439

Express-Anlage für 34 PS, schnellste Version, 3 Monate alt, wegen Wagenverkauf abzugeben. DM 250.–. Reins, 317 Gifhorn, Freitagsmoor 15. 18 146/2440

WARTBURG

Original Ersatzteile
Wartburg
Barkas
Robur
Sachsenring
Expressversand
Norwed-Bauer, Braunschweig
Hamburger Str. 66 Ruf 3 50 47 u. 3 45 34
Sonnenstr. 9 a Ruf 2 36 29

AMERIK. WAGEN

Ford Fairlane 500/59, Hardtop-Lim., 4türig, 46 000 Orig.-km, Schaltgetriebe, DM 7300.–. **Merz & Pabst,** Stuttgart N, Kronenstr. 6, Telefon 29 06 92.

Mercury-Monterey Stationswagen, Baujahr 1961/62, gegen Kasse zu kaufen gesucht. Angeb. unter 1087 an „das AUTO, MOTOR und SPORT", Stuttgart, Postfach 1042. 18 137/2439

Amerik. Wagen, Liebhaberstück, in bestem Zustand, Plymouth, Bauj. 58, ca. 50 000 km, arabellablau, Cabrio, autom. Verdeck, weiß, Radio, Weißwandreifen, Schonbezüge weiß, Fanfaren u. viel Extras.

Ähnlich skurril wie meine Autos waren in den Fünfziger Jahren meine Behausungen. Besonders romantisch lebte es sich 1957–1959 in Hamburg an Bord der »Seekuh«, einem zum Wohnschiff um- und ausgebauten Rettungsboot.

Citroën 5 HP Trèfle Cabriolet 1926

Die Müllerstochter vom Bodensee

Steuerte man, von Amriswil kommend, in Romanshorn die Anlegestelle der Bodenseefähre nach Friedrichshafen an, hatte man an einer Tankstelle am Ortseingang Gelegenheit, das Reservoir seines Autos noch einmal mit gutem, preiswertem Schweizersprit zu füllen. Die Tanke gehörte zur Garage Schmiedstube der Familie Müller, ein Betrieb mit weit zurückreichender Fuhrwerkstradition und alemannische Citroën-Repräsentanz von Anfang an. Während der Kriegsjahre hatte Vater Müller Tractions Avant zu Ackerschleppern mit Mähwerk umgerüstet und an das Schweizer Landvolk verkauft.

Als Blickfang auf der Tankstellenüberdachung hatte Hans Müller einen antiken Automobilkühler geschraubt, dessen Form mir vertraut erschien. Es war der eines Citroën 5 HP beziehungsweise Trèfle. Ich fragte den Tankwart, ob der Rest des Wagens auch noch existierte, und bekam zur Antwort: Selbstverständlich! Möchten Sie das Auto einmal sehen?

Der seines Kühlers entledigte, ansonsten aber komplett scheinende Citroën aus dem Jahr 1926 trug das spanische Kennzeichen VA-936, und für 6500 Franken war Herr Müller bereit, das Cabrio zu verkaufen. Und zwar sofort und an mich. So wurde ich doch noch einmal Besitzer eines 5 HP.

Dem Namen Müller begegnet man am Bodensee öfter. Ruedi und Martin Müller aus Egnach beispielsweise sammeln und restaurieren alte Traktoren. Dieser Passion frönen auch andere Chutschi (= Dummkopf) in der Schweiz, doch die Müllerbrüder besitzen den vermutlich noch einzig existierenden Citroën-Schlepper aus Romanshorn, Baujahr 1936. »Ein Name, die gleiche Leidenschaft,« beschrieb ein Reporter die Aktivitäten der beiden Landwirte, denn es war jener von mir besuchte Hans Müller, welcher während des Zweiten Weltkriegs in der Garage Schmiedstube in Romans-horn Citroën-Autos zu Traktoren umbaute: »Allein in der Gemeinde Egnach liefen etwa 15 dieser Fahrzeuge«, sagte der Seniorchef.

Das Trèfle aus Romanshorn.

Wohin mit dem Reserverad? Es sollte leicht erreichbar sein, denn Reifenpannen waren noch häufig an der Tagesordnung,...

...befand es sich jedoch wie bei einigen Karosserieausführungen des 5 HP auf dem Trittbrett neben dem Fahrer, so bedeutete dies den Verzicht auf eine Tür – zum Ein- und Aussteigen hieß es also: Durchrutschen!

In der Werbung apostrophierte Citroën den 5 HP als idealen Wagen für die Frau – eine Marketingpolitik, die in den Zwanziger Jahren von anderen Herstellern adaptiert wurde.

Nicht alle Trèfles wurden gelb lackiert.

Mein Interesse an der Schmiedstuben-Historie – »unser Haus war die erste Citroën-Vertretung in der Schweiz überhaupt« – registrierte Hans Müller mit sichtlichem Wohlgefühl, und als Dreingabe zum 5 HP schenkte er mir ein Originalexemplar Silvain Reiners 1934 erschienener Citroën-Biographie. Auch lud er mich zum Mittagessen ein, doch speisten wir nicht an einem gemeinsamen Tisch: Er war einem Zirkel ehrwürdiger Romanshorner Altherren verpflichtet, die ihre Angelegenheiten ohne fremde Mithörer zu besprechen pflegten. Zwar hätte ich wohl kein Wort verstanden, aber Gepflogenheiten werden seit Wilhelm Tells Zeiten strikt eingehalten.

Noch während ich durchrechnete, was mich die Restaurierung des rotbraunen, viel zu teuer erworbenen, durch Verschraubung des Verdecks mit dem Frontscheibenrahmen zum Coupé verwandelten Wagens wohl kosten würde, erreichte mich eine Anfrage nach just einem solchen Auto – und zwar von Fritz B. Busch.

Der prominente Schriftsteller und Museumsgründer suchte für seine Sammlung im Schloss Wolfegg ein Trèfle, weil dieses Modell einst zu den populärsten Volksmobilen in Frankreich gehört hatte. »Sie kommen doch so viel herum«, sagte FBB am Telefon, »wenn Sie mal einem solchen kleinen Citroën begegnen, der verkäuflich ist...« So bin ich auch diesen 5 HP rasch wieder losgeworden. Wenige Wochen später kamen wir erneut ins Geschäft, als ich Fritze Busch einen VW 181 Kübelwagen abkaufte.

Zeitreise im Rückwärtsgang: Als der von Jules Salomon konstruierte Citroën nach gründlicher Erprobung 1923 in die Serienfertigung ging, wurde sofort die Konkurrenz auf ihn aufmerksam. Bei Opel zögerte man nicht, das erfolgversprechende Konzept zu übernehmen. Es entstand in Rüsselsheim das Modell 4/12 PS – und dieses Auto wurde von Citroën nicht nur als eine dem französischen Vorbild bis ins Detail entsprechende Kopie angesehen, sondern stellte zugleich Opels erstes Großserien-Fließbandauto dar. Auch das konnte kein Zufall sein.

Citroën erhob Klage gegen Opel, und es kam zum Prozess. Mit viel Polemik und wenig haltbaren Argumenten attackierten sich beide Seiten, doch die Juristen erkannten letztlich auf eine Unverwechselbarkeit beider Autos, ungeachtet ihrer frappierenden Ähnlichkeit. Stärkstes Argument der Opel-Vertreter: Der Wagen aus Rüsselsheim sei schließlich grün lackiert (daher der Spitzname »Laubfrosch«), der aus Paris hingegen gelb... Der gelbe 5 HP und der grüne Laubfrosch 4/12 PS waren schon deshalb Rivalen, weil jedes der beiden Fabrikate nicht nur im eigenen Lande verkauft wurde.

Der Streit wurde vor dem Kammergericht in Berlin verhandelt, und dort wurde am 25. Juni 1927 – nach gut zweijähriger Prozessdauer – auch das Urteil gefällt. Citroën war der Verlierer und musste obendrein die Kosten des Verfahrens tragen.

Hatte man eine politische Aufrechnung mit den Franzosen demonstrieren wollen? Der Vertrag von Versailles, die französiche Besetzung des Rheingebiets... das nachbarliche Verhältnis war sei 1871 ohnehin alles andere als von Freundlichkeiten gekennzeichnet. Elsass-Lothringen war ein weiteres Pulverfass. Hätte der Plagiatsprozess nicht in Berlin, sondern in Paris stattgefunden, wäre er wahrscheinlich anders ausgegangen. Doch hatte die Klage sich ja nicht gegen das Unternehmen Citroën gerichtet, sondern gegen dessen Repräsentanz in Deutschland als Wettbewerber...

Ich erhielt das Buch von Hans Müller in Romanshorn geschenkt. Während der Zeit des Dritten Reichs stand es im Verbotsindex, denn André Citroën war jüdischer Herkunft.

Fiat 500A Topolino
1938

Ziemlich grün und klein – aber fein und mein!

Am 15. Januar des Jahres 1959 wurde ich zum fünften Mal Besitzer eines Autos, und diesmal eines italienischen: Ich erwarb von einem NSU-Fiat-Händler gegenüber vom Güterbahnhof in Frankfurt am Main einen gurkengrünen Fiat Topolino, Baujahr 1938, mit roten Felgen. Das »Cornichon« war für 750 Mark zu haben.

Der Vierzylindermotor des grünen Mäuschens (wie Topolino zu übersetzen ist) hatte 569 ccm Hubraum und leistete 13 PS. Das reichte für 85 km/h. Im Heck gab es genügend Platz für Gepäck; neapolitanische oder florentinische Familien pflegten dort gelegentlich auch zwei oder auch vier kleine Kinder unterzubringen.

Die Schalensitze waren in ihrer Verankerung etwas ausgeschlagen, denn lehnte ich mich an, kippte ich nach hinten, also musste ich mich verkrampft am Lenkrad festklammern. Der filigrane Schalthebel zitterte während der Fahrt wie ein Lämmerschwanz, und beim Einlegen des ersten Gangs stieß ich mir die Fingerknöchel an der Kante der blechernen Armaturentafel wund. Es galt, sich an solche Dinge zu gewöhnen. Als Besonderheit verfügte der Topolino über einen Handgas-Bowdenzug, der es erlaubte, dass man bei längerer Geradeausfahrt den Fuß vom Gaspedal nehmen konnte.

Zu meiner Freude hatte das Auto ein weit nach hinten öffnendes Textil-Faltverdeck, war also fast eine Art Cabriolimousine, und eine effiziente Heizung – es war schließlich Winter... Ich befand mich auf dem Weg nach Marseille, wo mich meine erst wenige Monate zuvor mir angetraute Frau erwartete. Bis ich in Marseille eintraf, hatte ich mich mit dem Gürkchen angefreundet und die Rückenlehne durch einen Holzkeil arretiert.

Vorausschicken sollte ich, dass Antje und ich geplant hatten, ein halbes Jahr in Südfrankreich zu verbringen. Von Hamburg gen Süden waren wir mit einem NSU-Motorroller aufgebrochen, den ich aber auf regennassem Pflaster zum Kentern gebracht und zur Unbrauchbarkeit verformt hatte. Jetzt saßen wir in Marseille fest. Geschätzte Reparaturkosten: Höher als wir zu bezahlen fähig gewesen wären. Und abkaufen wollte mir das Fahrzeug auch niemand.

Ausflug mit dem Topolino von Frankfurt nach Bad Orb, Mai 1959.

Die Geschichte vom Fiat 500 Topolino

Der kleine Fiat 500 A, weltweit bekannt geworden unter der Bezeichnung Topolino (Mäuschen), war zum überwiegenden Teil eine Kreation des damals 28jährigen Konstrukteurs Dante Giacosa. Die Firmenleitung hatte ihn mit der Aufgabe betraut, einen Kleinwagen zu entwerfen, der weniger als 5000 Lire kosten sollte. Giacosa arbeitete aber in der Flugmotorenabteilung des Fiat-Konzerns – dass gerade er den Auftrag erhielt, ein neues Automodell zu entwickeln, erstaunte ihn sehr. Fiat-Chef Agnelli aber war es dabei um zweierlei gegangen: Er versprach sich ein unorthodoxes Konzept und damit neue Impulse im Autobau bei Fiat, und er vermutete zu Recht, dass die Erfahrungen des im Leichtbau geübten Flugmotoren-Ingenieurs gerade bei einem kleinen Auto ihren Niederschlag finden würden.

Der kleine Fiat hatte 1936 Serienreife erlangt. Die Karosserie des Zweisitzers war für damalige Verhältnisse sehr modern, ihre Linien stammten von dem 41jährigen Ingenieur Rodolfo Schaeffer. Der Motor des nur 3215 mm langen Autos saß vor der Vorderachse, der Wasserkühler befand sich dahinter. Vordere Einzelradaufhängung und Viertelelliptikfedern an den hinteren Rädern (ab 1938 Halbelliptik), ein leichter Rahmen mit großen Durchbohrungen sowie ein Getriebe mit vier synchronisierten Gängen waren weitere Besonderheiten des Fiat 500. Der Vierzylinder hatte 569 ccm Hubraum und leistete 13 PS bei 4000 U/min.

Der Topolino besaß ein großes Faltdach, war also fast eine Cabriolimousine; hinter den bequemen Sitzen gab es Platz für zwei kleine Kinder oder reichlich Gepäck. Der Wagen überzeugte auf Anhieb und fand hervorragende Akzeptanz: bis 1948 wurden mehr als 122.000 Stück produziert. Bei NSU-Fiat in Deutschland und bei Simca in Frankreich wurde der Fiat 500 A, wie er offiziell hieß, ebenfalls hergestellt. Auch die Nachfolgemodelle 500 B und 500 C erfreuten sich großer Nachfrage und brachten es zusammen auf mehr als 380.000 Stück.

Mit dem Topolino hatte Fiat an seine Tradition angeknüpft, preisgünstige Fahrzeuge in großen Stückzahlen zu bauen. Doch die 500er-Reihe hatte alle Rekorde geschlagen – in solchen Größenordnungen hatte sich bisher kein Fiat-Modell etablieren können. Es gab vom Topolino auch eine Lieferwagenversion und im Ausland entstanden Spezialkarosserien wie der Roadster von der Firma Weinsberg oder eine Kombilimousine, die in England hergestellt wurde,

»Ich wundere mich heute darüber, wie ich verstand, diesen Wagen zu konstruieren, jung und unerfahren wie ich war, nur auf Eingebung und Begeisterung gestützt«, schrieb Dante Giacosa später. Nebenher kam er seinen Aufgaben als Leiter des Flugmotorenbaus nach; ihm oblag zum Beispiel die Konstruktion eines luftgekühlten Aggregats für Jagdflugzeuge. Mit dem Topolino aber schuf Giacosa einen Meilenstein in der Automobilgeschichte Italiens. Der erste Serienwagen wurde am 15. Juni 1936 ausgeliefert; mit einer Produktion von 100 Einheiten pro Tag avancierte das kleine Fahrzeug in Europa zum meistgebauten Automodell seiner Zeit.

Wir hatten uns bei zahlreichen Unternehmen beworben, freilich erfolglos. Denn damals benötigte man als Nichtfranzose eine Arbeitserlaubnis, wenn man länger als drei Monate im Land zu bleiben gedachte, sowie eine Aufenthaltsgenehmigung, die wir schon in Anbetracht einer hohen Arbeitslosenzahl nicht erhielten. Wir grasten mit dem Cornichon die halbe Côte d'Azur ab und lernten dabei immerhin die schönen Bergstraßen Moyenne Corniche und Grande Corniche kennen. Eine Tankfüllung um die andere verschwendeten wir, und das Benzin war in Frankreich sündhaft teuer, wenn man keine Touristen-Coupons hatte.

Gleich uns gab es ein Dutzend Dauergäste, Vereinte Nationen en miniature: Jeden Abend Vollversammlung aller zwölf Delegierten bei Rotwein, Käse, ein paar Tomaten und Baguette. Manchmal gab es geknofelte Spaghetti. Zu mehr reichte es nicht. Die Tagesordnung bestimmte der Generalsekretär; dieser eröffnete die Sitzung mit stets gleichem Ritual. Dieses begann mit der pauschalen Beschimpfung der Anwesenden.

»Faulenzige Dummkopfen, miserable Totengrapen! Nichts heute gearbeiten? Keine Geld wieder nicht? Das ist kein Lustischkeit, ihr A*****öcher!«

Der uns jeden Abend so oder ähnlich mit rauer Stimme tadelte, war Gérard, Herbergsvater vom Château Bois Luzy, der Auberge de la Jeunesse an der Peripherie von Marseille.

Von hier oben hatte man einen wundervollen Blick auf die Stadt. Das 1850–53 im Auftrag von Napoleon III. errichtete Prachtgebäude machte allerdings den traurigen Eindruck, als sei es seit fünfzig Jahren nicht mehr bewohnt. Den Schlosspark hatte man während der Kriegsjahre weitgehend abgeholzt und die Bäume verheizt.

War die Kritik an den Anwesenden abgearbeitet, erfolgten Wortmeldungen zum Tagesordnungspunkt: So retten wir erst uns und dann die Welt. Der bis zum letzten Rotweintropfen der vom Herrn Generalsekretär uns zubemessenen Ration geführten Debatte vermochte dieser leider nicht zu folgen, weil wir uns der englischen Sprache bedienten, die er nicht beherrschte. Er drehte pausenlos Zigaretten und wirft nur ab und zu ein auf Deutsch gemurmeltes »Ihr seid ja alles Dummkopfen!« in die Runde.

Gérard war der einzige Dauerbewohner des Anwesens, das der letzte Eigentümer dem französischen Jugendherbergs-Verband vermacht hatte. Sein »Deutsch« hatte er als Kriegsgefangener während der Besetzung Frankreichs gelernt. Der fürsorgliche Mädchen-für-alles-Chef des maroden Hauses fühlte sich verpflichtet, das angespülte Konglomerat der Gestrandeten vor dem Verhungern zu bewahren, gegen einen kleinen Obolus. Da jeder von uns – drei Engländer, ein Amerikaner, je zwei Österreicher und Schweizer sowie vier Deutsche – ohne Job war und daher auf schmalstem Budget balancierte, fielen Gérards gesponserte Einkäufe mager aus. Bei Tisch wurde – wir waren beim nächsten Punkt der Tagesordnung angelangt – debattiert, wo man die Chance haben könnte, sich am nächsten Tag ein paar Francs zu verdienen, wobei die beiden Österreicher die besten Aussichten hatten, denn sie waren Pflasterer und halfen unten am Hafen seit acht Tagen beim Straßenbau. Illegal. Die für Nichtfranzosen obligatorische Arbeitserlaubnis besaß keiner von uns Dummkopfen.

Gérard: »Gut, ihr seid als Touristen hergekommen, sagt ihr. Völkerverständigung und so. Ich aber sage euch: Jungs, ihr seid nichtsnutzige Rumtreiber, Spaziertramper und Zeitverschwender. Versteht ihr? Und haltet euch von meinen Zigaretten fern! Dreht euch doch selber welche!«

Ja, der permanent nikotinisierte Herbergsvater hatte Recht. Die österreichische Delegation betätigte sich immerhin als Pflastermaler auf dem Bürgersteig der Canebière. Bevorzugtes Motiv war die Jungfrau Maria mit dem Jesuskind. Weil die Spritzbesen der Straßenreinigungskolonnen die mit bunten Kreiden angefertigten Kunstwerke allmorgendlich vernichteten, entstanden sie jeden Tag aufs Neue. Promenierende Passanten belohnten die Künstler mit kleiner Münze »pour les crayons / für die Kreide s.v.p.«. Herschel, der Amerikaner, befand sich auf der Reise nach Israel und hatte seinen Pass verloren, musste auf neue Papiere warten. Tag für Tag pilgerte er zum US-Konsulat am Boulevard Peytral und wurde dort vertröstet, er möge sich gedulden.

Besonders für die untätigen Backpack-Engländer, die den ganzen Tag vor dem Tor zum Château Bois Luzy hockten, hatte der Herbergsvater nur Spottwörter übrig. »Das Haus könnte die schönste Auberge de la Jeunesse sein, würde sie nicht verunziert durch die Anwesenheit dieser Briten, mit denen wir uns seit dem Jahre 1066 herumärgern...«

Ich fühlte mich nicht den Zeit verschwendenden Totengrapen (Gérards Version des Wortes »Totengräber«) zugehörig, die auf der Schlosstreppe völkerverständigend in die mediterrane Januarsonne blinzelten, darauf wartend, dass ein Götterbote erscheint und Banknoten verteilt. Zwar war auch ich auf gut Glück in den Süden aufgebrochen in der Erwartung, dort einen Job zu finden – einen, der meinen (nicht zu Ende gedachten) Entschluss rechtfertigen würde, sich mal ein paar Monate Frankreich »live« zu gönnen. Aber Antje und ich hatten immerhin einen Plan im Gepäck, einen typisch deutschen, wie Gérard befand, wenngleich der nicht funktionierte, was Gérard als ebenso typisch bespöttelte. Der Plan bestand aus einer Liste von Firmen, die in Marseille im Mediengeschäft aktiv waren, also Verlage, Werbestudios und das lokale Büro der großen Agentur Havas-Exprinter, die ich nacheinander besuchte, um mich als Graphiker oder Layouter zu bewerben. Auch klopfte ich bei einem Atelier an, das Straßendekorationen für den bevorstehenden Karneval anfertigte. Überall dieselbe Abfuhr: Kein Permis de Travail? Wir bedauern.

Da unser Bares dahinschmolz wie die sprichwörtliche Butter in der Sonne und ich niemand kannte, der uns einen dreimonatigen Faulenzerurlaub an der Côte d'Azur finanzieren würde,

Links: Château Bois Luzy, meine Exiladresse im Januar 1959; Straßenverkehr in Marseille; Fiat Topolino 1936-39.

schnürte ich mein Bündel, um heimwärts zu ziehen. Per Autostopp, wie es in den Fünfziger Jahren üblich war. Den lädierten Motorroller schickte ich allerdings per Bahnfracht nach Hause. In spätestens zwei Wochen würde ich zurück sein, versprach ich meiner noch immer fröhlich aufgelegten Ehefrau, entweder mit einem anderen fahrbaren Untersatz oder einem Sack voll Geld oder beidem... An eine Kapitulation dachten wir noch nicht.

Gut, dass ich den Roller jetzt nicht fahren muss. Jahreszeitlich bedingt liegt in den etwas nördlicheren Regionen Schnee, und ein Autostopper vermag kaum einen Wagenlenker zu veranlassen, auf freier Landstraße aus caritativer Erwägung anzuhalten. So komme ich nur langsam voran und lege etliche Kilometer auch zu Fuß zurück, mich ständig umblickend, ob nicht doch ein Auto käme. Durch ein Missverständnis in der Verständigung bin ich auf eine Provinzchaussee geraten, die wenig befahren ist. Nähert sich endlich ein Wagen, bleibe ich stehen und schwinge den Daumen – jetzt erst recht vergebens. Bietet sich endlich eine Chance zuzusteigen, geht die Fahrt meist nur zum nächsten Dorf. Schon stehe ich wieder am Straßenrand und winke.

Auf der dritten Etappe gen Norden nimmt mich eine Frau in ihrem Renault 4CV mit, die mit ihrem Kind auf dem Weg ins Krankenhaus ist. Sie lässt mich aber nur deshalb einsteigen, weil sie jemand zum Schieben an Bord haben möchte, falls sie auf der verschneiten Piste in eine Schneewehe geraten sollte... was dann auch prompt eintrifft. Durch ihre etwas zu rasante Fahrweise pilotierte Madame ihren Miniaturviertürer ins Abseits.

Ich hakele mich aus der Enge des Zwergenautos heraus, doch die Bemühungen ihres aufgelesenen Mitfahrers sind vergeblich – ich schaffe es nicht, die Heckschleuder wieder flott zu bekommen, während Madame mit viel zu viel Gas die Hinterräder durchdrehen lässt. Sie graben sich immer tiefer in den Schnee. Es beginnt zu dämmern... Ich schlage vor, einen Bauern mit seinem Traktor zu holen, womit mindestens eine halbe Stunde vergeht, und beim Eintreffen vor Ort sind auch schon andere Helfer zur Stelle: die Besatzung eines Gendarmeriewagens. Beiläufig werde ich gefragt, was der Grund meiner Anwesenheit sei, und als ich meine Geschichte zu erzählen beginne, nehmen mich die Herren kurzerhand mit auf die Revierwache. Madame muss auf ihren Beifahrer verzichten.

Château Bois Luzy? Man bemüht das Telefon. Ah oui, eine Jugendherberge dieses Namen gibt es tatsächlich? Ah oui, es ist die schönste der Welt...? Merci, Mademoiselle. Sie telefonieren weiterhin im ganzen Département herum, um nach verdächtigen Vorkommnissen zu fragen. Aber es scheinen weder Mundraub- noch Einbruch- oder Taschendiebstahl-Delikte gemeldet worden zu sein. Also bringen mich die Herren anderthalb Stunden später mit ihrem Dienstwagen zum Bahnhof von Bar-le-Duc mit der ernst vorgetragenen Aufforderung, den Rest meiner Heimreise mit dem Zug fortzusetzen, jedoch nicht ohne vorher den Bestand meiner Barmittel geprüft zu haben; sie wollen der Staatsbahn SNCF keinen Schwarzfahrer andienen. Ich löse jedoch nur ein Billet bis Nancy, verbringe dort drei Stunden im (geheizten) Wartesaal und stelle mich anschließend wieder an die Route Nationale Nummer 74 Richtung Saarbrücken. Mit Erfolg.

Mein ehemaliger Chef Friedrich Wilhelm Heye, jetzt in Oberursel bei Frankfurt wohnend, »lieh« mir seine Adresse zwecks Anmeldung des Fiat. Für die Rückreise nach Marseille gab er mir noch etwas besonders Wertvolles mit: Die Zusicherung eines Jobs in seiner frisch gegründeten Werbeagentur, »wenn ihr die Nase voll habt von eurem Vagabundenleben...«

Unser Frankreich-Exil währte nicht länger als sieben Wochen. In dieser Zeit des noch ungewöhnlich kühlen mediterranen Jahresanfangs verhielt sich das Cornichon recht brav, und im südlich-lebhaften Verkehr kam das Auto bestens mit. Allerdings war zwischendurch ein Ölwechsel fällig geworden: 650 Francs! Aber den kleinen Vierzylinder traf keine Schuld, dass wir das Experiment einer Standortverlegung schließlich abbrachen, pleite und dennoch nicht verzagt.

Fiat 500A Roadster 1939

Offenherzige Schwester des Mäuschens

Mein tapferer kleiner Fiat Topolino, den wir »Cornichon « nannten, begann immer deutlicher zu signalisieren, dass er in den Ruhestand zu gehen beliebte... Erst trat ein Schaden am Differential auf, in dessen Folge auch die Kardanwellengelenke ausschlugen; weitere Defekte schlossen sich an. Aber noch den ganzen Sommer 1959 über behielten und hätschelten wir den kleinen Grünen und sprachen ihm gut zu, wenn er stöhnte und jammerte. Und wir gewöhnten uns daran, dass mehr als die Hälfte unserer Netto-Monatsgehälter für Autoreparaturen draufgingen.

Bei aller Liebe zum kränkelnden Cornichon konnte ich der Versuchung nicht widerstehen, es gegen ein gleiches, jedoch als Roadster karossiertes Modell einzutauschen, wie es vor dem Kriege kurze Zeit von der Firma Weinsberg gebaut worden war, und vom dem ich hoffte, es sei mechanisch in gesünderem Zustand. Der elfenbeinfarbig lackierte Zweisitzer stand im Mai 1960

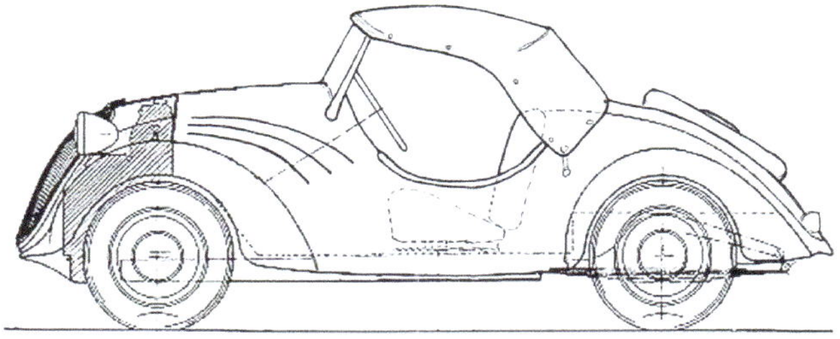

Fiat 500 Topolino Weinsberg Roadster.

an einer Tankstelle für 750 Mark zum Verkauf, das war nicht mehr, als das Cornichon gekostet hatte...

Noch nie hatte ich ein Exemplar dieser raren Spezies gesehen. In Zahlung nehmen wollte man das Cornichon allerdings nicht. Immerhin ließ sich der Tankstellenpächter darauf ein, mir den Roadster gegen eine geringe Anzahlung für acht Tage zu reservieren; derweil stellte ich mein gurkengrünes Faltdach-Limousinchen an den Straßenrand mit einem Schild hinter der Frontscheibe: »zu verkaufen, 850 Mark, überholtes Differential«. Es fand

Für zwei oder drei Tage war ich Besitzer zweier Topolini.

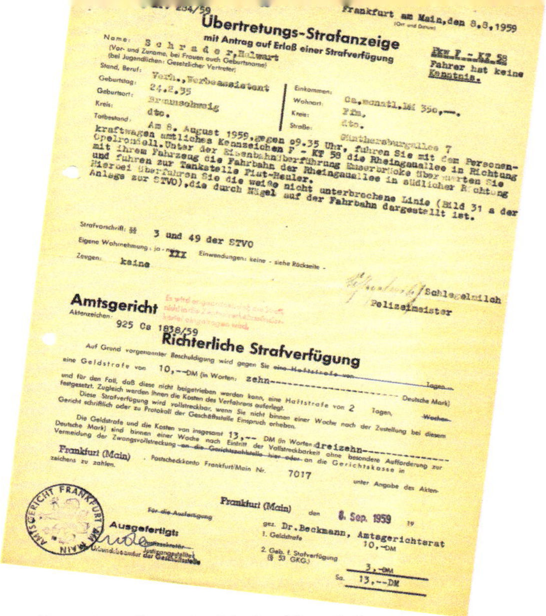

... 234/59 Frankfurt am Main, den 8.8.1959
(Ort und Datum)

Übertretungs-Strafanzeige
mit Antrag auf Erlaß einer Strafverfügung

Pkw F - KF 58
Fahrer hat keine Kenntnis.

Name: Schrader, Halwart
(Vor- und Zuname, bei Frauen auch Geburtsname)
(bei Jugendlichen: Gesetzlicher Vertreter)
Stand, Beruf: Verh., Werbeassistent
Geburtstag: 24.2.35
Geburtsort: Braunschweig
Kreis: dto.
Tatbestand:
Einkommen: ca. monatl. DM 350,--.
Wohnort: Ffm.
Kreis: dto.
Straße: Günthersburgallee 7

Am 8. August 1959, gegen 09.35 Uhr, fuhren Sie mit dem Personenkraftwagen amtliches Kennzeichen F - KF 58 die Rheingauallee in Richtung Opelrondell. Unter der Eisenbahnüberführung Emserbrücke überwerten Sie mit Ihrem Fahrzeug die Fahrbahn der Rheingauallee in südlicher Richtung und fuhren zur Tankstelle Fiat-Heuler.
Hierbei überfuhren Sie die weiße nicht unterbrochene Linie (Bild 31 a der Anlage zur STVO), die durch Nägel auf der Fahrbahn dargestellt ist.

Strafvorschrift: §§ 3 und 49 der STVO
Eigene Wahrnehmung: ja - nein XXX Einwendungen: keine - siehe Rückseite -
Zeugen: keine

Schlegelmilch
Polizeimeister

Amtsgericht
Aktenzeichen: 925 Cs 1838/59

Richterliche Strafverfügung

Auf Grund vorgenannter Beschuldigung wird gegen Sie eine Geldstrafe von 10,--DM (in Worten: zehn---------- Deutsche Mark) und für den Fall, daß diese nicht beigetrieben werden kann, eine Haftstrafe von 2 Tagen, festgesetzt. Zugleich werden Ihnen die Kosten des Verfahrens auferlegt.
Diese Strafverfügung wird vollstreckbar, wenn Sie nicht binnen einer Woche nach der Zustellung bei diesem Gericht schriftlich oder zu Protokoll der Geschäftsstelle Einspruch erheben.
Die Geldstrafe und die Kosten von insgesamt 13,-- DM (in Worten: dreizehn---------- Deutsche Mark) sind binnen einer Woche nach Eintritt der Vollstreckbarkeit ohne besondere Aufforderung zur Vermeidung der Zwangsvollstreckung an die Gerichtskasse in Frankfurt (Main), Postscheckkonto Frankfurt/Main Nr. 7017 unter Angabe des Aktenzeichens zu zahlen.

Frankfurt (Main) den 8. Sep. 1959

gez. Dr. Beckmann, Amtsgerichtsrat

Ausgefertigt:
Urkundsbeamter der Geschäftsstelle

AMTSGERICHT FRANKFURT AM MAIN

1. Geldstrafe 10,--DM
2. Geb. f. Strafverfügung (§ 53 GKG.) 3,--DM
Sa. 13,--DM

Durchgehende Linie überfahren, um zur Tankstelle zu gelangen ... und ich hatte gehofft, niemand hätte das bemerkt... das Strafprotokoll belehrte mich eines Besseren.

sich jemand, der mir 650 bot. Das entspräche heute 330 Euro – ein Betrag, für den man heute wohl keinen Topolino mehr bekommen würde, mit oder ohne Hinterachsdefekt.

Der Weinsberger Roadster sah genauso aus wie jenes Auto, das Donald Duck in Mickymaus-Heften gelegentlich zu fahren pflegte, nur dass es nicht rot war. Nicht bedacht hatte ich, dass die weit ausgeschnittenen, türlosen Seiten des Roadsters für jeden Unbefugten eine Versuchung darstellten, sich mal eben reinzusetzen, am Lenkrad zu zerren oder Bananenschalen und anderen Abfall hineinzuwerfen. Das Auto unbewacht am Straßenrand abzustellen war trotz aufgezogener Spritzdecke über dem Cockpit ein Risiko, doch das Mieten einer Garage wäre zu teuer gekommen, und in der Nähe gab es sowieso keine.

Auch der Topolino Roadster hielt es nur eine begrenzte Zeitspanne bei mir aus. Wie es später noch häufiger der Fall war, verkaufte ich mein Auto an einen Liebhaber, der einen Zettel mit seiner Telefonnummer unter den Scheibenwischer geklemmt hatte. Er sei dringend an meinem Wagen interessiert, und so erhielt er ihn auch. Ich hingegen stieg auf ein Auto um, das mir für den vor der Tür stehenden Winter besser geeignet schien – auf einen DKW F89. Der verfügte im Unterschied zum Weinsberg über eine gut funktionierende Heizung und über Vorderradantrieb, was im Winter ebenfalls vorteilhafter war (einen Fiat Pkw mit Frontantrieb gab es erst 1969 in Gestalt des Modells 128).

Gleichwohl hatte ich den Roadster fleißig bewegt, auch auf längeren Autobahnstrecken, und überall, wo ich mit dem putzigen Zweisitzer auftauchte, wurde er bewundert, ebenso oft belächelt. Und dann bescherten auch bei diesem Auto die ersten Hinterachsschäden dem Fahrvergnügen längere Unterbrechungen. Eigentlich hätte der Wagen jetzt einen Platz im Museum verdient gehabt und nicht weiterem Verschleiß auf der Straße ausgesetzt werden dürfen... Doch ich betrachtete solche Vehikel als Gebrauchsgegenstände, nicht als »mobiles Kulturgut«...

Verkehrsaufkommen in Frankfurt am Main, 1959. Noch waren die Fußgängerüberwege nicht zebragestreift, für Zweiradfahrer bestand keine Helmpflicht, Sitzgurte hatten wohl nur wenige Autos auf diesem Foto...

Erst ab 1. April 1961 mussten in der Bundesrepublik Deutschland Sicherheitsgurte in einer ABE-genehmigten Bauart ausgeführt und mit einem amtlichen Prüfzeichen gekennzeichnet sein.

Auto Union 0,25 t gl Munga 1959

Auf allen Vieren durchs Unterholz

Wenn die Bundeswehr den Munga überstand, brauchte auch das südamerikanische Hochland den deutschen Zweitakter nicht zu fürchten. Wie eindrucksvoll waren doch die Bilder, die der deutsche Expeditions-Chef Detlev Hecker aus Südamerika mitbrachte: Zwei Munga voller Messgerätschaften im weglosen peruanischen Busch – optimale Fotomotive für den 1964er DKW-Jahreskalender!

Dass auch ich dem Munga Sympathien entgegenbrachte, lag wohl an seiner Ähnlichkeit mit dem amerikanischen Jeep. Denn diesem war er ja konzeptionell nachempfunden: Geringes Gewicht, wendig dank kurzem Radstand, zuschaltbarer Allradantrieb, Wannenaufbau. Nur hatte der bei der Auto Union hergestellte 0,25 t gl, wie der Geländewagen offiziell hieß, einen Dreizylinder-Zweitaktmotor unter der Haube, keinen Viertakt-Vierzylinder wie sein Vorbild.

Es war Paul Gustav Hahnemann, der in seiner Zeit als Verkaufsleiter bei der Auto Union eine Verbindung zu Franz-Josef Strauß pflegte und den Verteidigungsminister zu überzeugen vermochte, dass die Bundeswehr ein Fahrzeug wie den Munga brauchte... Zum Spötteln aufgelegte Soldaten meinten, allein schon das Zweitaktergeräusch einer DKW-motorisierten Kampftruppe würde im Falle kriegerischer Auseinandersetzungen jedes feindliche Heer in die Flucht jagen und den Gebrauch von Schusswaffen entbehrlich machen.

Als das Militärauto mit der blauen Auspuff-Fahne ab 1958 in profitable Stückzahlen gekommen war, bewies unser »Nischenpaule« zum ersten Mal, dass er diesem Spitznamen – wenngleich er ihn auch erst einige Jahre später erhielt – gerecht wurde. Hahnemann war es gelungen, dem Allradwagen in einer Version mit längerem Radstand das Tor zum Zivilmarkt zu öffnen. Eine kleine, aber unbesetzte Nische, wie sie der Land Rover in den EFTA-Märkten (Großbritannien, Schweiz, Österreich, Spanien) zu besetzen be-

Zwei Munga voller Messgerätschaften im peruanischen Busch – optimale Fotomotive für den 1964er DKW-Jahreskalender!

Links: Statisten der Heye Werbeagentur in Aktion...

Rechts: Werbekampagne, die 1960/61 für die Zivilversion des Munga lief.

IN-S 254

Links: Munga-Promotor Paul G. Hahnemann auf seiner BMW.

Oben: Die niederländischen Streitkräfte beschafften den Munga in vierstelliger Stückzahl.

gann. Hahnemanns erstes Nischen-Automobil erhielt jetzt am Bug das Signet der vier Auto-Union-Ringe (erstmals übrigens ohne den waagerechten Schriftbalken in ihrer Mitte) und den eingängigen Namen »Munga«, Abkürzung für Mehrzweck-Universal-Gelände-Allradwagen.

Zur Einführung des Munga in der Landwirtschaft, im Tagebau, bei der Feuerwehr, in der Industrie und wo auch immer mussten Exemplare aller Ausführungen erprobt und dabei in möglichst vielen Situationen werbewirksam fotografiert werden. Jetzt durfte ich nachholen, was mir mit einem Jeep bisher verwehrt geblieben war: Das Herumgurken im Gelände, ohne Rücksicht auf Kratzer, Dreck und Schmuddel. Natürlich wurde die Wat-Tiefe von angeblich 60 Zentimetern ausgelotet, und wenn meine Kollegen Uli Gosse oder Walter Dittrich das Auto in besonders steiler Hanglage sehen wollten, tat ich ihnen auch diesen Gefallen – um anschließend rückwärts wieder herabzurollen. Denn auch bei zugeschaltetem Hinterradantrieb ging's nur so lange bergauf, wie die Reifen Traktion hatten. Am Sandhügel drehten die Räder schon mal durch, warfen Fontänen auf und ließen den Wagen einsinken statt ihn vorwärts zu bewegen...

Als ich zum ersten Mal Hahnemann »live« erlebte, war er noch nicht als »Nischenpaule« bekannt. Aber gefürchtet als jemand, der kräftige Schläge auszuteilen verstand, verbal zumindest. Er war ein eigenwilliger Rhetoriker insoweit, als er alle Regeln der Rhetorik ignorierte.

Zusammengeraten waren wir an jenem Sommertag 1960, als ich bei ihm wegen der Genehmigung eines Anzeigenentwurfs zu erscheinen hatte. Mir waren die obligaten Aufwartungen bei Hahnemann unangenehm, weil ich die Art seines Umgangs mit Subalternen nicht mochte. Was immer ich ihm vorlegte, kommentierte er abfällig, spöttisch oder wütend »Wer sind Sie denn überhaupt, wer hat Sie zu mir vorgelassen, Sie Säckl? Richten Sie Ihrem Chef aus, er soll selber kommen und mir keine jugendlichen Schwachköpfe schicken...« Dabei waren die Entwürfe gar nicht schlecht und wurden meist auch ausgeführt. PGH war halt ein Poltergeist – jedoch ein liebenswerter, wie ich »inkompetenter Schwachkopf« bald feststellen durfte. Mein Boss erwies seinem Auftraggeber Nummer Eins so gut wie jeden Gefallen, zum Beispiel auch den, Hahnemanns Freundin Hildegund – eine intelligente Marketing-Fachfrau – auf die Gehaltsliste zu setzen. Sie brachte zwei interessante Kontakte mit: den zum Rennfahrer Wolfgang Graf Berghe von Trips sowie zu Burghard von Reznicek, Bruder von Paula Stuck. Sie und ihr Ehemann Hans, einst ein prominenter Grand-Prix-Pilot, hatten einen Sohn namens Hans-Joachim. Das war jener »Strietzel« Stuck, der später einmal ebenso berühmt werden sollte wie sein Vater. Reznicek und Trips hatten Hildegund als Autoren für die von mir betreute DKW-Zeitschrift gewonnen.

Von Autos verstehe er eigentlich nichts, behauptete Paul G. Hahnemann einmal in einem Interview, aber er wisse genau, wie sie auszusehen hätten, um verkäuflich zu sein. »Unser Paule« hieß er in der BMW-Stylingabteilung, die er jeden zweiten Tag aufsuchte, und als »Nischenpaule« ging er in die Unternehmensgeschichte der Bayerischen Motoren Werke ein, weil er immer von Marktnischen sprach, die es zu besetzen gälte. Paul Gustav Hahnemann, Jahrgang 1912, der angeblich von Autos nichts verstand, verhalf der Marke BMW nicht nur zu ihren bis dato größten Erfolgen – er gehört zu jenen, denen es zu verdanken ist, dass sie heute überhaupt noch existiert.

Hahnemann besaß einen messerscharfen, analytischen Verstand, der intuitives Handeln ausschloss, gepaart mit Überzeugungskraft. Und er besaß den Mut, unbequeme Wahrheiten auszusprechen – wie nur wenige seiner Kollegen in den oberen BMW-Etagen. Er verfügte über die Fähigkeit, mit undiplomatischer Rücksichtslosigkeit seine Vorstellungen von Falsch und Richtig durchzusetzen. Und er konnte jähzornig werden. Mit dem gebürtigen Elsässer »irgendwie« zurecht zu kommen, war nicht möglich. Entweder man entschied sich, auf seiner Seite zu sein, oder man befand sich im Lager derer, die gegen ihn arbeiteten.

Dabei war er ein Mann mit einem weichen Herzen, durchaus kein Hardliner wie etwa ein Bilderbuch-Manager amerikanischer Prägung. Er bevorzugte es, seine Sentimentalität durch Grobheiten zu kaschieren. Viele seiner Geschäftsverbindungen, so nützlich sie für ihn und die von ihm mitgeleiteten Unternehmen waren, basierten auf persönlichen Freundschaften. In fast allen seinen Wesenszügen, in seinem Verhalten und in seinen Umgangsformen mit Mitarbeitern kontrastierte er indessen zu einem Eberhard von Kuenheim, BMW-Vorstandschef von 1970 bis 1990 – und dessen (ost)preußischer, von militärisch-disziplinierter Distanz gekennzeichneter Führungsstil ließ für einen in vieler Hinsicht unbequemen Stellvertreter wie Hahnemann auf Dauer keinen Platz im 14. Stock des neuen Vierzylinder-Hochhauses am Münchner Petuelring. Ein Bau, der ebenfalls durch Hahnemanns intensives Engagement entstanden war. Wie auch die Akquisition des Werkes Dingolfing, heute einer der Vorzeige-Betriebe der BMW Group, durch Hahnemann zustande kam.

Mit welch harten Bandagen im Automobilgeschäft gekämpft werden musste, um vom Wettbewerb nicht an die Wand gedrückt zu werden, hatte Hahnemann von den Amerikanern gelernt, wie sein einstiger Kollege und spätere VW-Chef Heinrich Nordhoff. Beide hatten vor dem Kriege für die General-Motors-Tochter Opel gearbeitet und erfahren, was man unter amerikanischen Verkaufsmethoden verstand: die Emotionalisierung rationaler Entscheidungen. Hahnemann gehörte zu den ersten, die in der deutschen Automobilwirtschaft moderne Marketing-Strategien einführten, wie man sie in Detroit schon in den Dreißiger Jahren praktiziert hatte.

Eines der durch Hahnemanns Arbeit legendär gewordenen »Nischenautos« war der BMW 02, basierend auf der Konzeption des BMW 1500, ein Auto der damals so genannten Neuen Klasse, und ihre Realisierung vollzog sich in einem langwierigen Prozess. Als Hahnemann zu BMW kam, war das Modell 115, wie der 1500 alias Neue Klasse hieß, schon so gut wie serienreif; zumindest machte er auf die Besucher der 1961er IAA diesen Eindruck. Den neuen Konkurrenten von Opel, Ford, Borgward und VW erfolgreich zu vermarkten, betrachtete Hahnemann als eine gewaltige Herausforderung. Vom Erfolg dieses Jobs hing die Überlebenschance der Marke BMW ab. Die 700er-Baureihe hatte den Weg frei gemacht, den Hahnemanns Team quasi zu asphaltieren hatte. Nun, der BMW 1500, seine Derivate und die 02-Reihe wurden dank Hahnemanns Strategie zu Bestsellern.

Audi 2,0 Liter UW Cabriolet 1933

Umgedrehter Wanderer

Die Vorteile, die das Fahren mit einem Auto bietet, dessen vordere Räder statt der hinteren angetrieben sind, hatte ich durch meinen DKW schätzen gelernt. Mit Fahrzeugen der Marke DKW hatte ich eines Tages auch beruflich zu tun, nicht zuletzt durch einen Job, der meiner Passion für solche Autos sehr entgegen kam: Mit der Bestallung zum verantwortlichen Redakteur für eine neue Auto Union-Kundenzeitschrift, die den Namen »CLUB« bekam. Dieser Name sollte zum Ausdruck bringen, dass die DKW-Fan-Gemeinde einen exklusiven Status in Anspruch nahm.

Zur Gruppe der Auto Union-Marken hatte vor dem Kriege auch Audi gehört, jenes 1910 von August Horch gegründete Fabrikat, das nach Kriegsende 1945 keine Wiederbelebung erfuhr und aus dem kollektiven Autogedächtnis verschwand. Auf die Pflege ihrer Traditionen waren nur mehr einige

Audi Front UW 2,0 Liter, 1933, mit falscher Stoßstange und replizierter Kühler-Eins.

Vom Schrott zum Prunkstück 32 Jahre alter Audi

Blut, Schweiß und Geld – nur wer all das investiert, wird eines Tages in einem historischen Auto herumfahren, das so aussieht, als käme es gerade aus dem Fabriktor. Was heißt das: ein Auto restaurieren? Halwart Schrader erzählt es Ihnen exakt auf Heller und Pfennig.

ehemalige Mitarbeiter der Firma Auto Union bedacht; sie hatten ihre berufliche Karriere in Zwickau begonnen und besaßen zu Audi weiterhin emotionale Bindungen.

Mich interessierte Audi schon deshalb, weil die meisten Dreißiger-Jahre-Autos dieser Marke wie die von DKW Fronttriebler gewesen waren. Intensiv begann ich nach einem solchen Audi-Modell zu suchen – und fand es auch, angeboten im Mai 1962 per Kleinanzeige in der Zeitschrift »auto, motor und sport«. Den Wagen hatte der Kohlenhändler Fritz Schaltinat aus Bochum-Werne inseriert (es war nach Gevatter Hildebrand aus Berlin-Wittenau der zweite Kohlenhändler, von dem ich ein Auto erwarb). Es handelte sich um einen Audi Typ UW 2,0 Liter, Anfang 1933 von der Firma Gläser in Dresden als viersitziges Cabrio karossiert. Dieses Fahrzeug wollte ich mir nicht entgehen lassen und kaufte Herrn Schaltinat den Audi ab, der sich entgegen der Aussage seines Besitzers als fahrunfähig erwies. Die Kolben und die Ventile saßen fest, zwei- und vierbeinige Untermieter hatten unübersehbare Knabber- und andere Spuren aller Art hinterlassen.

Was hatte es mit den Buchstaben U und W in der Typenbezeichnung auf sich? Sie standen für »Umgedrehter Wanderer«, was sich auf den Sechszylinder-ohv-Motor (Konstruktion Ferdinand Porsche) bezog. Der trieb im zeitgleich gebauten Wanderer W21 die Hinterräder an.

Als die mich ernährende Werbeagentur einschließlich ihrer meisten Mitarbeiter nach Unterhaching bei München umzog, war auch für mich ein Platzwechsel angesagt. In der angemieteten Garage des ehemaligen Rathauses von Unterhaching begann ich, den Audi zu zerlegen, ein Prozess, der sich bis Anfang 1965 hinzog und nie zu einem Ende zu kommen drohte. Zumal er Kosten verursachte, die ich nicht bedacht hatte, denn als Laie musste ich Expertenarbeit durch Spezialisten wie Krauser und Fahnebrock und Sensburg in Anspruch nehmen. Mein Ehrgeiz, eine am Original so dicht wie möglich orientierte Restaurierung in Eigenregie zu Ende zu bringen, erwies sich als nicht durchführbar.

Aber dann nahm die Geschichte doch noch eine erfreuliche Wende. Durch meine Verbindung zu Ingolstadt hatte ich von Vorbereitungen zur Wiedereinführung der Marke Audi in Gestalt einer intern als F 103 bezeichneten Limousine mit Viertaktmotor erfahren. Die Auto Union plante, die Vorstellung des DKW-Nachfolgers mit einem Bezug zur Tradition der Marke zu verbinden. Ganz dringend gesucht wurde deshalb ein möglichst früher Frontantriebs-Audi zu Werbe- und Promotionzwecken. Zur allgemeinen Überraschung konnte Schrader bei der ersten Zusammenkunft in Ingolstadt, die diesem Thema galt und zu welcher er als »Vier-Ringe«-Redakteur und Ideenlieferant eingeladen war, den Zeigefinger heben: »Was für ein Zufall. Genau solch ein Auto besitze ich.«

Marketingdirektor Werner Schilling, sein Vize Heinz Bergerhausen und Pressechef Hans Schimpke waren sich einig: Die Auto Union würde auf ihre Kosten die unvollendete Restaurierung des Audi zum Abschluss bringen und sollte als Gegenleistung das Recht bekommen, den Wagen sechs Monate lang beliebig zu Werbezwecken verwenden zu dürfen.

Das in unendlich viele Teile zerlegte Cabriolet wurde in der Auto Union-Niederlassung München in die Kur genommen und aufwändig zu Ende restauriert.

Das vollendete Prachtstück erschien im August 1965 in Inseraten und auf Prospekten, war anschließend in diversen Show Rooms, auf regionalen Ausstellungen und Sonderschauen zu sehen, unter anderem in Brüssel und in Salzburg. Eigentümer des Autos war nach wie vor ich, und als es mir zum Jahresanfang 1966 wieder zurückgegeben wurde, besaß ich ein Juwel von einem Oldie, wenn auch mit nicht ganz korrekt nachgebauten Stoßstangen und modernen Instrumenten im Armaturenbrett.

Nach einigen Ausfahrten begann sich allerdings eine gewisse Enttäuschung einzustellen. Von den 40 Pferdestärken des Sechszylinders schien ein Drittel nicht aktivierbar zu sein. Das Fahrverhalten zeichnete sich durch unsportliche Trägheit aus; ich war durch die agile Beschleunigung der jungen DKWs verwöhnt und hatte erwartet, dass der Audi sich ähnlich flott fahren lassen würde.

Es fiel mir deshalb leicht, auf ein Angebot des Auto Union-Importeurs Wolfgang Wiesenthal in Salzburg einzugehen, der im Begriff war, eine Kollektion von Auto Union-Wagen aufzubauen.

Gegenüberliegende Seite: Auf Inseraten in zahlreichen Printmedien sowie in Prospekten posierte anlässlich der Wiedereinführung der Marke Audi mein Cabrio – mit unechter Stoßstange...

Den aus gleichem Anlass im Magazin »twen« veröffentlichten Beitrag layoutete Willy Fleckhaus' Assistent Christian Diener.

Der junge Herr Schrader am Lenkrad eines Audi 80. Die im Frühjahr 1968 erschienene erste Audi-100-Generation, der C1, legte den Grundstein für den künftigen Erfolg der Marke Audi. Trotz seines insgesamt konservativen Konzepts sorgten der damals in dieser Wagenklasse noch seltene Frontantrieb und die gefällige Form der geräumigen Karosserie für gute Verkaufserfolge, denn insgesamt wurden 827.474 Einheiten der ersten Audi-100-Generation gebaut.

Rechts: Als Testwagen besonders begehrt war die Cabrioversion des DKW F12.

Links: Das von 1984 bis 1987 in dieser Aufmachung angebotene Audi quattro Coupé war genau das richtige Auto, um auf der Überholspur BMW-Fahrer zu ärgern...

Meine Verbundenheit mit Audi fand ihre Fortsetzung bis in die Gegenwart. Die Kommunikation mit allen Instanzen des Presse- und Öffentlichkeits-Ressorts funktionierte auf Augenhöhe; die Mitarbeiter um Habbel, Piëch, Paefgen und Co. erwiesen sich auch bei der späteren Bentley-Inkludierung als treue Auftraggeber.

Die so rational-nüchtern konzipierten Audis der 1970er Jahre, so erkannten Marketing-Strategen, benötigten auf die Dauer einer emotionalen Flankierung. Die vermochte nur der Motorsport zu bringen. Der Einstieg der Marke in den Rallyesport vollzog sich geradezu sensationell – mit einem allradgetriebenen Coupé namens quattro. Der vom Porsche-Enkel Ferdinand Piëch konstruierte Wagen war nicht der erste 4x4 des VW-Konzerns: Davor hatte es den VW Iltis gegeben, der aber wie der DKW Munga als Militärfahrzeug fürs Gelände konzipiert war.

Der Ur-quattro basierte auf dem Audi 80, war aber ein Schrägheck-Coupé. Im Rallyesport machte er auf Anhieb Furore und gewann jede Menge Meisterschaften. Es dauerte nicht lange, und andere Hersteller traten ebenfalls mit Allradcoupés an. Der quattro blieb nicht nur ein Wettbewerbswagen für Rallyefahrer: Es gab ihn schon bald als Straßenfahrzeug, dessen Qualitäten auch mich durchweg überzeugten. So gut wie jedes Modell in quattro-Konfiguration habe ich in den 1980er-Jahren erproben dürfen, dank kollegialer Fürsorge durch Arno Höland, Rudolf Urban, Marion Kraft und Peter Walther.

...bitte ganz ungezwungen lächeln!

Die besten Fotomodelle zum Nulltarif

Als derjenige, der für die Beschaffung von Bildmaterial für unseren wichtigen Agenturkunden Auto Union zuständig war, dafür aber kein großes Budget zur Verfügung hatte, oblag mir in den 1960er Jahren auch die Rekrutierung von Fotomodellen zu möglichst günstigen Konditionen, sprich: zum Nulltarif. So wurden immer wieder duldungsbereite Ehefrauen, gut aussehende Bräute, niedliche Schwestern, noch niedlichere Töchter, aufstrebende Praktikantinnen, überredete Nachbarinnen und fotogene Sekretärinnen verpflichtet, um »bitte recht ungezwungen« vor, an, auf, hinter, neben, in Fotofahrzeugen zu posieren, wenn wieder einmal ein Titelfoto oder ein gutes Werbemotiv produziert werden musste. Männliche Kollegen waren seltener gefragt. Wo es fotogene »locations« in der Umgebung von München gab, auch solche, die bei weniger schönem Wetter taugten, wussten wir längst.

Ein recht charmantes Fotomodell war die Hexlein genannte Verlobte meines Kollegen Heiner Emde, gefolgt von der damals fünfjährigen Susi Schaaf, der Tochter unseres Cheftexters Herbert. Diesem Mädchen wurde die Ehre, als Covergirl Karriere zu machen, im September 1963 durch unseren Hausfotografen Walter Dittrich zuteil.

Gegenüberliegende Seite: Sämtliche Models, die für unsere Werbeaufnahmen posierten, waren Amateure aus Familien-, Freundes- oder Kollegenkreisen.

Links: Ein charmantes Fotomodell war auch die damals fünfjährige Susi Schaaf, Tochter unseres Cheftexters.

Arrangeur und Linhoff-Fotograf aller Motive: Walter Dittrich.

Die Auto Union lancierte damals ihr letztes großes Modell unter der Marke DKW, eine 1,2-Liter-Limousine mit einer Karosserie im Fissore-Design. Um den Zweitakter pünktlich zum Zeitpunkt der Präsentation auf dem Oktoberheft-Titel der auflagenstärksten Autozeitschrift in Deutschland, der »ADAC Motorwelt«, abbilden zu können, musste das Foto bis zum 20. August 1963 bei der Redaktion vorliegen. Ein attraktives, lebendiges, schnappschüssiges. Keine gestellte Werbeaufnahme, wie man sie für einen Prospekt machen würde. Doch Mitte August 1963 existierten nur zwei komplett aufgebaute Vorserienexemplare des F102, und die durften das Ingolstädter Werksareal nicht verlassen.

Keine Frage: Das war genau der richtige Job für unser Team. Mit dem Fotokünstler, zwei Leihkindern – das waren Susi und ihr zwei Jahre älterer Bruder Thomas – begaben Walter und ich uns am letzten Sonntag vor der Deadline auf das Werksgelände an der Ettinger Straße zu Ingolstadt, wo für uns an versteckter Stelle ein

IN-S 326

IN-C 443

Foto-Ausflug mit ehelicher Begleitung im DKW F102 an der Straße nach Großdingharting. Eingeklinktes Bild: Gestelltes Foto im Garten der Familie Heye, München-Solln, 1964. Von den jungen Damen heißen zwei mit Vornamen Antje, die kleinste Babett.

weißer F102 geparkt war. Als Requisite mitgebracht hatte ich ein selbst gebasteltes Seifenkistl-Miniaturauto mit klapprigen Kinderwagenrädern und imitiertem Bugattikühler.

An der einzig für ein hübsches Foto in Frage kommenden Ecke des Verwaltungsgebäudes bauten wir die Szene auf: Heimkehrender Vater wird von seinen Kindern begrüßt. Lichtbildner Walter bestand aber auf einem dritten Kind – eines für das Seifenkistl. Woher kriegt man an einem Sonntag gegen vierzehn Uhr in einem sommerschläfrigen Industrie-Stadtviertel ein minderjähriges Fotomodell? Wir fanden es samt Mutter auf der Terrasse einer Eisdiele in der Nähe des Werksgeländes. Viel Zeit für Erklärungen hatten wir nicht. Etwas verunsichert, was wir wohl vorhätten, willigte die junge Dame ein, uns ihren fünfjährigen Sohn für eine halbe Stunde zu borgen. Da ja alles so strikt geheim war, durfte sie nicht mit aufs Werksgelände.

Dann ging alles ganz schnell. Wir hetzten zu unserem F102 zurück, ich setzte mich bei heruntergekurbelter Scheibe ans Lenkrad des Geheimautos, Walter steckte den kleinen Fremdling ins Seifenkistl, Tom und Susi sprangen auf ein Signal einige Male vor und zurück, um dem Fotografen fünf oder sechs Varianten zu ermöglichen – und wir hatten unser Bild.

Der DKW F102 war kein Auto, das zu überzeugen vermochte. Bis Ende März 1966 wurde es 52.753-mal gebaut wovon die Hälfte jedoch unverkauft auf Halde blieb und mit dem neuen Audi-Viertaktmotor und ein paar Optimierungen anschließend als F103 auf den Markt kam.

Spontan »vor Ort« akquirierte Amateurmodelle posierten nicht ganz so häufig für Presse- oder Werbefotos wie Kollegen oder Ehepartner. Ihnen allen musste man immer wieder einschärfen, bitte nicht in die Kamera zu schauen... »Gut! Aber was soll ich denn mit den Armen machen, gebt mir doch ein Buch oder eine Mappe in die Hand... sitzt denn meine Frisur noch?« Und dann war alle Mühe vergebens, weil der Belichtungsmesser falsch abgelesen worden war...

Facel Vega HK500
1960

Laternenparker in der Avenue Louise

Der Rolls-Royce-Bekenner George Bernard Shaw hat gesagt, er könne auf alles verzichten, nur nicht auf Luxus. Einen Facel Vega besaß er allerdings nicht, worin er sich – unter anderem – von meinem Vater unterschied.

Monsieur le Directeur hätte als ein der Repräsentation verpflichteter Botschafter der Firma Domus S.A. in St. Nicholas gar keine andere Wahl treffen können. Ein Jaguar Mk. IX oder gar ein Bentley S2 stellten Chauffeurlimousinen jener Kategorie dar, die den erlauchten Herren vom Aufsichtsrat vorbehalten blieb; den Iso Rivolta oder den Monteverdi gab es noch nicht, und deutsche oder amerikanische Fabrikate kamen aus geschäftspolitischen Erwägungen nicht in Betracht. Wofür also entscheidet sich der Verkaufschef, wenn seine Position es erfordert, seriös und respektabel in Erscheinung zu treten? Für einen Facel Vega HK500.

Meinem Vater hatte der Vorstand jenes Unternehmens in Belgien, für das er ab 1960 tätig war, das franko-exotische Coupé als Geschäftswagen abgenickt. Schon immer hatte mein Alter Herr ein Faible für etwas exklusivere Autos gehabt – der Facel Vega ließ sich nicht mehr toppen. Leider musste er nachts auf der Straße geparkt werden, denn die Appartements an der Avenue Louise verfügten über keine Garagen.

Beim HK 500 handelte es sich um den Nachfolger des Modells FVS mit einem Fahrgestell von 2,67 m Radstand. Die Karosserie gab sich nicht mehr ganz so rundlich, der markante Kühlergrill war etwas nach vorne gerückt, was den Wagen aggressiver aussehen ließ. Unter der langen Motorhaube flüsterte ein drehmomentstarker 5,9-Liter-Chrysler-V8, 360 PS leistend.

Ein beeindruckendes Automobil, vor allem, nachdem Optionen wie Scheibenbremsen und

Links: Hat sie Schwierigkeiten beim Öffnen der Tür...?
Unten: Jean Daninos am Zeichenbrett.

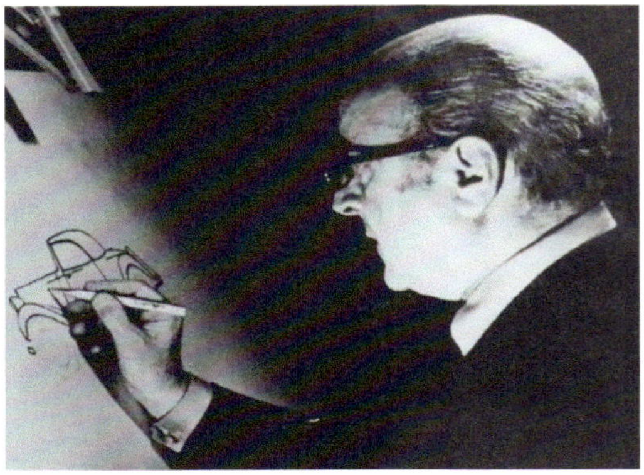

Maître Daninos und sein Meisterwerk. Die Front des HK500 gab es in zwei Ausführungen.

Servolenkung Standard geworden waren. Der Facel Vega HK500 war fast ebenso leistungsstark wie der Ferrari 400 Superamerica, konnte eine exzellente Verarbeitung vorweisen und bot den Insassen durch üppige Verglasung (der aus den USA zu uns nach Europa gelangten Panoramascheibe sei Dank) beste Sicht. Das Instrumentarium glich dem eines britischen Oldtimers.

Übrigens begannen sich die Hersteller Bristol und Jensen um jene Zeit ebenfalls für den potenten Chrysler-V8-Motor zu interessieren.

Eine maskuline Wagenfront, viel an den richtigen Stellen applizierter Chromschmuck sowie reichlich Edelholz und Leder im Interieur vermittelten souveräne Luxusatmosphäre.

Der HK 500 kostete 1960 doppelt so viel wie ein BMW 3,2 Liter V8 und ein Viertel mehr als ein Cadillac 62 Coupé de Ville. Lange hatten die anspruchsvolleren Liebhaber französischer Automobile auf einen Wagen der Topkategorie warten müssen, nachdem Delage, Bugatti, Delahaye und Talbot-Lago die Flagge gestrichen hatten.

Die Marke Facel Vega blieb in Deutschland so gut wie unbekannt. Den Markt für französische Fabrikate teilten sich Peugeot, Renault, Citroën und Simca. 1973–74 kam der (die?) Monica hinzu, gebaut in nur 14 Exemplaren, von denen eins in Deutschland zugelassen wurde.

Am 14. Oktober 2001 meldete die Motorpresse den Tod des Automobilkonstrukteurs Jean Daninos. Er war 94 Jahre alt geworden. Der 1906 geborene Franzose war der Gründer des Unternehmens FACEL, der Forges et Ateliers de Constructions d'Eure et Loire. Gern hätte ich ihn kennengelernt und interviewt, doch dazu ergab sich nie eine Gelegenheit.

Bevor er sich 1939 selbständig machte, arbeitete Daninos in der Flugindustrie und auch bei der Firma Citroën, wo er in den frühen Dreißiger Jahren an der Entstehung des Traction Avant beteiligt war. Schon damals träumte er davon, eines Tages Autos nach eigenen Vorstellungen zu bauen – ein Traum, der in Erfüllung gehen sollte, mit dem großartigen Facel Vega. Autos dieser Marke entstanden zwischen 1954 und 1964.

Nicht nur komplette Automobile produzierte Daninos, sondern auch Karosserien für andere Auftraggeber, so etwa für Panhard oder Ford. Jean Daninos verstand sich als Künstler; er war nicht weniger kreativ als sein Bruder Pierre, ein bekannter Schriftsteller.

Für die von Jean Daninos entworfenen und bei Facel in Pont-à-Mousson gebauten Spezialkarosserien gab es prominente Kunden, von Stirling Moss bis Tony Curtis. Und seine schnellen, eleganten und kräftig motorisierten Facel Vega, von denen in zehn Jahren etwa 3000 Exemplare das Werk verließen (drei Viertel davon in Richtung USA), blieben jahrelang die einzigen Luxusfahrzeuge aus französischer Produktion.

Jean Daninos, in Frankreich und England zum Ingenieur ausgebildet, war bis zum Schluss schöpferisch tätig, er war auch ein aktiver Sportler. 1928 hatte er als Schlittschuhläufer sogar an den Olympischen Spielen teilgenommen. Als Frankreich in den 1970er Jahren eine Rezession zu spüren bekam, kämpfte Daninos, bevor er nach Portugal auswanderte, vergebens um den Fortbestand der von ihm ebenfalls gegründeten Werke in Colombes und in Dreux. Mit dem HK 500 leistete er zweifellos einen großartigen Beitrag zu Frankreichs Automobilgeschichte.

Leider ergab sich nur selten eine Gelegenheit, von Vater in diesem Wunderwagen auf die eine oder andere Spritztour mitgenommen zu werden, denn schon nach zehn Monaten quittierte er seinen Dienst bei der Tapisserie Domus, zog nach Wien und begnügte sich für die Dauer der nächsten zwei Jahre mit einem Volvo P 1800 und einem bescheidenen Büro vis-à-vis vom Stephansdom. Der Volvo ließ sich mit dem HK 500 natürlich nicht vergleichen. Der Schwede verstand sich als ein Sportwagen, und als solcher passte er zu meinem erst 57 Jahre jungen Vater noch recht gut. Im Unterschied zum HK 500 stand mir der Volvo für eine ausgedehnte Probefahrt zur Verfügung. Das Auto gefiel mir außerordentlich gut, und ich konnte nicht begreifen, warum Vater es gegen einen 230 SL (»Pagode«) eintauschte.

Lagonda 3-Litre Z-type
1931

Vintage Feeling – das volle Programm

Wenn Karl Foulkes-Halbard heute mit dem Pfauenfedermop musealen Staub von der Motorhaube des 3-Litre Bentley seiner Mutter wischt, wird er sich wohl kaum daran erinnern, dass am selben Tag, als sein Daddy mit dem Auto vors Haus gefahren kam, ein Besucher aus Deutschland ihm das Schmuckstück sofort – freilich vergebens – abspenstig machen wollte. Karl war damals sechs Jahre alt. Der Besucher war ich, und seine Eltern püttcherten in einem kleinen Cottage in Sussex mit alten Autos und anderen Antiquitäten herum, um damit ihren Lebensunterhalt zu bestreiten.

Die Cottage-Family domizilierte in einer Kleinstadt namens Crowborough, und als ich dort zum ersten Mal aufkreuzte, ließ sich noch nicht absehen, dass acht oder zehn weitere Besuche folgen würden...

Ein in Cricklewood gebauter 3-Litre Bentley aus der Vintage-Ära – das war in den 1960er Jahren einer meiner Traumwagen. Sehr hohe Klasse, sehr edle Rasse, beeindruckende Masse...

Ein angeblich gut erhaltenes Exemplar glaubte ich schließlich sogar gefunden zu haben, obendrein ein recht preisgünstiges, angeboten von einem Gentleman namens Stephen Langton, firmierend als Inhaber eines kleinen Imbissladens in Chichester.

Kurz vor halb zehn Uhr abends stand ich an einem trüben Novembertag des Jahres 1963 vor seinem Fish-and-Chips-Shop in der High Street, der sich »Four Seasons Café« nannte. Mr. Langton hatte mir am Telefon gesagt, das Café habe

Links: 1961 in Crowborough entstandenes Foto; rechts daneben der Wagen 1980 mit Münchner Kennzeichen (das Original GO 1145 ist noch in meinem Besitz).

bis 22 Uhr geöffnet. Doch nun wartete ich vergebens vor verschlossener Tür, kein Licht brannte mehr. Ich fand einen Klingelknopf und drückte ihn – keine Glocke zu hören. Ich bummerte an die Tür. Nichts. Und ich hatte mich doch auf eine Portion Fish and Chips gefreut.

Was nun? Ein Pub suchen und nach einer Übernachtungsmöglichkeit fragen? Und würde Mr. Langton am Sonntagmorgen seinen Shop überhaupt öffnen?

Ein Auto hielt am Bordstein, ein schwarzer Humber. Ein Pullovertyp stieg aus.

»Sind Sie Mr. Schrader? Mein Name ist Stephen Langton. Ich hoffe, Sie haben nicht allzu lange warten müssen. Meine Frau hat das Café heute früher zugemacht...«

In der oberen Etage gebe es eine Kammer mit einem Feldbett. Dort möge ich es mir für die Nacht bequem machen, sagte Mr. Langton beim Aufschließen der Ladentür. »Morgen komme ich so gegen neun und bereite Ihnen ein Frühstück. Möchten Sie Kaffee oder lieber Tee? Ein oder zwei Eier?« Das sei sehr freundlich, sagte ich, hätte aber erst einmal gern den Bentley besichtigt, der zum Verkauf inseriert worden war.

Ich hatte mir in den Kopf gesetzt, einen 3-Litre Bentley aus den Jahren 1924 bis 1929 ausfindig zu machen. Solche Boliden bekam man in England mit etwas Glück um 400 bis 500 Pfund Sterling.

Besonders gut war ich über die britische Automobilgeschichte allerdings noch nicht informiert. Ich hatte nur vage Vorstellungen von einem Bentley Red Label, einem Vauxhall 30/98 HP, einem Invicta oder einem 3-Litre Sunbeam. Noch gab es kaum Fachliteratur. Eines Tages entdeckte ich meinen Traumwagen in einer Kleinanzeige: »1927 3-Litre Bentley Vandenplas Tourer, good running order, but needs some attention, £350.«

Ich meldete sofort ein Ferngespräch nach Chichester an (ins Ausland selbst durchwählen war damals noch nicht möglich) und fragte den Herrn am anderen Ende: Ist das Fahrzeug noch zu haben? In zwei Tagen könnte ich drüben sein und den Wagen holen... gegen Barzahlung! »Yes Sir, der Bentley ist noch da und steht zu Ihrer Verfü-

Überführung des Lagonda von Crowborough nach München.

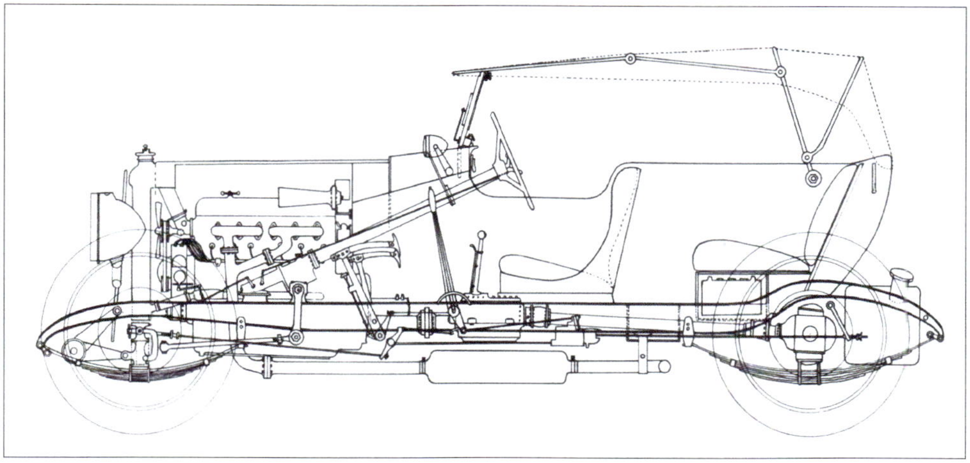

Eigenhändig verfertigte Zeichnung meines Lagonda.

Dieses Magazin stellte eine Fundgrube dar – wegen seiner Fülle an Kleinanzeigen.

gung, seien Sie herzlich willkommen! Wenn Sie die Hauptstraße in Chichester in Richtung Bognor Regis hinauf fahren, sehen Sie links ein Fish-and-Chips-Café. Fragen Sie nach mir, mein Name ist Stephen Langton.«

Von München fuhr ich am nächsten Samstag per Bahn nach Ostende, nahm die Fähre nach Dover und begab mich von dort mit dem Bus nach Chichester, mit knapp 400 Pfunden in cash und einem dicken Pullover – es war schließlich November – im Kleingepäck.

Mr. Langton ließ sich etwas Zeit, bevor er mir zwischen Tür und Angel den Tiefschlag versetzte. Der Bentley? Sorry, den habe er gestern einem Amerikaner verkauft. Aber so weit er sich erinnern könnte, sei ich doch viel mehr an einem Invicta interessiert gewesen?

Invicta? Was für ein Invicta? Ich hatte doch am Telefon gesagt, dass ich den Bentley kaufen wollte!

Mr. Langton war die Situation peinlich. »Ich hatte zugleich einen 4.5-Litre Invicta inseriert. Und einen Alfa Romeo. Aber da muss ich wohl etwas durcheinander gebracht haben. Können wir das morgen früh besprechen? Es ist jetzt doch schon etwas spät für so wichtige Angelegenheiten.«

Ich fand auf dem Feldbett keinen Schlaf. Beim Licht einer matten Glühbirne studierte ich die jüngste Ausgabe des »Motor Sport«, die ich mitgenommen hatte. Würde ich irgendwo im Süden Englands einen ähnlichen Vintage-Bentley zu einem derart günstigen Preis finden?

Mr. Langton und sein Partner Herbert King führten mich nach dem Frühstück zu ihrer Kollektion verkäuflicher Boliden. Unter ihnen befand sich auch der erwähnte Invicta (»den haben wir von der Insel Jersey geholt, Insider nennen ihn das Bügeleisen«) und ein Alfa Romeo Sportwagen, ferner ein Riley Brooklands, ein MG K3, ein Alvis Speed Twenty, ein Talbot-Lago Coupé. Die harmlos klingende Bemerkung »...will need some attention« traf auf sämtliche Fahrzeuge zu, die sie mir zeigten.

Rückblickend lässt sich sagen, dass es ein Fehler war, den Invicta, den MG K3 und den Alfa Romeo 6C1750 zu ignorieren. Für keinen dieser Wagen verlangte Langton mehr als 750 Pfund. Freilich, sie waren verlottert und reparaturbedürftig – so genannte Scheunenfunde.

Also hätte ich wohl unverrichteter Dinge wieder nach Hause fahren müssen. Herbert und Stephen waren indessen tüchtige Vertreter ihrer Branche und ließen einen prospektiven Kunden nicht so ohne Weiteres ziehen: »Wie wär's mit einem 3-Litre Lagonda Tourer? Der kommt einem Vintage Bentley am nächsten... und für 250 Pfund würde

Very British, very vintage: Das Erscheinungsbild des Tourers entsprach gänzlich meinen Erwartungen.

sich ein Bekannter von uns von ihm trennen.« Was hatte ich mir unter einem Lagonda vorzustellen?

Die Herren überredeten mich, mit ihnen am Nachmittag an Bord des schwarzen Humber einen Ausflug nach Crowborough zu unternehmen. Leider erwies sich, dass ihr Freund Paul aushäusig war. Wir warteten auf seine Rückkehr bei einer Kanne Tee, die uns seine Gattin kredenzte, in einer Puppenstubenküche im properen Landhausstil von Laura Ashley.

Zwei zappelige Kinder hingen an den Lippen des Besuchers aus dem fernen Germany, jenem Land, dem sie ihre Vornamen verdankten: Karl und Ingrid.

Als der Herr des Hauses mit hereinbrechender Dunkelheit endlich aufkreuzte, blieb mir fast das Herz stehen, denn er saß am Lenkrad eines 3-Litre Bentley. Den habe er vor zwei Stunden in London erstanden – für Greta. »Der Wagen ist ein verspätetes Hochzeitsgeschenk. Gestern hatten wir unser Zehnjähriges.«

Der Greta zugedachte Bentley ließ erneut Begehrlichkeiten aufkommen, stand aber leider nicht zur Disposition. Schon waren die Kinder ins Cockpit geklettert und imitierten das Motorengeräusch. Also keinen Neid bitte, außerdem war ich ja wegen eines Lagonda gekommen.

Wir begaben uns zu einem fensterlosen Garagenhäuschen. Mr. Foulkes-Halbard sperrte das Tor auf. Im Schein einer Taschenlampe – die Deckenbeleuchtung funktionierte nicht – räumten wir Gerümpel aller Art zur Seite: Fahrradrahmen und Motorradtanks, einen Bugattikühler, alte Reklameschilder, Gartengeräte. Endlich reflektierten zwei große Scheinwerfer das Licht der Taschenlampe. Wir hatten uns zu dem Lagonda vorgearbeitet.

Das Auto wies Ähnlichkeit mit dem Bentley meiner Vorstellung auf, war ein offener Tourer mit

»cycle wings«, schwarz lackiert mit ein paar Spachtelstellen und hatte dunkelgrüne Lederpolster, deren Sitzflächen mit aufblasbaren Gummikissen versehen waren. Die großen Lucas-Lampen, der massige Kühler mit Schutzgitter-Rhombus, die breiten Trittbretter, die 21-Zoll-Speichenräder mit Zentralverschlüssen – das hatte Stil. Ein wenig irritierte mich, dass es zwar links zwei Türen gab, an der rechten Seiten aber keine.

Der Wagen stehe schon seit einem Jahr in dieser Remise, sagte Mr. Foulkes-Halbard. Ja, er gäbe ihn her (womit Stephen Langton fest gerechnet hatte). Nur starten ließe er sich nicht, weil die Batterie zu alt und der Magnet defekt sei. Wie Mr. Langton geschätzt hatte: 250 Pfund sollte das Auto kosten.

Am liebsten wäre ich in den Lagonda sofort eingestiegen und losgedonnert, aber »she will need some attention«, wie Paul Foulkes-Halbard sich auszudrücken beliebte (hatte ich das nicht schon mal gehört?). Ich möge in drei Wochen wiederkommen, wurde ich vertröstet. Bis dahin würde der Wagen startklar sein.

Ich nahm Pauls Vorschlag an und hatte in der Zwischenzeit Gelegenheit, mich zu Hause mit der Geschichte der Marke Lagonda auseinanderzusetzen. »Klingt irgendwie italienisch«, fanden meine Freunde. Aber dann erfuhr ich durch David Scott-Moncrieffs »The Thoroughbred Motor Car«, dass Lagondas Chefkonstrukteur ab 1935 kein Geringerer als Walter Owen Bentley war! Das Buch hatte mir Mr. Foulkes-Halbard, den ich jetzt Paul nennen durfte, als Trostpflaster für den Aufschub verehrt. Mein 3-Litre war allerdings zu einer Zeit entstanden, als Mr. Bentley noch nicht für jene Firma tätig war.

Lagondas erster Sechszylinder war 1926 als Typ 16/65 hp erschienen. Der Motor wurde 1929 von 2389 auf 2931 ccm vergrößert, und dieses Auto galt bis zum Erscheinen des noch stärkeren 4,5-Liter-Wagens als das Spitzenmodell der Marke. Die Fahrzeuge wiesen ein massives Leiterrahmenchassis auf mit Starrachsen, mechanischen Bremsen (Seilzug nach hinten, Gestänge nach vorne), Blattfedern, einstellbaren Hartford-Reibungsstoßdämpfern sowie ein Viergangggetriebe mit Kupplungsbremse. Der Motor, je nach Einsatz mit einem oder mit zwei SU-Vergasern bestückt, leistete etwa 80 bis 90 PS. Das Gaspedal saß mittig zwischen Brems- und Kupplungspedal.

Im Motorsport war dieser Dreiliter recht erfolgreich, die meisten Fahrzeuge jedoch taten als private Tourenwagen ihren Dienst, als offene Viersitzer oder Limousinen karossiert.

Wie verabredet, erschien ich drei Wochen später in Tunbridge Wells, wo mich Paul am Bahnhof empfing. In einem knallroten Uralt-Morris schnauferlten wir ins nahe Crowborough, wo der Lagonda auf mich wartete.

Ich wurde von Freunden gefragt, warum ich nicht mit einem größeren Pkw und einem Trailer den Wagen transportiert hätte. Wie sich später herausstellte, wäre das die bessere und auch preiswertere Methode gewesen. Ich sah aber eine sportliche Herausforderung darin, einen so alten Wagen auf eigenen Achsen selbst heimzufahren. Offiziell fungierte Langton als Verkäufer, und von ihm erhielt ich auch einen Verkaufsvertrag, der eigentlich nur eine Quittung war – über 95 Pfund Sterling. Zur Vorlage beim Zoll.

Alles schien in Ordnung; ich konnte mich ans Lenkrad setzen, den Anlasserknopf drücken, den Motor ein wenig warmlaufen lassen und losfahren. Der Sechszylinder hatte einen wundervollen Klang. Im Leerlauf drehte er etwa 400 Touren, bei Reisegeschwindigkeit im vierten Gang fühlte er sich bei 1800 am wohlsten. Höher als 2000 habe ich ihn auch später nie drehen lassen.

Paul hielt nichts davon, dem Wagen eine neue Lackierung zu verpassen. Ich dachte an ein dunkles Grün: British Racing Green. »Du musst nur die Spachtelflecken übermalen, aber lass den Wagen so schwarz wie er immer war. Old English Nobility Black. Es ist ein Tourer, kein Racer.«

Gewöhnen musste ich mich erst an die Rechtslenkung, an die fly-off-Handbremse, das Gaspedal in der Mitte zwischen Kupplung und Bremse, an ein extremes Lenkungsspiel sowie an das Fahren ohne Scheinwerferlicht. Denn die gesamte Bordelektrik fiel unterwegs aus. Dank Magnet- statt

Batteriezündung lief der Motor zwar weiter, aber Lucas, der König automobiler Finsternis, zeigte mir seine Allgegenwärtigkeit schon beim Verlassen des Fährschiffs in Ostende. Schiffsleute mussten helfen, den Wagen anzuschieben, und weil wir dafür ausreichend Platz benötigten, kam ich als letzter dran, nachdem alle anderen Fahrzeuge das Autodeck verlassen hatten.

Dass ich bis zur wenig später einsetzenden Frühmorgendämmerung ohne Scheinwerferlicht und ohne Rücklichter gen Brüssel rollte, fiel insofern niemandem auf, als die Autobahnen in Belgien, so auch diese, während der Dunkelheit beleuchtet waren. Da fuhr so mancher Einheimische mit Standlicht.

Auf der bei Minustemperaturen absolvierten Heimfahrt hatte ich also den Wagen nur bei Tageslicht zu fahren und ihn möglichst an Gefällstrecken zu parken, damit durch Anrollenlassen der Motor wieder ansprang.

Gleichwohl schaffte ich es nicht, den Wagen nach München zu bringen. Die Verzollungs-Formalitäten an der Grenze hatten viel Zeit gekostet, weil drei damit befasste Beamte es sich nicht nehmen ließen, den exotischen Oldtimer erst einmal gründlich zu inspizieren. Da es gegen 16 Uhr dämmrig wurde, konnte ich die Reise nicht fortsetzen. Im Rasthaus Neuwied nahm ich für die Nacht ein Zimmer. Aber am kommenden Morgen wurde es nichts mit einem Start: Trotz Frostschutzmittel im Kühlwasser war die Wasserpumpe eingefroren, das Gehäuse dadurch geplatzt.

So richtig im Topzustand war der Wagen noch lange nicht. Bevor ich ihn dem TÜV vorführte, wollte ich ihn wie aus dem Ei gepellt dastehen haben. Es folgte eine Toprestaurierung in mehreren Phasen, und durch Ivan Forshaw, den Cheftechniker des englischen Lagonda Club, bekam ich auch fast sämtliche Originalteile, soweit erforderlich. Ivan fügte jeder Sendung handgeschriebene Einbauanweisungen bei.

Zu Paul Foulkes-Halbard entwickelte sich eine herzliche Freundschaft, über unsere gelegentliche Oldtimer-Transaktionen hinausgehend. Ich schätzte seine verhaltene, bedächtige Wesensart; er handelte nie unüberlegt. Sein Cottage lag in der Smugglers' Lane. In der Gasse der Schmuggler zu wohnen, das passte recht gut zu Paul, dem ich posthum unterstelle, dass er im ersten Teil seines irdischen Daseins keinen Penny Steuern gezahlt hat, und im zweiten Teil nur in geringem Umfang. Denn er hatte anfangs ja auch keinerlei nennenswerte Einkünfte, wie jedermann in der Nachbarschaft annehmen musste.

Durch geschicktes Verhandeln beim Einkaufen kam Paul günstig in den Besitz einiger sehr wertvoller Objekte, die er in jahrelanger Eigenleistung tiptop restaurierte und zeitlebens nicht verkaufte. Dazu zählten ein Highwheeler namens Orient Express von 1898, ein Peugeot von 1904, ein Bugatti Typ 35 von 1924, ein Alfa Romeo 6C1750 von 1931 und diverse antike Motorräder. Regelmäßig besuchte Paul die großen Auto-Flohmärkte und trennte sich dort von allem, was er wieder loswerden wollte; sein Stand war jedes Mal eine Augenweide.

Sehr bedacht war Paul immer auf die Einhaltung von Vorschriften, durch die er andernfalls behördenauffällig geworden wäre. Was zu vermeiden ihm ein hohes Anliegen war. »We mustn't brake the law!« sagte er häufig, wenn es um die Gefahr ging, den Kofferraum eines Autos zu überladen oder wenn man zu schnell die Tunbridge Wells Road unter die Räder nahm: »Wenn sie dich einmal erwischt haben, kriegen sie dich sofort ein zweites Mal dran. Das kann ich mir in meinem Job nicht leisten...«

Der gelernte Schildermaler Paul Foulkes-Halbard, in dessen Cottagehaus ich so manche Nacht zubrachte (und die Schlafkammer mit einer penetrant nach Castrol R duftenden Harley-Davidson teilte), wenn Tags zuvor an Gretas Küchentisch wieder einmal ein Deal abgeschlossen worden war, überraschte seine Mitwelt eines Tages mit der Nachricht, er werde in der Nähe von Eastbourne ein Museum einrichten. Auf dem Gelände der Farm Filching Manor, deren Gebäude aus dem 16. Jahrhundert stammten, das Fundament des Haupthauses sogar aus dem 14. Jahrhundert.

Die Firma Langton and King, der ich meinen Lagonda zu verdanken hatte, entwickelte sich zu einem der aktivsten Oldtimerhändler in England, spezialisiert auf Restaurierungsobjekte. King trat im April 1964 in den Hintergrund, Langton firmierte anschließend unter anderer Adresse mit Partner John Peachey.

WHETHER YOU WISH TO BUY, SELL OR JUST LOOK AROUND
YOU ARE ALWAYS WELCOME AT LANGTON AND KING'S

RILEY IMP, 1934. There are very few Imps left in this condition, which is superb. Engine just rebuilt by Mangoltzi £450

BENTLEY 3-litre, 1924. In very good order. B.R.G. and black, completely original and unmodified ... £500

1926 HUMBER, 8 h.p. 4-seat tourer. This lovely little car is in beautiful condition and is drivable anywhere. Brakes just relined £155
ALFA ROMEO, 1930. 1,750 c.c. supercharged ex-Campari T.T. car engine reconditioned, repainted Monza red. Price to include many spares, racing wheels and tyres, etc. £875
LAGONDA 3-litre Tickford saloon. Full Vantage engine. This car is the property of one of our Directors and has been maintained as such. 1954 £400
LAGO, 1948. Paris Motor Show model, now fitted with an XK120 unit giving truly exciting motoring £375
1928 HUMBER 9 h.p. 2-seater. A perfectly sound, cheap vintage motor car ... ... £52 10.
XK140 JAGUAR in very good order. Radio, heater, etc. £225

1932 INVICTA, 10C m.p.h. Low chassis 4½-litre which is in beautiful order and very desirable, a connoisseur's car £1,100
ALVIS Speed 20 Mayfair limousine. This car has been used for four months since 1939. Mechanically excellent, interior unmarked £135
BENTLEY 6½-litre Gurney Nutting saloon. Mint condition and until recently with titled family from new. Magnificent vehicle £575
B.M.W./FN 328, 1937, ex-Tobruk team car, triple S.U.s, Lucas magneto, magnesium wheels, new tyres, tonneau, etc. Exceptionally fast ... £395
ROLLS-ROYCE Silver Wraith, 1949. Hooper touring limousine, an excellent Rolls. Black £675
MODEL-T FORD, 1919 tourer. Very good order and great fun to drive £450

H.P. FACILITIES AVAILABLE
WANTED: ANY GOOD VINTAGE CARS
PART EXCHANGE

IF YOUR HEAD WON'T FOLD, YOUR REAR END IS DROOPING, OR YOUR BODY IS TIRED OR PERHAPS YOU HAVE NO BODY AT ALL?) CONTACT LES. PEACHEY WHO WILL BE PLEASED TO ASSIST

LANGTON AND KING

Langton, King and Peachey

CHIchester 86106 - WALNUT TREE STABLES, RUNCTON, CHICHESTER (Just off Chichester By-Pass)

Hours of business: MONDAY TO SATURDAY — 9 a.m. to 6 p.m. SUNDAYS FOR VIEWING — OR ANY TIME BY APPOINTMENT

WHETHER YOU WISH TO BUY, SELL, OR JUST LOOK AROUND,
YOU ARE ALWAYS WELCOME AT LANGTON & PEACHEYS

S.S.100, 1936, 2½-litre 2-seater, black. Engine rebuilt, brakes relined £575

BENTLEY 4½-litre V.D.P. tourer, mechanically excellent. Very fast £560
BENTLEY 3-litre, 1924, 4-seat tourer, one of the most original Bentleys available £500
BENTLEY 3-litre, 1926, 2/4-seater, very good order and quite fast ... £425
BENTLEY 3½-litre Barker d.h.c., mechanically superb, new hood ... £285

SUNBEAM, 1925, 4-seat tourer, 25 h.p., excellent condition, engine overhauled £265
ARROL-JOHNSON, 1923, tourer, a fine example of this very rare car £300
HEALEY Silverstone, E-type, ex-Ken Rudd. Extremely fast ... £350
ALVIS SP. 25, 1938, 4-seat sports, by Cross & Ellis £235
ALVIS SP. 20, 1934, 4-seat sports by Cross & Ellis £175
ALVIS 12/50, 1928, 2-seater and dickey £125
ALFA ROMEO, 1925, 22/90 RL, mechanically very good, non-original 4-seater sports body £185
ALFA ROMEO 1750, t.o.h.c., Carlton d.h.c., good order, engine rebuild £240
AUBURN, 1936, cabriolet, 6-cyl., also blown 8-cyl. car for spares or rebuild ... ... **The Lot** £250
LANCIA Lambda, 7th Series, engine just rebuilt, ex-Lance Macklin. Very fast £225
DAIMLER, 1914, V.C.C. dated, landaulette, superb condition ... £825
D.F.P., c.1914 (believed to be 12/40 as tuned by W. O. Bentley), complete except body. Ideal restoration £175
LAGONDA, 1934, M45, d.h.c.s, choice of two .... £100 and £145
LAGONDA, 1940, LG6, sports saloon. Clean reliable car £100
LAGONDA, 1954, DB saloon by Tickford, Vantage engine ... £400
INVICTA 4½-litre, S-type, low chassis. Superb motor car ... £1,100
INVICTA 4½-litre, 1929, ex-racing car, needs work £225
BEARDMORE, 1921, s.o.h.c. sports, extremely rare car £300

We have a genuine 1926 Brooklands Outer-circuit car, of which we will supply details to serious enquirers.

We have just started the complete restoration of a supercharged 4½-litre Bentley. Details upon request.

LANGTON & PEACHEY

FORMERLY LANGTON & KING

CROCKER HILL GARAGE, BOXGROVE, Near CHICHESTER (on A27) Tel.: HALNAKER 289

HOURS OF BUSINESS: SEVEN 'TILL SEVEN, SEVEN DAYS A WEEK

Paul Foulkes-Halbard am Lenkrad der »Nanette«, ein Rennwagen, der 1925 von Godfrey Parry-Thomas gebaut und gefahren worden war.

Als ehemaliger Radrennfahrer verstand Paul, auch mit einem »Penny-Farthing« umzugehen...

Oben: Auf sonntäglichen Auto Jumbles pflegte Paul durch den An- und Verkauf von Antiquitäten recht ordentliche Umsätze zu tätigen.

Oben links: Vertrauen ist gut, Kontrolle ist besser! Oben: Der Designer Michael Conrad am Lenkrad seines Autonova GT mit Bewunderinnen. Links: Fußballstar Peter Radenkovic mit jugendlichem Fan. Links daneben: Sympathisant in Perpignan.

Pauls Business hatte Dimensionen angenommen, mit denen es sich am Fiskus nicht mehr vorbeimanövrieren ließ. »Ich kaufe komplette Sammlungen und Nachlässe« inserierte er in den Fachblättern. Also kein Wunder, wenn das Schmuggler-Cottage für eine solche Geschäftsausweitung zu klein geworden war. Das Telefon mit der Nummer 4223 stand zuletzt kaum mehr still, und ich habe es noch im Ohr, wenn er sich mit »Craubuhrau foh-tu-tu-ßrie« meldete – niemals mit seinem Namen.

Wenn es um die Erhaltung eines Objekts mit historisch wertvoller Substanz geht, gibt es in Britannien Fördermittel zur Denkmalpflege sowie Steuervorteile mit Langzeiteffekt. Dadurch sah sich Paul imstande, in Polegate ein wunderschönes Anwesen zu erwerben, aus dem er ein Museum machte. Im Oktober 2003 verstarb Paul in seinem historischen Gemäuer hinter farbigen Butzenscheiben und angesichts seiner schönen Kollektion mittelalterlicher Hellebarden, die er ebenso sehr liebte wie seine mobilen Klassiker. Alte Langwaffen waren schon immer Pauls Leidenschaft, ließ doch der zweite Teil seines Familiennamens darauf schließen, dass ein Vorfahr Hellebardenschmied gewesen war...

Opel Blitz 1,0 t
Leichenwagen 1938

Die letzte Reise führte zum falschen Friedhof

Mit meinem Chef hatte ich mich darauf verständigt, dass die Garage des ehemaligen Unterhachinger Rathauses, Stätte unserer nach Bayern verlegten Werbeagentur, zu meiner Verfügung stand. Dort durfte ich meinen 1933er Audi deponieren, mit dessen Restaurierung ich begann. Man hatte mir aber zur Auflage gemacht, den Inhalt der Garage zu übernehmen, und der bestand aus dem stillgelegten Leichenwagen der Gemeinde. Bei dessen Übernahme sollte ich dem örtlichen Sportverein 50 Mark spenden. Für einen fahrbereiten Opel Blitz Eintonner aus Erstbesitz, Baujahr 1938, mit nicht mehr als 18.000 Kilometer auf den Rädern war das ein durchaus angemessener Betrag.

Den Bau von Lastwagen hatte man in Rüsselsheim während des Ersten Weltkrieges aufgenommen, auch während der 1920er Jahre gehörten sie zum Opel-Fertigungsprogramm. Doch erst unter der 1929 begonnenen General-Motors-Regie erfuhr der Nutzfahrzeugbau bei Opel größere Bedeutung. Nachdem sie 1931 das Modell Blitz vorgestellt hatte, entwickelte sich die Firma zu einem erfolgreichen Lkw-Produzenten. Mit dem bewährten 2,0-Liter-Sechszylinder des Pkw-Typs Opel 6 waren die 1,0- und 1,5-Tonner flott und auch wirtschaftlich motorisiert. In Brandenburg an der Havel entstand eigens für den Blitz, der auch als Omnibus karossiert wurde, ein neues Werk. Eine große Zahl von Aufbauherstellern fertigte

Eine zweifarbig blaue Lackierung stand dem Blitz sehr viel besser als Schwarz!

Rechts: Helfershelfer Jürgen »Youssuf« Knauss aus Kochel am See. 1971 war er mein Trauzeuge, und 1989 wurde er Chef der Werbeagentur Heye.

Start des Opel Blitz zu seiner letzten Reise in Begleitung des Schraderschen Lagonda. Die Gentlemen sind Jürgen Knauss, nachmals Chef der Werbeagentur Heye, und Manfred Sattich.

nach Kundenwunsch Spezialversionen – zum Beispiel Feuerwehrfahrzeuge – aller Art an. 1936 folgte der Blitz S als geländegängiger Dreitonner. Bis zur Zerstörung des Brandenburgischen Werks baute Opel davon 130.000 Stück. 1942 verfügte die Regierung, dass Daimler-Benz im Werk Mannheim die Herstellung des eigenen Dreitonners einzustellen habe und stattdessen ebenfalls den Opel Blitz vom Band laufen lassen sollte. In Gang kam die Produktion des Blitz in Mannheim jedoch nicht vor August 1944. Da die Fertigungseinrichtungen dort intakt geblieben waren, ließ sich der Bau des Opel in Mannheim schon im Juni 1945 fortsetzen. Mit der Adam Opel AG, die ihre eigenen Montagebänder für den Dreitonner durch Kriegseinwirkung und nach der Demontage der Fabrikreste in Brandenburg durch sowjetische Besatzer verloren hatte, kam Daimler-Benz überein, den »Opel mit Stern« weiterzubauen, woran vor allem die Rüsselsheimer Interesse hatten, weil sie die Hälfte der Produktion vertrieben und den Service übernehmen konnten.

Bereits ein knappes Jahr nach Wiederanlauf der Produktion entstand in Mannheim ein erster neuer Mercedes-Prototyp mit Dieselmotor, was für die künftige Geschäftsentwicklung von Bedeutung war. Zur Jahresmitte 1949, nach 10.000 ausgelieferten Lastwagen, erfolgte die nahtlose Umstellung des Opel-Blitz-Nachbaus, bei Mercedes als Typ L 701 bezeichnet, auf den neuen L 3250.

Mitte Juni 1946 konnte man in Rüsselsheim die eigene Lkw-Produktion wieder aufnehmen. Sie begann mit einem neuen 1,5-Tonner, dessen Sechszylindermotor der des Opel Kapitän war. Im Unterschied zum Dreitonner war der Anderthalbtonner schon vor dem Krieg nicht in Brandenburg, sondern in Rüsselsheim gebaut worden. Als bei Daimler-Benz Mitte 1949 die Produktion eines Lastwagens eigener Konstruktion anlief, übernahm Opel sämtliche unverkauften Wagen sowie den Restbestand an Einzelteilen.

Im Januar 1975 verließen die letzten Vertreter der großen Blitz-Tradition die Bänder in Rüsselsheim. Zwar gab es im Opel-Programm noch bis 1987 einen aus dem britischen GM-Werk Vauxhall importierten Bedford-Blitz, aber auf dem Nutzfahrzeugmarkt spielte er keine wesentliche Rolle mehr. Die 2,0- bzw. 2,3-Liter-Motoren kamen teils von

Die Zuteilung eines derart unförmigen Nummernschildes konnte ich bei der Wiederzulassung verhindern...

Unten: 1936er Opel Blitz als Verkaufswagen für Lebensmittel.

der britischen Konzernschwester Vauxhall, teils von Opel. So viel zum Thema Opel Blitz. Mein tadellos erhaltener Leichenwagen reizte mich, daraus ein Wohn- oder Schlafmobil zu machen. Indes, ein professioneller Um- und Ausbau hätte viel Geld gekostet. Eine farbliche Auffrischung in Hell- und Dunkelblau und ein Teppichboden auf der Liegefläche sollten deshalb reichen.

Als mein Audi-Oldie von Düsseldorf mit der Spedition nach Unterhaching kam, musste der Opel mit ein paar Quadratmetern auf dem Hof vorlieb nehmen, bevor ich ihn fit zu machen begann. Das geschah gemeinsam mit meinen Kollegen Heiner Emde und Jürgen Knauss, und wir brachten den inzwischen in Handarbeit umlackierten Wagen ohne Schwierigkeiten auch durch die überfällige TÜV-Abnahme, wobei Sepp Schustereders freundliche Fürsprache einen positiven Einfluss gehabt haben dürfte. »Unser Schuster« kannte kein Geht-nicht, seine bajuwarische Power war beeindruckend.

Im Sommer 1966 planten Jürgen Knauss, sein Freund Manfred Sattich sowie Antje und ich mit dem Blitz eine ausgedehnte Reise zu unternehmen, doch die endete schon kurz vor Würzburg. Das Differenzial hatte auf der Autobahn ein paar Zähne abgeworfen, und durch das lädierte Gehäuse war das Öl ausgelaufen. Wir kamen nicht einmal mehr bis zum nächstgelegenen Schrottplatz. Das Abschleppen dorthin kostete genauso viel wie man uns für den Opel noch bot: 50 Mark. Aus der Traum. Requiescat in pace. Die Urlaubsfahrt fand – mit Verzögerung – dennoch statt – in meinem Lagonda.

Austin A110 Westminster 1961

la bellissima duchessa inglese

Meine Risikobereitschaft, sich mit Autos zu beschäftigen, die nach dem Verständnis vernünftiger Mitmenschen entweder auf den Abbruch oder bestenfalls in ein Museum gehörten, kannte kein Limit.

Das führte dazu, dass mir Freunde immer wieder mal Tipps gaben, mit denen sie mir einen vermeintlichen Gefallen taten, so wie Albert Leonhard eines Tages mich davon informierte, dass zwei linksgelenkte Austin Westminster, Baujahr 1961, recht preiswert zu haben seien, das Stück zu nur 800 Mark (plus geschätzte 200 für TÜV und Zulassung). Sie stünden auf dem Areal der VW-Vertretung Hanauer in Laim, ganz hinten an der Mauer.

Die beiden Limousinen mit Dreiliter-Sechszylindermotor, königsblau mit dunkelrotem Ledergestühl, reichlich Holzfurnieren à la Rolls-Royce, Scheibenbremsen und Sicherheitsgurten waren chauffeurgepflegte Geschäftswagen der Karl Goller Brauerei gewesen, gerade erst sieben Jahre alt, aber buchmäßig abgeschrieben und out of date. Ein Exemplar erwarb ich vom Fleck weg, das andere wurde verschrottet... für solche Secondhand-Limousinen ohne Stern auf dem Kühler gab

Austin Westminster, 1961.

es keinen Markt. Es sprach für das Verhandlungsgeschick eines cleveren Verkäufers, der es 1961 geschafft hatte, den Gollers zwei britische Exoten anzudienen. Welche Gründe mögen gegen einen BMW V8 oder einen Mercedes-Benz 300 gesprochen haben?

Natürlich benötigte auch ich solch ein Auto nicht, zumal mir Firmenfahrzeuge zur Verfügung standen, für die ich allenfalls das Benzin selbst zu bezahlen hatte, und das auch nur für private Exkursionen.

Was hatte mein Boss damals gesagt? »So seien Sie doch vernünftig, Schrader...« Ay ay Sir … aber den vermutlich letzten und einzigen Austin Westminster in Deutschland zu erwerben, das konnte ich mir unvernünftigerweise nicht entgehen lassen.

Die meisten Exemplare der Modellreihe A110 waren zweifarbig, die beiden Linkslenker aber wiesen eine Unilackierung auf. Eine Ähnlichkeit des Stylings mit dem des Peugeot 404 oder einem Lancia war kein Zufall, denn Austin zählte ebenfalls zu Pininfarinas Kunden. Um den schweren Wagen auch bei Schnee und Eis sicher zu beherrschen, meldete ich mich bei einem ADAC-Winterkursus an. Enttäuschend war, dass mein britischer Viertürer auf der vereisten Schulungs-Piste nicht zum Schleudern zu bringen war, auch die berühmte 180-Grad-Kehrtwende durch spontanes Anziehen der Handbremse (links neben dem Fahrersitz) bei hartem Lenkeinschlag machte mein mit neuen Winterreifen bestückter Austin nicht mit. Die rollende Festung war nicht aus der Spur zu bringen, und der Herr Instruktor war ob dieser automobilen Sturheit ein wenig irritiert.

Damals stand der traditionsreiche Markenname Austin noch für solide britische Werkmannsarbeit, »engineering at its best«. Das von Pininfarina elegant gestylte Auto mit dem leider sehr durstigen Drei-Vergaser-Motor des schicken Austin-Healey 3000 erwies sich als ein bequemer und zuverlässiger Reisewagen, ein moderner und »autobahnfester« Langstreckenläufer, den ich dennoch nur ein knappes Jahr lang behielt, denn schon erlag ich der Verlockung eines anderen attraktiven Exoten – das war ein Lancia Flaminia GT Coupé. Von diesem Wagen zu berichten sehe ich ab, weil meine Erinnerungen an ihn nicht lustig sind.

Den von Pininfarina gestalteten Austin A110 Westminster hätte man für einen Lancia halten können...

MG M-type Midget
1930

Vielleicht doch eine Nummer zu klein?

Zu jenen Autos, die mir 1966 durch den detektivischen Spürsinn meines zeitweilig im Londoner Exil lebenden Freundes Albert Leonhard zugeführt wurden, zählte ein 1930er MG M-type.

Der in England als Midget (Winzling) bezeichnete Zweisitzer gehört in die Klein-aber-oho-Kategorie der Austin Seven, Rosengart, Bantam, Aero und Wartburg-BMW 3/15 PS. Der schwarz-rote Powerzwerg besaß einen drehfreudigen 847-ccm-ohc-Vierzylinder, war hübsch anzusehen – und musste es sich oft genug gefallen lassen, von Spöttern als »the poor man's racing car« bezeichnet zu werden.

Mein Freund Albert Leonhard arbeitete zu jener Zeit bei Volkswagen UK und berichtete mir in kurzen Abständen über interessante Vintage-Autos, die er in und um London aufgestöbert hatte. Den schnuckeligen MG dürfe ich mir keinesfalls entgehen lassen, signalisierte er, und ich vertraute seiner Empfehlung durchaus.

Nachdem ich auf Alberts Vorschlag nach London gekommen war, übernahm ich in der Dover Street den mir reservierten Midget mit dem Kennzeichen WO 5735 und machte mich umgehend wieder auf die Rückreise gen Germany. 180 Pfund Sterling schienen gut angelegt zu sein.

Zugegeben: Die Sitze erwiesen sich als verflixt unbequem, die Pedale saßen zu eng beieinander, das Verdeck behinderte die Sicht. Ich faltete es nach einer halben Stunde wieder zusammen – einen MG sollte man ja sowieso offen fahren...

Doch die ohc-Maschine meiner Neuerwerbung schnurrte, solange ich mich nicht schneller als mit dreißig Meilen auf dem Motorway A23 bewegte,

»The poor man's racing car«

Das Zwergenauto verfügte über mehr Platz für Gepäck als für einen (erwachsenen) Beifahrer.

wie eine zufriedene Katze; der mäßig dahin fließende Linksverkehr tolerierte das winzige Gefährt und ließ ihm englisch-faire Chancen, auch mal einen Lastwagen zu überholen, der noch langsamer als der Midget dahin schlich. Kritisch wurde es erst auf dem Kontinent, an der langen Steilstrecke vor Lüttich. Was hatte ich mir da bloß vorgenommen... Mit Tempi zwischen 50 und 80 km/h

MG M-type: Klein aber fein!
In der Klasse bis 850 ccm ein Favorit.

als Verkehrshindernis auf der Autobahn, bei verkrampfter Sitzhaltung, ständiger Sorge, der Benzinvorrat ginge zu Ende vor Erreichen der nächsten Tankstelle (sieben Mal habe ich tanken müssen), keiner Unterhaltung, Bärenhunger... Neunzehn Stunden war ich unterwegs, und ich wundere mich noch heute, dass ich diesen Marathon ohne Ablösung durchhielt. Den letzten der 1255 Kilometer vollendete ich morgens um fünf – und stellte mich zuhause erst einmal unter die Dusche, bevor ich mir ein paar Spiegeleier auf Speck in die Pfanne schlug.

Die strapaziöse Reise von London nach München hatte den Motor des MG schließlich doch überfordert. Am Ziel hauchte er seinen Geist aus und fiel ins Koma. Bei der Firma Wickenhäuser erhielt der Midget neue Kolbenringe, neue Kurbelwellenlager, eine neue Kopfdichtung, neue Zündkontakte – alle benötigten Teile trieb Albert preisgünstig auf. So hatte ich Wickenhäuser lediglich die Arbeit zu bezahlen, und für die wies die Rechnung einen Betrag in noch vertretbarer, wenn auch in vierstelliger Höhe auf.

Freilich wäre es müheloser gewesen, den Wagen auf einem Trailer zu transportieren. Von dieser Möglichkeit habe ich auch beim Transfer zumindest fahrfähiger anderer Autos nur selten Gebrauch gemacht, denn gerade solche Abenteuertouren unter Einbeziehung aller möglichen Art von Pannen ergaben ja den Stoff für meine nächste Story in »Iwen«.

Den MG meldete ich nie an, fuhr ihn erst eine Weile mit Originalkennzeichen (was freilich illegal war), dann mit roten Händler-Nummernschildern, die mir ein freundlicher Werkstattbesitzer namens Heinz Wolf überließ, wann immer es sich ermöglichen ließ, etwa an einem Wochenende.

Keine Frage, dass der MG über kurz oder lang einen neuen Besitzer finden musste, allein schon, weil meine Beine nicht kurz genug waren für den

Es erwies sich als schwierig, jemand für den Midget zu begeistern...

...obwohl er ein so attraktives Sportwägelchen war...

...dessen Brüder daheim in England hohe Wertschätzung genossen.

Einer der drei MG M-type Midgets, die 1930 am Double-12 Hours Race in Brooklands teilnahmen. MG mit den sich abwechselnden Werksfahrern Roberts/Pollard, Worsley/Foster und Jackson/Townend gewann den Teampreis – kein anderes Marken-Trio hatte es geschafft, in geschlossener Formation und ohne Ausfälle das 24-Stunden-Rennen durchzustehen.

knapp bemessenen Fußraum – die nächste Akquisition harrte ja schon wieder meiner Zuwendung. Ich gab in der Schweizer »Automobil Revue« eine Anzeige auf, die mir die Zuschrift eines Versicherungsagenten aus Affoltern am Albis einbrachte. Mit ihm wurde ich schnell handelseinig; wir schlossen einen bargeldlosen Deal ab. Werner Frei stellte mir eine hoch dotierte Lebensversicherung aus, für die er drei Jahresprämien zu bezahlen versprach (und ich dann für die nachfolgenden aufzukommen hatte), dafür expedierte ich ihm den rot-schwarzen Roadster frei Haus. Auf der Pritsche eines Kleintransporters... Ein etwas schlechtes Gewissen hatte ich nur in Anbetracht der neuen Heimat des Flachland-Oldies, denn wenn es in Europa besonders bergig zuging, dann ja wohl in der Schweiz. Doch ich hörte keine diesbezüglichen Klagen. Vielleicht ist das Auto ja in einem Museum gelandet und musste nicht auf Bergtouren Beweise seiner Kraftentfaltung liefern.

Ich füge hier ein kleines MG-Intermezzo an, das mir in Erinnerung geblieben ist. Da gab es jenen Studenten, der 1975 in meinem Redaktionsbüro als Praktikant angeheuert hatte und dort, wie wäre es auch anders möglich gewesen, sich mit dem Oldtimer-Bazillus infizierte. Nach Beendigung seines Praktikums ließ er sich vernehmen, er würde nach England in die Ferien fahren und sich dort ein Auto suchen, das für weniger als 100 Mark zu haben sei. Meiner Erfahrung nach lagen die Zeiten schon zehn Jahre zurück, in denen man für solches Geld einen fahrtüchtigen Wagen bekam. Allenfalls ein immobiles Wrack. Ich zweifelte am Erfolg der Mission.

Zu meiner Überraschung kehrte der junge Optimist, dessen Namen ich vergessen habe, vier Wochen später tatsächlich mit einem interessanten Sammlerwagen heim, der sich immerhin bis zu unserer Tiefgaragenzufahrt aus eigener Kraft bewegte. Es war ein MGA Coupè von 1955 in einem Zustand, den zu beschreiben mein Wortschatz nicht ausreicht.

Gleichwohl wollte er den lebenden Leichnam so schnell wie möglich wieder loswerden. Ich vermochte ihm sogar einen Käufer zu vermitteln, der sich allerdings mehr als ein halbes Jahr Zeit ließ, ehe er die Trouvaille abholte. Als endlich der Tag gekommen war, an welchem der Tiefgaragenplatz wieder frei werden sollte, sprang der Motor nicht an. Ich an dessen Stelle hätte es auch nicht getan, mit leerer Batterie und leerem Tank. Die Beseitigung der Ölpfütze unter dem Fahrzeug kostete das Doppelte von dem, was mein Freund für das Auto bezahlt hatte. Doch sollte nicht mit Steinen werfen, wer im Glashaus sitzt: Sich scheinbar hoffnungsloser Fälle anzunehmen, gehörte ja zu meinen Gepflogenheiten, und durch Schaden klug geworden bin ich nie.

Tatra 87 V8 Limousine 1939

Von der Gendarmerie eiskalt erwischt

Zwei Wochen lang beherbergte die mir zur Verfügung stehende Garage im ehemaligen Unterhachinger Rathaus weder meinen Lagonda noch den Opel Blitz oder den Audi Front.

Das war im November 1964, nachdem Max Johann Baptist Rauck, Kurator im Deutschen Museum, an mich die Frage gerichtet hatte, ob ich einen ausreichend dimensionierten Unterstellplatz für einen Tatra wüsste.

Das Auto gehörte einst Fritz Ostwald, einem Ingenieur, der das Auto vor einigen Jahren an Felix Wankel verkauft hatte, und dieser hatte den Wagen anschließend Hans Ledwinka geschenkt. Da er knapp bei Kasse war, wollte Ledwinka den Tatra dem Deutschen Museum verkaufen, doch Rauck verfügte über keinen Etat, aus welchem er seinen Freund Ledwinka eintausend Mark (oder auch etwas mehr) hätte bezahlen können.

Mit seinem Sinn für wirkungsvolle Symbolik schaltete Rauck den berühmten Felix Wankel ein. Dem Vorbesitzer des Tatra fiel es leicht, Ledwinka einen angemessenen Betrag für seinen Oldtimer zu zahlen, um ihn umgehend für eine symbolische D-Mark an das Museum weiterzugeben.

Sowohl Ostwald als auch Wankel wurden respektvoll als Mäzene genannt, als das Fahrzeug den oder die Besitzer wechselte – und dieser

»Mein« Tatra 87, wie er heute als Exponat im Deutschen Museum, München, steht.

Bei sommerlichem Tageslicht macht sich der Tatra besser als in winterlichem Schneegestöber!

Kreislaufvorgang vollzog sich feierlich mit Handschlag, einer Lage Sekt und einem Blumenstrauß für Herrn Wankel in der Unterhachinger Rathausgarage, weil das Deutsche Museum angeblich über keinen Platz in seinem Depot verfügte, an welchem der Tatra kurzzeitig hätte untergestellt werden können. Ich sage deshalb angeblich, weil ich glaube, dass Rauck als Exponent einer öffentlich-rechtlichen Institution sich nur einige verwaltungstechnische Umständlichkeiten vom Halse halten wollte.

Noch drei weitere Besucher hatten sich an jenem kühlen Novembertag in Unterhaching eingefunden: Hans Ledwinka als letzter Besitzer des Autos, vor dem Kriege Technischer Leiter der Tatra-Werke, der 1945 als Kollaborateur der Nazis beschuldigt und für sieben Jahre ins Gefängnis geschickt worden war (1951 hatte man ihn aus der Haft entlassen, woraufhin er die Tschechoslowakei verließ und sich erst nach Wien absetzte, danach in München ansässig wurde) sowie sein Sohn Erich, und zum anderen Graf Hans Serenyi-Ringhoffer als Vertreter einer Familie, die einst zu den Mitbesitzern der Firma Tatra in Prag gehörte. Sein Onkel Franz Ringhoffer zählte vor 1945 zu den Großindustriellen in der Tschechoslowakei, war Präsident des Aufsichtsrats der Ringhoffer-Tatra Werke AG und der Mährisch-Schlesischen Fahrzeugwerke AG gewesen. Jetzt lebten die enteigneten Ringhoffers im österreichischen Exil und kümmerten sich von Wien aus um west-östliche Kontaktpflege, vor allem in Bezug auf das Tatra-Lastwagengeschäft, das auch in den EFTA-Ländern florierte.

Rauck suchte nun eine kostengünstige Gelegenheit für die anschließende Überführung des Wagens nach Wien. Ein Transport per Lkw wäre natürlich am vernünftigsten gewesen. Den hätte Rauck auch sicher – und gratis – irgendwoher gestiftet bekommen. Doch angesichts der illustren Gesellschaft, in der ich mich an jenem Garagenmeeting befand, fühlte ich mich bemüßigt, eine Mäzenatenrolle zu übernehmen: Ich erklärte mich so großspurig wie leichtsinnig bereit, den Tatra selbst nach Wien zu chauffieren. Und übernahm auch die Rechnung für die sieben Suppen zu einer Mark neunzig.

Wer hat je mit einem Ledwinka senior und junior, Wankel, Ostwald, Rauck und Serenyi-Ringhoffer zünftig in einem bayrischen Dorfgasthof diniert? Dass beim Erzählen der 86-jährige Hans Ledwinka eine Träne im Auge hatte, konnte am heiß aufsteigenden Suppendampf liegen. Ihn und Ostwald chauffierte Erich Ledwinka in einem Tatra 603 heim (ebenfalls ein sehr bemerkenswertes Automobil mit Ledwinka-Genen, das später der vom Bugatti- zum Tatra-Glauben konvertierte Autoschriftsteller Wolfgang Schmarbeck übernahm), die anderen Herren traten die Rückfahrt in ihren Dienstwagen mit Stern an.

An einem Sonnabend in der zweiten Novemberhälfte 1964 begab ich mich mit randvollem Tank auf die Reise in Richtung Wien. Da Ostwald den Tatra auf eigener Achse von einem Frankfurter Vorort nach Unterhaching gebracht und somit bewiesen hatte, dass der Wagen noch immer langstreckentauglich war, kamen mir keine Bedenken hinsichtlich irgendwelcher Risiken. Der Dreiliter-Heckmotor sprang auf Knopfdruck an, hatte einen sonoren Klang, das Getriebe ließ sich gut schalten, die Reifen hielten Luft: Die vor mir liegenden 450 Kilometer würden sich in fünf, maximal sechs Stunden gut schaffen lassen. Ein Paar rote Überführungskennzeichen hatte mir Rauck besorgt, er hatte mir auch eine Vollmacht ausgestellt und Ringhoffers in Wien über den voraussichtlichen Zeitpunkt meines Eintreffens schriftlich informiert. Eine Kopie des Schreibens trug ich bei mir.

Es begann zu schneien: Der Winter wollte sich ankündigen. An der Grenze zu Österreich fürchtete ich, man würde über die roten Kennzeichen zu diskutieren beginnen, mit denen man nur im Inland fahren durfte; mein Überführungsauftrag vom Deutschen Museum zu Ringhoffer-Tatra nach Wien wirkte aber wie ein Diplomatenpass. Anstandslos ließ man mich passieren. Der Tatra schien den Uniformträgern beider Seiten Respekt abzunötigen.

Bald schneite es heftiger – fast so schön wie in einem Weihnachtsmärchen. Dem tapfer dahinbrummenden Auto machte das nichts aus, wohl aber seinem Fahrer. Die Scheibenwischer bewegten sich nämlich nur im Schneckentempo und bestrichen auf der Scheibe lediglich einen Winkel von etwa fünfzehn Grad. Schnee setzte sich vor die drei Scheinwerfer am Fahrzeugbug. Ich öffnete das linke Türfenster, um den Wagen mit heraus gestrecktem, pudelbemütztem Kopf einigermaßen sicher dirigieren zu können, wobei erschwerend hinzukam, dass die Autobahn zwischen Salzburg und Wien damals noch nicht ganz fertiggestellt war, sondern einem Fleckerlteppich glich mit langen Baustellen- und Landstraßenabschnitten.

Es herrschte wenig Lastwagenverkehr. Kilometer um Kilometer tastete ich mich voran, wobei die verschneite Fahrbahn vor mir wie ein weißes Leuchtband erkennen ließ, wohin ich zu lenken hatte. Bis mich, etwa fünfzig Kilometer vor Wien, eine Gendarmeriestreife im Volkswagen überholte und zum Stoppen aufforderte.

Kopfschüttelnd betrachteten die Beamten meinen Wagen und bescheinigten ihm, wie nicht anders zu erwarten, weitgehende Verkehrsuntauglichkeit. Eine Prüfung ergab, dass die Klappwinker nicht funktionierten und dass die gesamte Lichtanlage ihren Geist aufgegeben hatte. Was ich für eine Beeinträchtigung der Schweinwerfer-Leuchtkraft durch eine Schneeschicht auf den Gläsern gehalten hatte, war in Wirklichkeit Stromausfall. Die sich abquälenden (so genannten) Scheibenwischer mussten wohl zusammen mit der Benzinpumpe den vorletzten Saft aus der Batterie geholt haben. Das ließ auf einen dicken Kurzschluss schließen, und weil dadurch auch keins der ohnedies winzigen Rücklichterchen brannte, waren die Autobahngendarmen auf den dahin schleichenden »Schwarzfahrer« aufmerksam geworden.

Was sich nun zutrug in österreichischer Winternacht, ist der Stoff, aus dem moderne Märchen sind – Märchen, von denen man heute kaum zu träumen wagt.

Wir setzten uns als Konvoi in Bewegung (den Motor des Tatra hatte ich laufen lassen, sonst hätte ich ihn ankurbeln müssen, sofern mir das gelungen wäre), und im Rückspiegel konnte ich erkennen, dass der Staats-Käfer mir dicht und blaulichtflackernd auf den Fersen war – fast eine Stunde lang, bis ich mit leer gefahrenem Tank das Auto am Ziel abstellte. Die Gendarmen, anscheinend schon ganz in Weihnachtsstimmung, funkten ein Taxi herbei, das mich zu einem Hotel brachte. Oh du fröhliche...!

Fiat 509A Spider
1926

Die Schwiegermutter sollte zu Hause bleiben...

Blättern wir den Kalender zurück zum Frühsommer 1967. Über den Zeitraum von zwei Generationen schon genießt Friedrich Dingfelders Werkstattbetrieb im Ost-Münchner Berg-am-Laim-Viertel den Ruf, einer der Besten zu sein, und allemal der Beste sowieso, wenn es sich um Arbeiten an Fahrzeugen der Marke Fiat dreht.

Dass Herr Dingfelder ein Perfektionist ist, dessen pedantische Gewissenhaftigkeit ihresgleichen sucht, lassen auch die detaillierten Spezifikationen seiner Rechnungen erkennen, die er sonntags selber schreibt, denn außer seinem Adlatus Arthur beschäftigt er kein Personal.

Das Inspizieren des Fiat Tipo 509A Baujahr 1926, den ich ihm auf den Hof gestellt habe, dauert einschließlich einer Proberunde vierzig Minuten, ohne dass der Chef ein Wort verliert, während ich unruhig daneben stehe – das Angenehmste erhoffend und das Schlimmste befürchtend.

Endlich lässt Meister Dingfelder seine leise Stimme vernehmen:

»Zuerst die gute Botschaft, Herr Schrader, und die ist wirklich gut. Selten habe ich einen Wagen gesehen, der mit vierzig Jahren auf dem Buckel noch derart weitgehend dem Originalzustand entspricht. Alles schön saubermachen – und ab ins Museum. Aber Sie möchten das Fahrzeug ja zum Straßenverkehr zulassen, und für diesen Fall muss ich Ihnen die schlechte Nachricht überbringen... Und diese lautet, dass der Tipo 509 arge Spuren des Verschleißes zeigt. Von einer Generalüberholung zu sprechen, wäre eine Verharmlosung.«

Dingfelders Vorschlag: »Vereinbaren Sie mit dem TÜV einen Prüftermin und kommen Sie mit der erstellten Mängelliste anschließend zu mir.«

Das Auto hatte ich im Auftrag einer Versicherungsgesellschaft ausfindig gemacht, die ein originelles Werbefahrzeug suchte. Die Herren von der Rechtsschutz Union stellten zwei Bedingungen: Der Oldtimer durfte nicht mehr als 5000 Mark kosten und musste vom TÜV abgenommen sein. Gewiss hätte sich ein altes Auto zu diesen Konditionen auch in Deutschland finden lassen. Doch wer mich mit einem solchen Job betraute, verband damit den Auftrag, sich erst einmal im Alt-Auto-Paradies England umzusehen.

Links: Der sogenannte Schwiegermuttersitz.

Rechts: Carlo auf der (vergeblichen) Suche nach der Chassisnummer...

Der Fiat 509 A vor Carlo Demands Haus in Großharting.

Bingo! Natürlich hatte Paul wieder genau das richtige Fahrzeug im Garten stehen. Der Fiat war ein so genannter Spider, also ein offener Zweisitzer mit einem aufklappbaren Notsitz im Heck, auch Schwiegermuttersitz genannt.

In den 1920er-Jahren war der 509 der meistverkaufte Fiat nicht nur in Italien, sondern auch auf den Exportmärkten England, Spanien und Schweden. Seine Wirtschaftlichkeit, die Verarbeitungsqualität und sein günstiger Anschaffungspreis wurden gerühmt. Mit der Vorstellung des 509 führte Fiat ein auf die Bedürfnisse eines Kunden maßgeschneidertes Teilzahlungssystem ein, das den Absatz kräftig belebte – und von französischen Konkurrenten abgeschaut war.

So bravourös mein von Paul übernommener Spider die Reise nach München bewältigte, so hindernisreich vollzog sich die TÜV-Abnahmeprozedur. Meine Bemühungen, ihn unter der Befolgung Dingfelders Strategieplan über die Paragraph-21-StVZO-Hürde zu bringen, um ihn zulassen zu können, scheiterten drei Mal. Zuerst zog die Bremse trotz Dingfelderscher Neujustierung ungleichmäßig auch erschien dem Prüfingenieur das Auspuffgeräusch viel zu laut, schließlich bemängelte man die Tachoanzeige, die in Meilen und nicht in Kilometern kalibriert war.

Die Mängelliste des TÜV wies weitere Punkte auf... und jedes Mal neue. Immer wieder durfte ich vermelden: Verkehrsunsicher, durchgefallen... Ich ließ zwar alle Defizite durch Friedrich Dingfelder ausräumen, aber ein paar blieben bei jeder Vorführung noch, oder es wurden neue definiert. Beanstandet wurde schließlich sogar der aufklappbare Schwiegermuttersitz im Heck: »Die Papiere weisen einen Wagen mit zwei Plätzen aus. Der dritte Sitz gehört ausgebaut.« Deshalb müsse die Schwiegermutter leider zu Hause bleiben oder den Bus nehmen, witzelte der Prüfer.

Ich war am Ende meines Lateins und unterbreitete der Rechtsschutz Union den Vorschlag, den Wagen mit 1000 Mark Nachlass zu übernehmen und sich um die TÜV-Prozedur selbst zu kümmern, am besten unter Hinzuziehung eines hauseigenen Ingenieurs mit »Beziehungen« zum TÜV. Doch darauf ließen sich meine Gesprächspartner nicht ein. Dann eben nicht, ließen sie mich wissen – man würde ja auch auf ein Werbeauto verzichten und sich etwas anderes einfallen lassen können.

Also versuchte ich, den 509A im Kleinanzeigenteil renommierter Fachblätter anzubieten und inserierte ihn zusätzlich in den USA. Dort würde man beinahe alles los, sagte mein Freund Carlo. Als auch diese Aktionen erfolglos blieben, trat ich die Flucht nach vorn an, ließ den Spider bei Dingfelder noch einmal gründlich checken, ersetzte den Meilen-Tachometer durch ein modernes km/h-Gerät – und hatte endlich Glück bei den Prüfern. Das Auto bekam seine Plakette. Und jetzt ließ sich die Rechtsschutz Union herbei, ihr Wort einzulösen und den Wagen für die vereinbarte Summe zu übernehmen. Längst aber hatte der Betrag von 5000 Mark meine Auslagen überstiegen.

Vor mir auf dem Schreibtisch liegt ein antiker Zündschlüssel mit geprägtem FIAT-Schriftzug. Ich hatte mir erlaubt, den Reserveschlüssel als Souvenir einzubehalten – wäre aber bereit, ihn dem gegenwärtigen Besitzer des Tipo 509A auszuhändigen, falls er sich bei mir meldet. Dass der Spider noch existiert, bezweifle ich keineswegs.

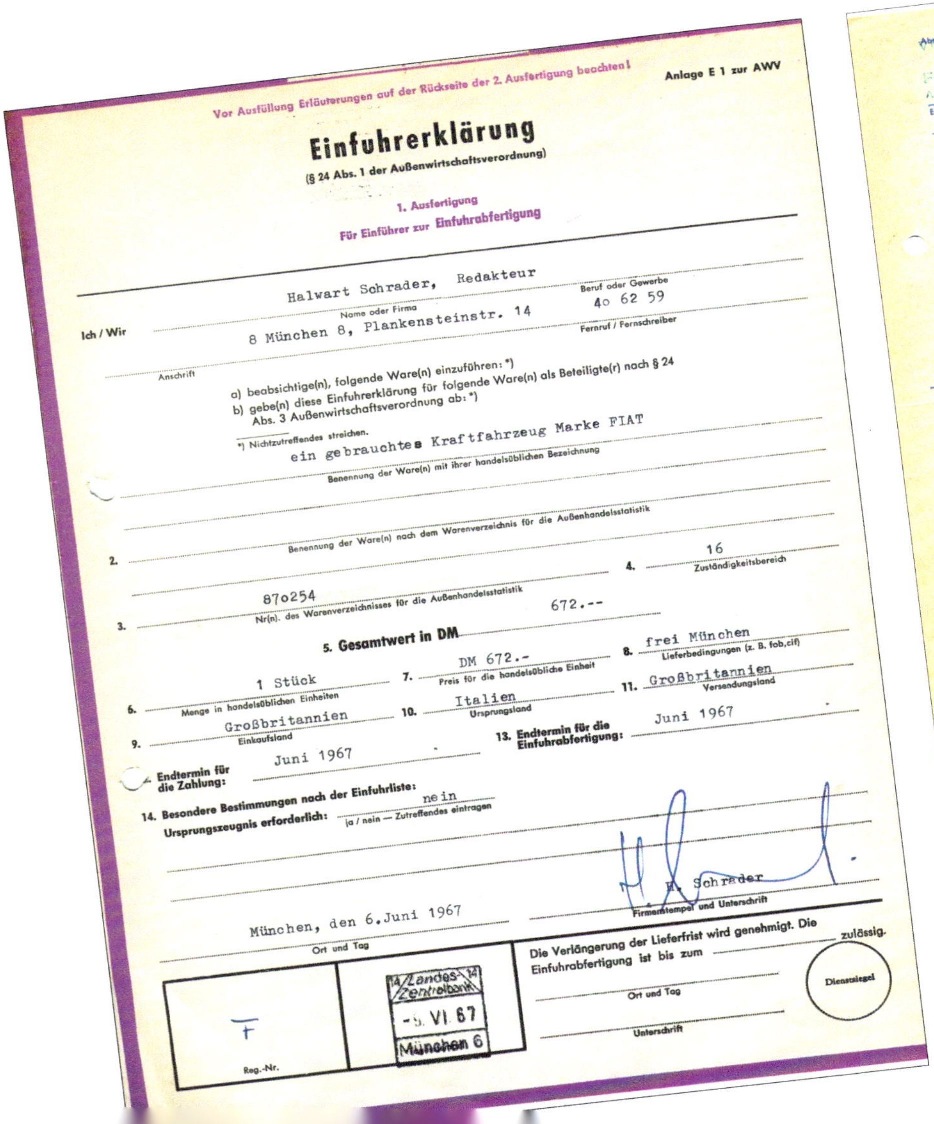

Vor Ausfüllung Erläuterungen auf der Rückseite der 2. Ausfertigung beachten!

Anlage E 1 zur AWV

Einfuhrerklärung

(§ 24 Abs. 1 der Außenwirtschaftsverordnung)

1. Ausfertigung

Für Einführer zur Einfuhrabfertigung

Ich / Wir: Halwart Schrader, Redakteur (Name oder Firma; Beruf oder Gewerbe)

Anschrift: 8 München 8, Plankensteinstr. 14 — Fernruf / Fernschreiber: 40 62 59

a) beabsichtige(n), folgende Ware(n) einzuführen: *)
b) gebe(n) diese Einfuhrerklärung für folgende Ware(n) als Beteiligte(r) nach § 24 Abs. 3 Außenwirtschaftsverordnung ab: *)

*) Nichtzutreffendes streichen.

ein gebrauchtes Kraftfahrzeug Marke FIAT — Benennung der Ware(n) mit ihrer handelsüblichen Bezeichnung

2. Benennung der Ware(n) nach dem Warenverzeichnis für die Außenhandelsstatistik

3. 870254 — Nr(n). des Warenverzeichnisses für die Außenhandelsstatistik

4. 16 — Zuständigkeitsbereich

5. Gesamtwert in DM: 672.--

6. 1 Stück — Menge in handelsüblichen Einheiten

7. DM 672.- — Preis für die handelsübliche Einheit

8. frei München — Lieferbedingungen (z. B. fob, cif)

9. Großbritannien — Einkaufsland

10. Italien — Ursprungsland

11. Großbritannien — Versendungsland

12. Endtermin für die Zahlung: Juni 1967

13. Endtermin für die Einfuhrabfertigung: Juni 1967

14. Besondere Bestimmungen nach der Einfuhrliste: Ursprungszeugnis erforderlich: nein (ja / nein — Zutreffendes eintragen)

München, den 6. Juni 1967 — Ort und Tag

H. Schrader — Firmenstempel und Unterschrift

Reg.-Nr.

Landes-Zentralbank -5. VI. 67 München 6

Die Verlängerung der Lieferfrist wird genehmigt. Die Einfuhrabfertigung ist bis zum ______ zulässig.

Ort und Tag

Unterschrift

Dienstsiegel

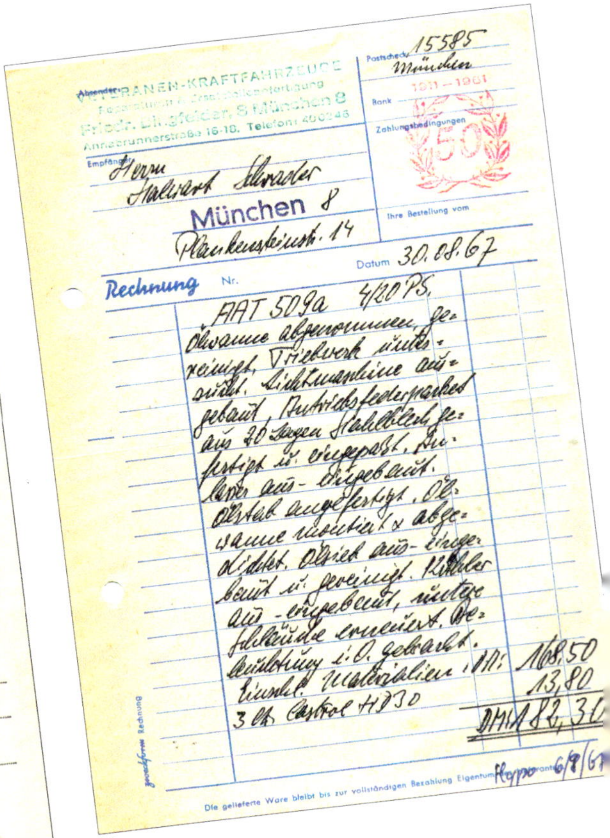

Absender: VETERANEN-KRAFTFAHRZEUGE
Friedr. Dingfelder, 8 München 8
Anzinger... Telefon: 400246

Postscheck 15585 München

1911 – 1961

Bank

Zahlungsbedingungen

Empfänger: Herrn Halwart Schrader München 8 Plankensteinstr. 14

Ihre Bestellung vom

Datum 30.08.67

Rechnung Nr.

FIAT 509a 4/20 PS.

	168,50
	13,80
DM	182,30

Die gelieferte Ware bleibt bis zur vollständigen Bezahlung Eigentum des Lieferanten

6/9/67

Die jüngere Geschichte des Fiat 509A ließ sich detailreich belegen. Nicht zuletzt durch Friedrich Dingfelders handgeschriebene Rechnungen.

Riley Nine Monaco
1929

Charly Weymanns klapperfreie Karosserie

Die letzte süßsalzige Krokodilsträne – der Trennung vom MG Midget geschuldet – war noch nicht getrocknet, da begann ich einen Flirt mit einer vornehmen Lady aus bestem angelsächsischen Adel. Es handelte sich um ein Limousinchen namens Riley Monaco, Jahrgang 1929.

Die in elegantes Anthrazitgrau gehüllte Engländerin, sechs Jahre älter als ich, war ein Viertürer in so genannter Weymann-Bauart, in welcher einst viele englische und auch französische Autos karossiert wurden. Sie stellte eine Erfindung von Charles Terence Weymann dar, bei der eine hölzerne, elastisch aufs Chassis gesetzte Rahmenstruktur Schwingungen und Stöße eliminiert, die auf das Fahrwerk wirken.

Vorzugsweise hatte man in den 1920er Jahren leichte Limousinen, aber auch Cabriolets und Tourer nach Weymann-Patenten karossiert. Die Holzrahmenstruktur war in ihren Zwischenräumen mit einem isolierenden Material gefüllt, innen mit Sperrholz verkleidet und außen mit einem Kunststoffüberzug versehen. Die handwerklich aufwändige Arbeit wurde durch die preiswerten Materialien und ein geringes Karosseriegewicht kompensiert.

Der Riley Monaco gab ein klassisches Beispiel für diese Bauweise ab, und sein Zweinockenwellen-Vierzylindermotor war der gleiche wie in einigen zeitgenössischen Sportwagen und anderen Autoquitäten.

Apropos Autoquitäten: Diese Wortschöpfung fanden Leser des Trendmagazins »twen« in einem der 1966er Hefte. Als Mitarbeiter der Monatszeitschrift für junge Leute hatte ich dem Chefredakteur Klaus Kulkies die Idee schmackhaft machen können, eine Alt-Auto-Verkaufsaktion zu veranstal-

Der Zwei-Nockenwellen-Motor war auch im Riley Rennsportwagen zu finden, allerdings etwas höher verdichtet.

Patentansprüche der Weymann-Karosserie.

Obwohl wir bereits im Jahre 1925, Heft 5 dieser Fachschrift, einen Artikel über die Bauart der Weymann-Karosserie veröffentlichten, unter gleichzeitiger Hinzufügung des Hauptpatentes Nr. 384074 sowie Nennung der Nummern für die weiteren bestehenden Patente, welche ebenfalls zum Teil in der Rubrik „Patente und Gebrauchsmuster“ wörtlich und bildlich erschienen sind, bestehen, den vielen Zuschriften nach zu beurteilen, in den Kreisen der Karosseriebauer hierüber noch Unklarheiten, insbesondere über die Verkleidung der Karosserie. Aus diesem Grunde haben wir uns entschlossen, im nachstehenden nochmals alle die für die Weymann-Karosserie gültigen **Deutschen Patentansprüche** wörtlich und bildlich bekanntzugeben. Ausgenommen ist das Patent Nr. 402207, das lediglich einen Brennstoffsauger kennzeichnet, der für den Bau der Karosserie belanglos ist. Die übrigen Nummern sind: DRP. 384074, DRP. 388909, DRP. 411197, DRP. 405164, DRP. 381853, DRP. 398096 und lauten wie folgt:

Wagenkasten, insbesondere für Kraftfahrzeuge.
D. R. P. Nr. 384 074.

Patent-Ansprüche.

1. Wagenkasten, insbesondere für Kraftfahrzeuge, mit starren, senkrechten und parallel angeordneten Querrahmen, dadurch gekennzeichnet, daß die Querrahmen (e) derart untereinander verbunden sind, daß sie sich oben nähern können, wenn die Längsträger (b) des metallischen Untergestelles Verbiegungen erleiden.
2. Ausführungsform nach Anspruch 1, dadurch gekennzeichnet, daß die die Querrahmen (e) verbindenden Teile (c, f) durch eine Verkleidung oder Täfelung, welche nachgiebig ist, gebildet wird.

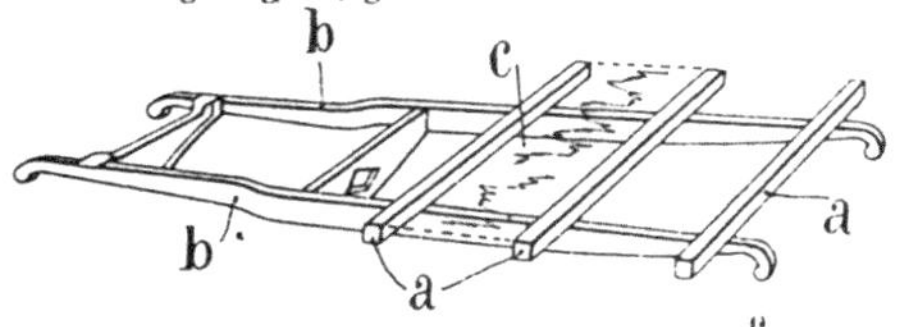

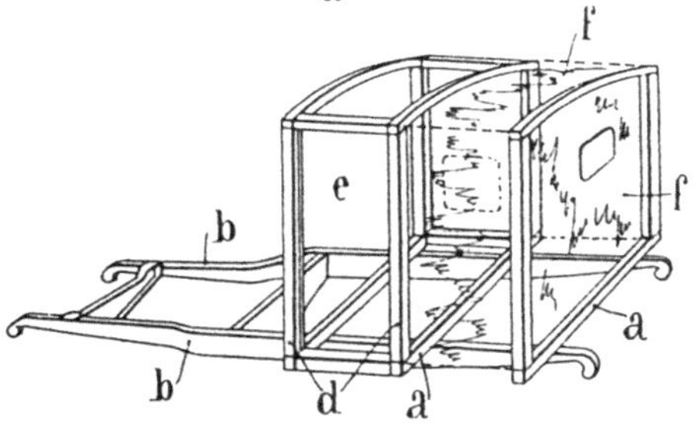

Trittbrett für Kraftfahrzeuge.
D. R. P. Nr. 388 909.

Patentanspruch.

Trittbrett für Kraftfahrzeuge, dadurch gekennzeichnet, daß die wagerechten Halter (g) des Trittbrettes (h) nach Art eines doppelarmigen Hebels in den Verlängerungen der senkrechten, parallelen Rahmenteile (d) des Wagenkastens gelenkig gelagert und die inneren Enden der Trittbretthalter (g) gelenkig mit einer am Wagenuntergestell (j) befestigten, auf Druck beanspruchten Stange od. dergl. (k) verbunden sind.

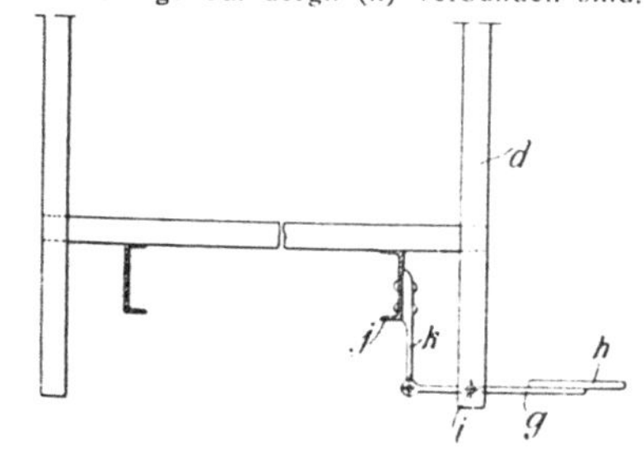

Elastische Einfassung für rahmenlose Schiebefenster, insbesondere für Kraftfahrzeuge.
D. R. P. Nr. 411 197.

Patentanspruch.

Elastische Einfassung für rahmenlose Schiebefenster, insbesondere bei Kraftfahrzeugen, gekennzeichnet durch ein geschlitztes Rohr aus elastischem Stoff, das mit seinen Schlitzkanten auf der Scheibe zusammenfedert und vor seinem Einsetzen in den Führungsschlitz der Scheibe einen größeren Querschnitt als der Führerschlitz besitzt.

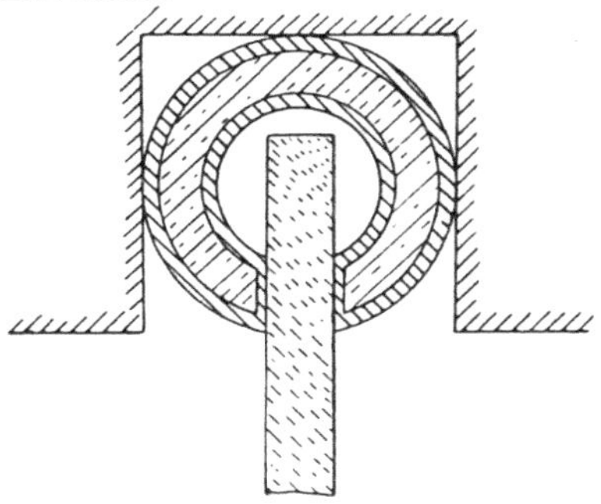

Selbsttätiger Riegelverschluß für Türen, Wagenverschläge oder dergleichen.
D. R. P. Nr. 405 164.

Patentanspruch.

1. Selbsttätiger Riegelverschluß für Türen, Wagenverschläge und dergleichen, bei welchem ein gleitender abgefederter Sperriegel mit einem Schloßriegel in Verbindung tritt, dadurch gekennzeichnet, daß der zylin-

Abb 1 Abb 2

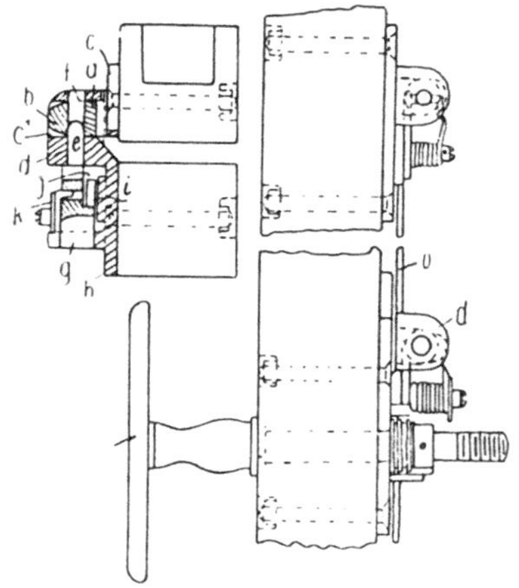

ten. Mit dieser Aktion gedachte ich meine und einige von anderen Fans angebotenen Klassiker als »Advertorial« ins Blatt zu setzen. Bis der mehrseitige Beitrag erschien, waren die meisten Oldies allerdings längst nicht mehr verfügbar. Auch hatten wir das Interesse unserer Leser an diesem Thema überschätzt: Es kamen nur wenige Anfragen herein.

Ich hätte auf den Rat des erfahrenen Dan Margulies hören sollen, der zu denen gehörte, die damals in einer Londoner »Mews« Oldtimer-Agenturen betrieben. »Wenn du dir schon einen Riley anschaffst, dann entscheide dich für einen Gamecock, einen Kestrel, einen Sprite, einen Merlin oder einen MPH...« – das waren die sportlicheren Modelle, die natürlich auch vier- bis fünfmal so teuer gewesen wären. Für einen MPH 1.5-Litre Roadster hätte ich mehr als 500 Pfund Sterling bezahlen müssen; die Monaco Limousine hatte einschließlich Ersatzmotor 95 Pfund gekostet.

Als sich meine Liebe zum Riley abgekühlt hatte, war es gar nicht so einfach, das Auto wieder loszuwerden. Schließlich war ich mit einem Interessenten aus den Niederlanden in Kontakt gekommen, der den Wagen zwar gern übernehmen wollte – aber im Rahmen eines bargeldlosen Transfers. Das traf sich insoweit recht gut, als der Holländer Inhaber eines Fotogeschäfts war. Auf meinen Vorschlag, mein Auto gegen eine Hasselblad-Kamera einzutauschen, ging er gerne ein. Wie vereinbart traf er wenige Tage später mit seiner Frau und kleinem Gepäck ein: Dies bestand aus einem Lederköfferchen mit einer gepflegten 500C, drei Objektiven und jeder Menge Zubehör. Unter Liebhabern einen Wert von mindestens 8000 Mark darstellend.

Der Riley 9 hp gehörte zu den unauffälligen, aber qualitativ hochwertigen Großserienautos der Zwanziger und Dreißiger Jahre, wurde im Unterschied zum MG aber nur in geringer Zahl exportiert.

Die Verwendung von Holz wurde mit Einführung der Ganzstahl-Karosserie zum Anachronismus, aber es gab in den späten 1920er Jahren noch genügend Arbeitskräfte aus dem Kutschenbauhandwerk.

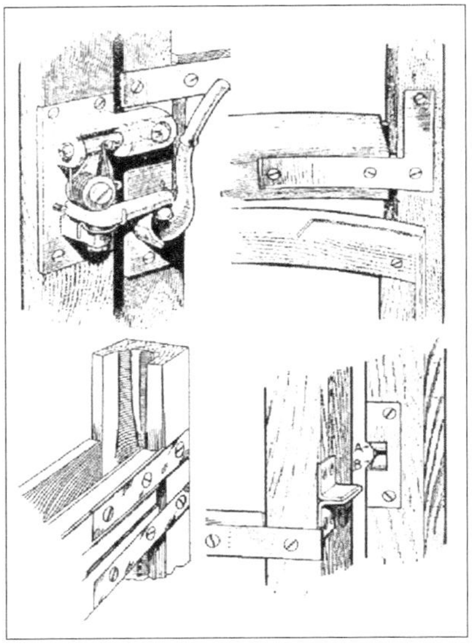

Weymann-Stutz 1929

Weymann-Rolls-Royce 1928

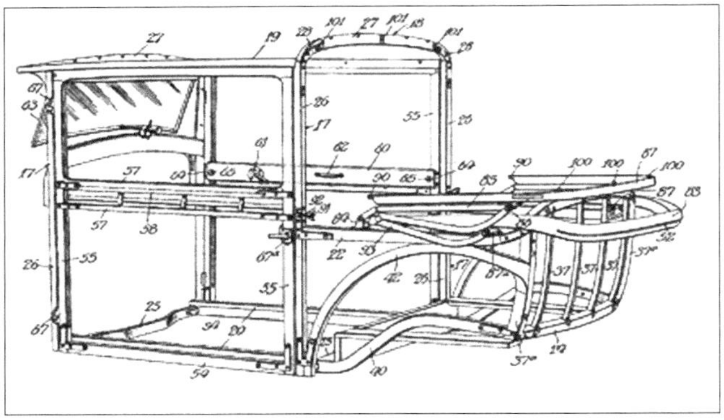

Den von mir als Dreingabe angebotenen Ersatzmotor wollte er nicht mitnehmen, auch all das andere Zubehör nicht. Nun, ich schenkte es später Hubertus Dönhoff, Besitzer eines Riley Brooklands mit identischer Technik.

Dönhoffs Rennsportwagen war ein attraktiver Racer, der beim jährlichen Oldtimer-Grand-Prix des AvD auf dem Nürburgring für Aufsehen sorgte. Der nach Englands berühmter Rennstrecke benannte Sportzweisitzer war in den Dreißiger Jahren Fahrern wie Reid Railton und John Godfrey Parry-Thomas wie auf den Leib geschnitten. Das Auto war eine Variante meines Riley 9 hp, etwas kürzer und niedriger; sein ohv-Motor war auf etwa 70 PS getunt, hatte zwei Vergaser, eine stärkere Ölpumpe und einen Auspuffkrümmer mit vier separaten Rohren, die aus der Motorhaube ragten. In dieser Ausführung ging der Brooklands an die 145 km/h, einige Wagen waren noch schneller. Die Speichenfelgen wiesen Zentralverschluss auf, der Tank war mit einem Schnellverschluss versehen. Cycle wings sowie zwei Lederriemen über der Motorhaube gehörten zum standesgemäßen Renn-Auftritt und waren in Le Mans sogar obligatorisch.

Mit diesem Roadster wurden viele Sporterfolge eingefahren, vor allem in der Tourist Trophy, die Tom Whitcroft 1932 auf einem Riley Brooklands als Gesamtsieger für sich entschied.

Die gegen den Riley getauschte Hasselblad diente mir fast zwanzig Jahre lang als Allround-Kamera, nachdem meine Rolleiflex in den verdienten Ruhestand geschickt worden war.

Maybach Pullman-Landaulet 1930

Zirkusnummer mit einem Elefanten

Eine Variante der Studebakernummer – siehe Seite 17 – erlebte ich zehn Jahre später mit ähnlichem Ausgang.

In regelmäßigen Abständen trafen sich, wie es in Vereinen üblich ist, die Mitglieder des Allgemeinen Schnauferl-Clubs (ASC) in München zu einem Abendessen mit Gesprächen und Vorträgen, zum Austausch von Informationen und technischen Tipps. Beiläufig ließ Max Rauck, der mich in die erlauchten Kreise des ASC eingeführt hatte, an einem solchen Abend verlauten, dass sich noch immer niemand um den schönen Maybach Zwölfzylinder von Papa Krone gekümmert habe, der seit zweieinhalb Jahrzehnten auf einem Bauernhof bei Augsburg vor sich hin dämmere... Ein Maybach, der zur Disposition stand? Da wurde ich hellhörig.

Wenn mich der Wagen interessiere, sollte ich mich doch mal an die Direktion des Zirkus Krone wenden, sagte Rauck. Carl Sembach sei der Direktor des weltbekannten Unternehmens, und der ehemalige Privatwagen seines Schwiegervaters verkomme langsam, aber sicher seit dessen Stilllegung auf besagtem Bauernhof. Sembach, ein ehemaliger Raubtier-Dresseur, war 1933 vom Zirkus Krone engagiert worden und hatte eines Tages die Tochter des Inhabers Carl Krone geheiratet. Der verstarb 1943. Jetzt schrieben wir 1964.

Max Rauck avisierte mich bei Herrn Sembach im Krone-Winterbau an der Münchner Arnulfstraße. Doch weiter als bis zur Zirkuskasse kam ich nicht. Als ich mich dort einfand, um Vorlassung zum Chef zu erbitten, richtete mir die wasserstoffblonde und über mein Anliegen offensichtlich infor-

Der Maybach Zwölfzylinder hätte eine Vollrestaurierung gelohnt, zumal die Zirkusdirektion ihn kostenlos herzugeben bereit war.

mierte Diva am Schalter aus, der Herr Direktor habe an der Angelegenheit kein Interesse, und wenn ich mich um den alten Schrottwagen kümmern wolle, dann solle ich nach eigenem Ermessen handeln und das Wrack nur wegschaffen. Aber diese Arbeit dem Zirkus bitte nicht etwa berechnen. Sie gab mir die Adresse des Bauernhofes und beendete damit das kurze Gespräch. Ich stellte mir vor, wie sie, auf einem Bein stehend und das andere in die Höhe reckend, im Glitzergewand auf dem Rücken eines Apfelschimmels die Manege umrundete und dabei mit einem Revolver dem Clown eine Nelke vom Hut schoss. Ob die eine Ahnung hatte, was ein Maybach war?

Ich hatte nichts Eiligeres zu tun, als Rauck Bericht zu erstatten. Das sollte sich als Fehler erweisen. Ich hätte nach der großzügigen Handlungsfreigabe, wie sie die Zirkus-Kassiererin mir angeblich im Auftrage Sembachs ausrichtete, den nächsten Abschleppunternehmer anrufen und mir das Fahrzeug sichern sollen – denn einen Maybach Zwölfzylinder bekommt man so bald nicht wieder geschenkt...

Bei einer acht Tage später vorgenommenen Besichtigung des Wagens in einem halb offenen Schuppen, den er sich mit einem Dutzend Hühnern teilte, kam allerdings etwas Ernüchterung über mich, denn das von Erdmann & Rossi karossierte Landaulet Baujahr 1930 war ein aufgebocktes, reifenloses Ungeheuer, dessen Restaurierung den Gegenwert eines Mercedes-Benz 300 gekostet hätte – nach meiner Taxierung jedenfalls. Heute würde ich sagen, der Spaß wäre noch teurer geworden.

Dennoch: Diesen Wagen wollte ich mir nicht entgehen lassen. Wenn nicht ich es war, der den Wiederaufbau dieses wunderbaren Auto zu finanzieren im Stande sein würde, sollte man dann vielleicht ein Team für diese Aufgabe gründen? Ich dachte an meine Freunde Albert Leonhard und Carlo Demand... Noch während ich hin- und herüberlegte, erledigte sich die Frage von selbst. Denn als ich ein weiteres Mal an der Zirkuskasse vorstellig wurde, um Herrn Sembach ausrichten zu lassen, dass ich seine Offerte annähme und ein Stück Papier erbat, mit welchem mir die Vollmacht zum Abtransport des Maybach erteilt werde, musste ich die Nachricht verkraften: »Schon gut, mein Herr, Sie brauchen sich um das Auto nicht mehr zu kümmern... das hat das Deutsche Museum bereits getan... Herr Sembach lässt seinen Dank ausrichten, dass Sie sich engagiert haben...« Meine blonde Kunstreiterin degradierte ich im Geiste zur Raumpflegerin im Elefantengehege.

Tauschgeschäfte auf hohem Niveau

Da war mir Max Rauck also zuvorgekommen. Mein auffälliges Interesse an dem Wagen musste ihn nachdenklich gemacht haben; offenbar hatte er die Weitergabe des Tipps bereut. Aber nicht für das Museum hatte er mir den Maybach weggeschnappt. Denn dieses hatte ein feines Exemplar der berühmten Marke bereits in seinem Bestand. Vielmehr war Rauck durch die kostenlose Überlassung des Wagens ein wertvolles Tauschobjekt in die Hände gekommen, nämlich für ein Exponat, das im Museumsbestand noch nicht vorhanden war, wie zum Beispiel ein unkarossiertes Schau-Chassis, das ein Sammler aus Bodnegg am Bodensee herzugeben bereit war. Dieses dem Museum auf dem Tauschwege vermachte Fahrgestell stand später zu Demonstrationszwecken in der Verkehrsabteilung auf der Museumsinsel, während das Zirkus-Wrack mit Erdmann & Rossi-Karosserie in einer Bodnegger Garage eine aufwändige Restaurierung erfuhr. Unter Liebhabern und Besitzern hochkarätiger Automobile waren und sind gegenseitige kostenlose Überlassungen, also bargeldlose Tauschaktionen von solchen Preziosen nicht ungewöhnlich. Leider hätte ich über kein Äquivalent verfügt, das im Wert mit dem Maybach vergleichbar und im Begehr des Museums gewesen wäre.

Dass der nicht mehr bewirtschaftete Bauernhof ein so hochkarätiges Geheimnis beherbergte, ließ sich von der Straße her nicht erkennen.

IIA
25555

4:

mit Halwart Schrader unterwegs

WARUM ES SPASS MACHT, ZEIT UND GELD MIT AUTOS VON VORGESTERN ZU VERPLEMPERN

WIDER ALLE VERNUNFT

Opus HRF Kit Car
1967

Eigenbau: Kostspielige Individualität

Der britische Rennfahrer, Manager und Automobilkaufmann Rob Walker stellte im Herbst 1965 ein Baukastenauto vor, das als Spaßmobil zu verstehen sein sollte und nicht, wie die meisten anderen »Kit Cars« in England, als preisgünstiger Ersatz für einen »richtigen« Sportwagen. Eine ganze Reihe prominent gewordener Fabrikate hat sich aus dem Kit-Car-Business entwickelt, beispielsweise Dutton, Lotus und Marcos. Wer in Großbritannien ein solches Baukastenauto erwarb, musste keine Kaufsteuer entrichten, wie sie nach dem Kriege für fabrikfertige Autos eingeführt worden war, und da der Bausatz gewöhnlich alles enthielt, nur den Motor nicht, hatte der Käufer die Möglichkeit, sich nach eigenem Gusto das Antriebsaggregat selbst auszuwählen – meist holte er sich einen BMC- oder Ford-Vierzylinder von einem Schrottplatz oder bezog ihn aus einem Unfallwagen.

Baukastenautos gab es auch bei uns. Schon in der Frühzeit des Automobils. So brachte zum Beispiel eine Aachener Firma namens Fafnir im Jahre 1904 ein »Omnimobil« genanntes Patchwork heraus, bei welchem es sich um einen ein-

Technisch versierte Laien, so hieß es, sollten imstande sein, den Opus auch ohne Montageanleitung zusammenzubauen (die gab es nämlich nicht), dennoch überließen wir diesen Job lieber einem Profi...

ROB WALKER

Der Erbe des schottischen Whisky-Imperiums Johnny Walker (Slogan: »still going strong«) betätigte sich in den späten 1930er Jahren erstmals als Amateur-Rennfahrer und wurde 1939 bei den 24 Stunden von Le Mans auf einem Delahaye sogar Achter. Nach dem Kriege gründete Robert C. Walker, Jahrgang 1907, ein eigenes Rennteam, für das auch Koryphäen wie Maurice Trintignant, Joakim Bonnier und Stirling Moss fuhren. Walkers Formel-Wagen waren erst Cooper-Climax, ab 1960 Lotus und danach BRM, Ferguson und Brabham. Später kam Graham Hill zu Walker, dann auch Jo Siffert und John Surtees. Das Rob Walker Racing Team war und blieb das einzige Privatteam, das Grand-Prix-Siege errang, ohne jemals eine eigene Rennwagenkonstruktion an den Start zu schicken. 124 Rennen bestritt das in Dorking, Surrey, beheimatete Team insgesamt, bis es 1974 aufgelöst wurde. Walkers letztes Engagement war die Übernahme des Managements für den Motorrad-Champion »Mike the Bike« Hailwood.

Rob Walker hat es nie verwunden, dass er indirekt am Unfalltod seines Freundes Mike Hawthorn beteiligt war. An einem regnerischen Januartag 1959 kam der bekannte Rennfahrer Hawthorn, Inhaber einer Jaguar- und Ferrari-Autovertretung, mit seinem Jaguar Mk. I auf einer kurvenreichen, abschüssigen Landstraße ins Schleudern, als er sich mit Rob Walker ein privates Renn-Duell lieferte. Walker steuerte einen Mercedes 300 SL Flügeltürer. Hawthorn konnte seinen Jaguar nicht mehr abfangen und kollidierte mit einem Baum. Der im Beherrschen schwieriger Situationen so routinierte Grand-Prix-Weltmeister, erst 29 Jahre alt, verstarb noch am Unfallort. Walkers Flügeltürer steht heute in einer deutschen Privatsammlung. Unter der Marke Opus HRF bot Rob Walker durch eine seiner Firmen in Warminster, Wiltshire, 1965 bis 1972 Baukastenwagen im Ford-Retro-Look an. Produziert und zusammengestellt wurden deren Komponenten in Weston-super-Mare. Ab 1975 betätigte sich Walker als Formel-Eins-Berichterstatter für das amerikanische Fachblatt Road & Track. Er starb am 29. April 2002 im Alter von 84 Jahren an den Folgen einer Lungenentzündung.

baufertigen Montagesatz von Motor, Getriebe und Antrieb für leichte Fahrzeuge handelte: eine frühe Version von Baukastensatz. Die Motoren waren zunächst 6-PS-Zweizylinder, später gab es auch Vierzylinder bis zu 16 PS. Ebenso bot Fafnir Fahrgestelle, Achsen und Lenkungen an, so dass man sich daraus ein komplettes Auto zusammenbauen konnte. Diverse Komponenten für diese Do-it-yourself-Autos gab es bei Fafnir bis 1910.

Und zu Zeiten des Opus HRF boten verschiedene Hersteller in Deutschland, in Belgien, in der Schweiz und in Frankreich Dune-Buggy-Kits an, meist amerikanischer Herkunft oder als Lizenzprodukte, die aus einem abgewrackten Volkswagen einen Freizeit-Käfer entstehen ließen oder irgend einen anderen Gegenstand auf Rädern, an welchem sich beliebig viel Zeit und Geld verschwenden ließen. Es folgte eine Welle sogenannter Replicas als mehr oder weniger gelungene Plagiate etwa eines Porsche Speedster, eines MG TD oder Bugatti T.35, die man als Bausatz kaufen konnte, wobei viele für die Zweitverwendung einer VW-Käfer-Plattform vorgesehen waren.

Auch Rob Walkers Bausatz wurde wie die anderen Kits ohne Motor angeboten. Es gab lediglich eine Empfehlung: Das Chassis des Opus HRF war für einen 1,0-, 1,2- oder 1,6-Liter-Motor von Ford (Popular, Anglia, Cortina) ausgelegt.

Das fertig zusammengesetzte Vehikel glich entfernt einem typisch amerikanischen Ford-T-

Hot-Rod – daher auch die Bezeichnung HRF: Hot Rod Ford. Als Hersteller des Opus HRF firmierte Rob Walkers Corsley Garage Ltd. in Warminster, Wiltshire.

Der nicht gerade wunderschöne, aber doch recht originelle Zweisitzer wies einen aus Stahlrohren zusammengeschweißten Leiterrahmen auf, made by Walker, eine badewannenförmige GFK-Karosserie in Weiß, Rot oder Blau ohne Türen und Motorhaubenseiten, eine hohe, senkrechte Frontscheibe, vordere Ford-Einzelradaufhängung einfachster Bauweise, eine Ford-Anglia-Lenkung und eine hintere Starrachse mit Teleskopstoßdämpfern wie vorne. Die hinteren Räder hatten die gleiche Größe wie beim Cortina Estate (Kombi), vorn gab es Räder kleinerer Dimension. Die Felgen wurden mit der Innenseite nach außen auf die Neben gesteckt, damit lagen die Bremstrommeln im freien Luftstrom. Viele Fans montierten auch breitere, sprich: »schnellere« – vor allem verchromte – Räder.

Jeder Opus wurde individuell gestrickt, sei es mit seitlich herausgeführten Auspuff-Einzelrohren, sei es mit einem Kutschenverdeck oder einem Überrollbügel. Der Entwurf des Autos stammte von Neville Trickett, einem bekannten englischen Konstrukteur. Der war zugleich British-Leyland-Vertreter und hatte sich einen Namen als Spezialist für Renn-Minis (»MiniSprint«) gemacht. Populärster Fahrer auf diesen modifizierten Kleinwagen war Tricketts Partner Geoff Thomas.

Etwa 250 Opus-Bausätze fanden Käufer, und einer von denen war 1967 die Redaktion des Magazins »twen«, die ich dazu animiert hatte. Ich glaube nicht, dass ein zweiter Opus HRF je in der deutschen Zulassungsstatistik aufgetaucht ist. In Einzelabnahme hatte Walker-Tricketts Hot Rod den TÜV-Segen erhalten. Mit einer Lenkrad-Kette plus Sicherheitsschloss als Diebstahlsicherung, die nun einmal obligatorisch war – aber wohl niemals verwendet wurde. Wer würde schon einen Opus HRF stehlen wollen?

Ich habe das Auto nicht etwa selbst zusammengebaut; diesen Job übernahm im Verlauf des Herbstes 1967 Heinz Wolf, und die vielen Stunden, die er darauf verwendete, musste ich ebenfalls nicht bezahlen, denn das ganze Projekt war ja Thema jenes Beitrages im Magazin »twen«. Zum Glück hatten die Verlagsmanager sich und mich nicht auf ein bestimmtes Budget festgelegt, denn es war ein Ding der Unmöglichkeit, den Aufwand im Voraus zu kalkulieren. Es gab nur zwei feste Größen: den Preis des Bausatzes (199 Pfund Sterling, damals 2100 D-Mark, zuzüglich Zoll) und die Kosten für dessen Transport von Weston-super-Mare – 50 Kilometer südwestlich von Bristol – nach München. Und der war mindestens ebenso abenteuerlich wie die Prozedur des Zusammenbaus, den Meister Wolf in der Müllerstraße zu München mit seinem Lehrbub, zugleich sein Sohn, ohne jegliche Anleitung durchführte. Das heißt, eine solche Anleitung gab es zwar schon, aber die war natürlich auf Englisch. Und wenn Heinz Wolf eine Fremdsprache beherrschte, dann war es nur die sächsische.

Ich wundere mich noch heute, dass meine Auftraggeber bei »twen« sich auf eine solche Unwägbarkeit eingelassen hatten. Aber das Alltägliche war sowieso nicht ihr Ding. »twen« hatte nie ein Problem, Tabus zu brechen oder das Absurde Realität werden zu lassen. Autoren wie Rolf Palm, Marie-Louise Jurreit, Joachim-Ernst Behrendt oder Herbert Rosendorfer lieferten dafür beste Beweise.

»Schrader, fahr los und hol' den ganzen Krempel mal her, das gibt eine schöne Story. Du darfst dir für den Transport auch einen unserer Vertriebs-Lieferwagen nehmen. Aber bring ihn ohne Schrammen am Montagmorgen wieder zurück!«

Passt ein kompletter Hot Rod, wenn auch in Einzelteilen, in einen Ford Transit? Einschließlich Fahrgestell? Wird sich zeigen, sagten wir uns, zumal das Fahrerhaus keine Trennwand zum Frachtraum aufwies. Wir: das waren mein Kollege Jürgen, Gisela und ich. Gisela begegnet uns in diesem Buch in einem weiteren Kapitel, allerdings unter anderem Namen; warum ich sie hier Gisela nenne, verrate ich nicht – nur dass die junge Dame sehr hübsch, sehr blond, sehr gescheit, sehr ledig und stets gut gelaunt war. Und coura-

Im Lieferumfang war eine Motorhaube nicht vorgesehen, die musste man extra bezahlen – und sie wies auch keine Seitenteile auf, zwecks optimaler Wärmeabführung.

gierte Renault-Gordini-Besitzerin. Der Gordini war Giselas erstes Auto und passte gut zu ihr; diese Dauphine-Variante wies eine von 26,5 auf 36 PS erhöhte Leistung auf und eine Höchstgeschwindigkeit von 126 km/h – nicht genug und doch zuviel für Giselas Freund, der eines Tages beim Versuch, noch ein wenig zuzulegen, ihr schönes Auto zuschanden fuhr.

Nun standen wir mit unserem Lieferwagen des Verlages Kindler & Schiermeyer an einem kühlen Sonntagmorgen irgendwo in England und versuchten, alles, was zu einem Opus Kit Car gehörte, zu verstauen, was auch gelang. Mit Müh' und Not ließ sich sogar die Karosserie im Tranny unterbringen.

Zum Anheben des Ford-Motors, den mitzuliefern ich Rob Walker bei der Auftragserteilung gebeten hatte, benötigten wir allerdings einen Hubstapler, zumal Gisela sich verständlicherweise weigerte, auch nur ein einziges PS des öltriefenden Vierzylinders anzufassen. Es handelte sich um einen gebrauchten 1,2-Liter; einschließlich Vergaser, Anlasser und Lichtmaschine stellte Walker ihn mit 50 Pfund in Rechnung: fair enough. Den Sonntagseinsatz seines Hubstaplers und dessen eigens herbeitelefonierten Operateur Johnny berechnete er nicht.

Das Chassis aber stellte dann doch ein Problem dar. Es ließ sich neben der Opus-Karosserie nur verstauen, wenn wir es wie diese hochkant stellten, wobei es von den hinteren Türen bis fast an die Windschutzscheibe reichte und damit den Fahrer von seinen Beifahrern separierte. Exakt linear mittig konnten wir das Trumm sowieso nicht unterbringen, wir mussten es in einem Winkel zum Fahrersitz hin einfädeln und behelfsmäßig fixieren; so blieb den beiden Beifahrern etwas mehr Platz als dem Chauffeur. Für diesen war das nicht gerade vorteilhaft, vor allem aber befand sich der Getriebeschalthebel außerhalb seiner Reichweite!

Das bedingte eine Arbeitsteilung unter Einhaltung eines genauen Abstimmungs-Procedere: Der oder die mittig – über dem Getriebe des Transit-Frontlenkers – sitzende Beifahrer(in) hatte auf Zuruf zu schalten, wenn der Fahrer die Kupplung betätigte… und die Gänge mussten häufig gewechselt werden. Parkmanöver, das Einfahren in die Autofähre, das Stop-and-Go an den Kontrollen, An- und Abfahrt an Tankstellen – überall Teamwork Schrader-Jürgen-Gisela.

Es funktionierte gut, bedeutete aber auch, dass keiner der Beifahrer die Chance hatte, unterwegs ein wenig zu schlafen oder auch nur zu dösen, denn vor allem der/die mittlere musste ja alle Fahr- und Verkehrssituationen genauso reaktionsschnell erfassen wie der Fahrer selbst; es gab unendlich viele Schaltvorgänge auszuführen.

Die Bedienung von Heizung, Radio und so weiter oblagen ebenfalls dem Mittelsitzer. Alle Stunde wechselten sich die Herren des Teams am Lenkrad ab. Es blieb während der gesamten 1400 Kilometer spannend.

Wie Zoll- und andere uniformierte Beamte unsere stets eingehend inspizierte Fuhre an den Grenzübergängen kommentierten, gebe ich im Einzelnen hier nicht wieder. Wir alle drei säßen möglicherweise noch heute hinter Gittern, wären ihre Befürchtungen eingetroffen, vor allem die eines Gesetzeshüters in Aachen-Koepchen: »Wenn man euch mit dieser ungesicherten Fracht erwischt, Kinder, dann gnade euch Gott – ich drücke jetzt noch mal ein Auge zu, weil heute Sonntag ist, aber ich habe euch gewarnt…«

Bonuspunkte mag es durch die Anwesenheit unserer Gisela und deren fröhlichen Charme gegeben haben. Dass wir mit unserer Fracht an einem Sonntag die Grenze passieren durften, obwohl es sich doch offensichtlich um kommerzielles Deklarationsgut handelte, verdankten wir ebenfalls dem Wohlwollen einer mitfühlenden Zöllnerseele: »Ich tu' jetzt einfach mal einen Stempel auf eure Einfuhrerklärung hau'n… aber zu Hause sofort beim Zollamt vorfahren, hört ihr wol? Sofort!« Freilich hörten wir's, unterließen es dennoch und schoben die Erledigung der Verzollungsformalitäten der »twen«-Redaktion zu, wann immer man sie dort vornehmen würde… Zum Glück delegierte man den Job nicht an mich.

Rob Walker und Stirling Moss (am Lenkrad) waren miteinander gut befreundet.

Nun, wir »Kinder« erreichten reichlich übermüdet, aber unbehelligt und ungestraft unser Ziel und konnten die aus gut dreihundert Einzelposten bestehende Ladung am Montagmorgen Meister Wolf vor die Füße schütten. He was not amused. Aber er hatte ja nun einmal zugesagt, aus den Opus-Teilen ein autoähnliches Objekt entstehen zu lassen. Selbstverständlich hielt er sein sächsisches Ehrenwort. Ich fürchte, er hat sich nicht getraut, dem Verlag die vollständige Zahl der geleisteten Arbeits- und Überstunden in Rechnung zu stellen: »Es kamen so unverschämt viele zusammen, dass wir selbst erschrocken waren…«

Was aus dem Opus HRF nach seiner Fertigstellung geworden ist, entzieht sich meiner Kenntnis. Eine Weile diente er »twen« zu Werbezwecken und wurde von Redaktions-Youngstern durch München gefahren. Im April 1968 veröffentlichte »twen« die Zusammenbau-Story. Ich erinnere mich, dass Heinz Wolf & Sohn darum baten, ihnen solch kuriose Jobs nicht noch einmal zu vermitteln.

Kann man heute noch einen Eigenbau in Deutschland zulassen?

Die Antwort lautet: Ja, aber es ist eine kostspielige Angelegenheit. Schließlich braucht man eine Einzelbetriebserlaubnis. In den alten Bundesländern ist dafür der TÜV zuständig und in den neuen die DEKRA. Verwendet man bei dem Eigenbau einen originalen Fahrzeugrahmen, gilt der Wagen als Umbau des Originalfahrzeuges. Dies erleichtert die spätere Anmeldung des Fahrzeugs erheblich. Falls man den Rahmen modifiziert hat, stuft die Behörde das Auto dagegen als Neuzulassung ein.

Je nach Bauteil werden zudem verschiedene Herkunftsnachweise benötigt. Dabei handelt es sich beispielsweise um eine Bauartgenehmigung (ABE) oder ein Teilegutachten. Fehlen entsprechende Dokumente, ist die prüfende Instanz gezwungen, alle für die Zulassungsbescheinigung benötigten Informationen zu sammeln. Erst danach wird die Behörde den Eigenbau zulassen. Für Teil I der Bescheinigung untersucht die Prüfgesellschaft zum Beispiel die Fahrzeugmaße, das Fahrzeuggewicht, die Motorleistung und die Höchstgeschwindigkeit.

Gehört ein Fahrzeug nicht zu einem genehmigten Typ, so hat der Verfügungsberechtigte die Betriebserlaubnis zu beantragen. Mit dem Antrag auf Erteilung der Betriebserlaubnis ist der nach Landesrecht zuständigen Behörde das Gutachten eines amtlich anerkannten Sachverständigen für den Kraftfahrzeugverkehr vorzulegen.

Seit 1998 ist das Zulassungsverfahren europaweit vereinheitlicht worden (ECE-Homologation). Dabei sind alle teilnehmenden Staaten berechtigt, ein Fahrzeug oder Fahrzeugteile zuzulassen. Dies machen sich auch die Anbieter von Bausätzen zunutze. Für verschiedene Kit Cars gibt es nationale Musterzulassungen. In diesem Fall überprüft der TÜV oder die DEKRA lediglich, ob der Wagen der jeweiligen Zulassung entspricht. Entscheidend ist in diesem Zusammenhang, wie ausführlich die technische Dokumentation des Kit-Anbieters ausfällt.

Existiert für das Fahrzeug oder eines seiner Teile keine EG-Übereinstimmungserklärung beziehungsweise eine Musterzulassung, wird die Anmeldung des Autos enorm kostspielig. Allerdings sollte man vermeiden, mit nicht geprüften Teilen im Straßenverkehr zu fahren. Wiird man dabei erwischt, erlischt die Zulassung für das Fahrzeug. Zusätzlich kann man in verschiedenen Fällen gezwungen werden, ein Bußgeld zu entrichten. Also: Erst Eigenbau zulassen und dann mit dem Wagen fahren. Die Strafen für verschiedene Delikte sind in einem Katalog aufgelistet und sehr hoch.

Mit den erforderlichen Belegen und Gutachten bestehen durchaus Chancen, dass die zuständige Behörde ein Eigenbau-Auto zulassen wird. Welche Kosten für die Zulassung entstehen, hängt vom jeweiligen Einzelfall ab. Um den Zulassungsaufwand zu senken, wird empfohlen, einen ursprünglichen Serienrahmen zu verwenden. Zudem ist es ratsam, sich zu erkundigen, ob eine EG-Übereinstimmungserklärung für die verwendeten Teile beziehungsweise das verwendete Kit existiert. Abhängig von den jeweiligen Gegebenheiten kostet allein die Zulassung vier- oder sogar fünfstellige Beträge.

Der Preis eines Bausatzes bewegt sich für gewöhnlich im fünfstelligen Rahmen und hängt vom angestrebten Nachbau ab. Wer beispielsweise einen Lotus Seven als Eigenbau assembliert und zulassen will, muss tief ins Portemonnaie greifen. Hier ist mit etwa 40.000 Euro zu rechnen.

(Info: wirkaufendeinauto.de)

Bugatti T. 37A
1926

Bunty erzählt eine ganz wahre Geschichte

Wenn ich die Zahl meiner Englandreisen mit fünfzig angebe, so ist das nicht übertrieben, und es könnten sogar einige mehr gewesen ein. Etliche Besuche galten der Familie Scott-Moncrieff, explizit Bunty, dessen Biografie zu veröffentlichen ich (posthum) vor nicht allzu langer Zeit die Ehre hatte.

Aus Hunderten von Manuskriptseiten, teils von Bunty selbst produziert, teils von Hazel Robinson, ergänzt um von mir verfasste Begegnungsprotokolle, hat Tom van Endert 2015 ein Buch entstehen lassen, aus welchem ich ein Kapitel entleihen und hier wiedergeben möchte. Es ist eins von denen, die David Scott-Moncrieff alias Bunty selbst verfasst hat. Ich habe mich bemüht, den Text aus dem Englischen so zu übersetzen, dass er sich von der Erzählkunst des 1985 verstorbenen Autors nicht allzu weit entfernt:

Eines Morgens im Sommer 1947 musste ich feststellen, dass mit dem Motor meines Bugatti etwas nicht in Ordnung war: Er ließ sich nicht mehr starten. Auch mit der Andrehkurbel nicht. Einen Tag später jedoch klappte es, allerdings gab der Vierzylinder nach ein paar Takten seinen

Bunty und Averil in Frankreich auf dem Weg nach Molsheim.

Überall, wo das Ehepaar aus England Station machte, erregte es sowohl mit ihrem Fahrzeug als auch in ihrer ungewöhnlichen Kluft Aufsehen.

Geist wieder auf. Dieses Spiel wiederholte sich mehrere Male. Rätselhaft.

Ich bat unseren Mechaniker um Rat – er murmelte ein paar Beschwörungsformeln und schon sprang der Motor an. Doch nach einem unanständigen Rülpser verschluckte er sich und erstarb wieder... Geoffrey riet mir, das Auto nach Molsheim zu expedieren. Nur die Leute in der Bugatti-Fabrik würden die Sache in Ordnung bringen können. Natürlich wären auch in England Spezialisten zu finden gewesen, die den Wagen erfolgreich in die Kur genommen hätten, aber mir gefiel der Gedanke, ihn der Fabrik anzuvertrauen. Meine liebe Averil hatte sich in die Angelegenheit klugerweise nicht eingemischt; lediglich einen Namen hatte sie dem Auto gegeben: »La Folie« – die Torheit, die Verrücktheit. Eine solche war in ihren Augen auch mein Vorhaben, den Wagen auf eigener Achse hinunter ins Elsass zu fahren. Sie bot sich an, mich sicherheitshalber zu begleiten. Allright!

Mit so wenig Gepäck wie nötig und so viel Zuversicht wie möglich traten Averil und ich die Reise nach Molsheim an. Der Bugatti verfügte allerdings, da er ja ein Rennfahrzeug war, über keinen Platz für Reisegepäck. Das Wenige, für dessen Mitnahme wir uns entschieden hatten, musste mittels Lederriemen außenbords und auf dem Spitzheck festgezurrt werden. Eine abenteuerliche Fracht. Die Reise begann damit, dass wir den Wagen, dessen Motor sich wieder einmal nicht starten lassen wollte, unter Aufbietung aller Kräfte die steile Upper Street hinaufschieben mussten, das Fahrzeug oben wendeten und beim Herunterrollen ins Cockpit sprangen. Ich schaltete die Zündung ein, ließ den dritten Gang einrasten, und aufheulend trat der Motor in Aktion.

Kurz hinter der Ortschaft Chertsey gab der Motor eine Reihe von Fehlzündungen von sich. Direkt gegenüber der Zufahrt zur Brooklands-

Rennstrecke tat der Vierzylinder einen letzten Seufzer und starb ab.

Die Zufahrtstraße zur Rennstrecke war mit einer großen Zahl von Autowerkstätten gesäumt. Die meisten ihrer Inhaber kannte ich persönlich. Ich suchte mir Charles Brackenbury aus, um ihn zu bitten, sich des Bugattis anzunehmen. Brackenburys Leute säuberten die Zündkerzen, füllten Benzin nach und brachten den Motor wundersamerweise sogar per Anlasser zum Laufen, doch es gab immer wieder Aussetzer.

Nur wenige Meilen nach der Entlassung aus Brackenburys Obhut begann das Wasser im Kühler zu kochen. Ein erhebliches Quantum musste nachgefüllt werden – eine Prozedur, die von jetzt in mehr oder weniger regelmäßigen Abständen fällig war. Und die Wasserstelle hatte möglichst an einem abschüssigen Straßenstück zu liegen, zumindest dann, wenn keine kräftigen Helfer zum Anschieben in Sicht waren, denn auf den Elektrostarter war kein Verlass.

Noch bevor wir Redhill erreicht hatten, wurde es dunkel. Der Bugatti war zwar ein Rennwagen, verfügte gleichwohl über Scheinwerfer. Nur: sie funktionierten nicht, ebenso wenig wie die Rücklichter. Nach einigem Suchen entdeckten wir eine Werkstatt, die noch geöffnet hatte und deren Inhaber bereit war, uns zwei Batterie-Stablampen zu verkaufen. Mit Klebeband wurden sie auf den vorderen Kotflügeln befestigt und eingeschaltet. Weiter ging es Richtung Dover.

Ich musste das Gas sensibel dosieren. Wurde ich zu langsam, gab es Fehlzündungen, verölte Zündkerzen, einen kochenden Kühler. Fuhr ich schneller, wuchs die Gefahr, ein Hindernis zu übersehen oder eine Kurve zu spät zu erkennen, denn das Licht der beiden Taschenlampen auf den Schutzblechen war nur schwach.

Gegen Mitternacht hatten wir Dover noch nicht erreicht, wohl aber jenen Punkt, an welchem Averils Kräfte am Ende waren. Immer wieder hatte der Motor ausgesetzt, und Averil musste das Auto anschieben. Schließlich hat sie mich überzeugen können, dass wir besser erst einmal eine Ruhepause einlegten. Wir stellten den Wagen am Straßenrand ab und schliefen beide vor Erschöpfung in unseren Sitzen ein. Eine Polizeistreife zu Fahrrad weckte uns – aber die beiden Herren wollten sich nur vergewissern, ob wir tot oder lebendig waren. Wir konnten ihnen die Enttäuschung anmerken, als sie feststellten, dass wir nur geschlafen hatten! Aber sie schoben bereitwillig den Wagen an und hatten seltsamerweise auch nichts an unserer Hilfsbeleuchtung auszusetzen, im Gegenteil: Einer von ihnen vermachte uns seine Dienstlaterne, die sich mit einer kleinen roten Scheibe versehen ließ. Diese Leuchte hefteten wir ans Fahrzeugheck. In Folkestone waren die Batterien sämtlicher drei Taschenlampen leer. Es war weit nach Mitternacht. Wieder einmal hatten wir Glück: Eine mitfühlende Seele in einem großen Lanchester hielt an und erbot sich, vor uns herzufahren, bis an die Docks von Dover. Das waren nur noch wenige Meilen. Gegen drei Uhr morgens langten wir dort an, zwei Stunden vor Abfahrt der nächsten Fähre nach Calais. Wir durften uns auf der Pritsche im Büro des Hafenmeisters ein wenig ausstrecken, und als es an Bord des Schiffes ging, halfen uns ein halbes Dutzend amerikanischer Studenten, den Wagen anzuschieben. Ihr Spott war beißend...

Eigenartigerweise änderte sich das Verhalten des kapriziösen Bugatti schlagartig, sobald er französischen Boden unter den Reifen spürte. Nicht nur, dass der Motor jetzt willig ansprang – auch das Kühlwasser kochte während der ersten zwei Stunden nicht. Die Weiterfahrt in Richtung Südosten schien sich zunächst normal zu vollziehen, soweit sich dieser Begriff auf die Reise anwenden ließ.

Aber schon nach zwei Stunden schlug das Schicksal erneut zu. Irgendwoher trat Öl aus und floss in den Fußraum. Innerhalb weniger Minuten waren Averils Schuhe total versaut. Also mussten wir erneut anhalten. Es war noch nicht zehn Uhr morgens, aber wir fanden eine Werkstatt, die bereits geöffnet hatte. Der Patron konnte uns aber nicht helfen, lediglich eine Rolle Isolierband verkaufen. Ich umwickelte mit dem Band die vermeintlich undichte Stelle am Rohr der Ölzufuhr,

Oben: Averil Scott-Moncrieff (geb. Sneyd) mit dem Bugatti 37A in Prescott.

Links: Mit diesem Bugatti gedachte Bunty im Herbst 1945 via Finnland in die Sowjetunion zu reisen, um mit Josef Stalin über die politische Weltlage zu debattieren... Das Vorhaben scheiterte, weil Bunty versäumt hatte, sich ein Visum zu besorgen.

und das alles auf dem Marktplatz eines kleinen Ortes, dessen gesamte Einwohnerschaft zuschaute. Es fanden sich wenigstens genügend kräftige Burschen zum Anschieben, als wir weiterfahren wollten, weil der Anlasser seinen Geist wieder einmal aufgegeben hatte. Doch wir waren noch keine fünf Meilen gefahren, als das nächste Malheur geschah: Das Gasgestänge hatte sich verhakt, der Motor heulte auf – und die Ölleitung platzte an einer anderen Stelle. Ein Auto hielt, nahm uns ins Schlepptau und lieferte uns bei einer Tankstelle im nächsten Ort ab. Der Tankwart brachte das Gasgestänge in Ordnung, flickte die Ölleitung ein weiteres Mal, füllte Benzin und Wasser nach. Anschließend suchten wir erst einmal ein Bistro auf und bestellten uns ein Frühstück. Averil schien vollkommen mit den Nerven fertig... Erneut wurden wir angeschoben und setzten die unglückselige Reise fort. Zumindest bis aus der Ortschaft heraus. Wieder spritzte Öl durchs Cockpit, Averils gesamte Garderobe war jetzt verdorben. Ich hatte meine Lederhose aus der Steiermark an, die vertrug schon eher etwas... Also drehten wir um, suchten die Tankstelle erneut auf. Wir bastelten geschlagene fünf oder sechs Stunden, wir waren am Ende unserer Geduld. Averil kehrte zum Bistro zurück und sagte: Wir bleiben über Nacht hier! Der Wirt antwortete, er habe leider keine Fremdenzimmer, aber wir könnten gern das Bad für eine Stunde benutzen, was wir auch taten. Doch es kam der Zeitpunkt, an welchem auch ich so müde war, dass ich an einer Auberge anhielt und ein Zimmer mietete. Für ein Dinner war es noch nicht zu spät. Die Wirtsleute stammten aus England, und so wurde der Abend trotz Müdigkeit sehr lang.

Mit neuer Kraft und frischem Mut setzten Averil und ich die Reise am nächsten Morgen fort. Doch Molsheim war noch weit... Unerwarteterweise stellten sich keine weiteren Defekte ein, und es wurde ein schöner Tag auf französischen Landstraßen erster und zweiter Kategorie; nur des Kühlwassers wegen gab es hier und da einen kleinen Aufenthalt. Sogar der Anlasser funktionierte wieder ordnungsgemäß.

Wir erreichten Brügge in Belgien, wo ich am Stadtrand den Besitzer eines kleinen Hotels kannte. Hier wollten wir die nächste Nacht verbringen, zumal ich zwei Bugatti-Experten anzutreffen hoffte, die in der Nähe wohnten: einen Monsieur Quentin, Eigner eines Typ 49, sowie den Abt eines Klosters, der ebenfalls einen Typ 49 besaß. Monsieur Quentin erschien mit Bugatti, Frau und Kind am nächsten Morgen und leistete uns beim Frühstück Gesellschaft; gemeinsam mit ihm fuhren wir anschließend zum Kloster und klingelten den Abt heraus. Dieser unterbreitete uns einen guten Vorschlag: Er habe gerade Zeit und wollte uns bis nach Brüssel vorausfahren, und Monsieur Quentin sollte uns folgen, sicherheitshalber.

Es ging ein Konvoi auf Tour, wie man ihn wohl selten sah, und als zwei Polizeibeamte auf Motorrädern die vermutlich ein wenig zu schnell fahrenden Bugattisten mit Handzeichen zum Halten aufforderten, rief der Abt ihnen aus seinem Auto entgegen: »Nicht aufhalten, meine Herren! Wir eskortieren einen Rennwagen aus England, es geht um den Sieg! Wir haben einen Vorsprung von zehn Minuten, achten Sie auf die nachfolgenden Fahrzeuge!«

Was immer die Polizisten von diesem Unsinn gehalten haben mögen: Die Schutzengel des Klosterbruders waren mit uns, und wir fegten wie die Verrückten an allem vorbei, was in Richtung Brüssel unterwegs war.

Bei der Einfahrt nach Brüssel ließ sich ein Stopp wegen der großen Verkehrsdichte nicht vermeiden, zumal der Kühler erneut nach Wasser verlangte.

Brüssel zu durchqueren, erst recht im Konvoi, war die Hölle. Als ob es nicht schon genug Verkehrshindernisse dort gab, stellten wir ein weiteres dar. Wir verloren einander dann auch aus den Augen. An den Wagen des rasenden Abtes konnten wir nicht aufschließen, und dann war auch Monsieur Quentin verschwunden. Ganz gleich – wir fuhren einfach weiter, fanden sogar die richtige Straße nach Luxemburg. Mir fiel auf, dass man hier viele amerikanische Limousinen jüngster Baujahre sah, die ich nicht alle zu identifizieren wusste. Wir kamen uns recht klein vor mit unserem mageren Zweisitzer. Der Motor blieb noch einige Male ohne erkennbare Ursache stehen, Averil musste aussteigen und Passanten bitten, ihr beim Anschieben zu helfen. Einige taten uns den Gefallen, andere lachten nur spöttisch...

Straßburg, Illkirch, Molsheim – endlich! Mit einem lauten Stoßseufzer der Erleichterung entstieg Averil dem öligen Cockpit. Sofort blieben Arbeiter, die der Werkspforte zustrebten, neugierig stehen, scharten sich um unser Auto, stellten Fragen. Damals war das Bugatti-Werk noch in der Lage, private Reparaturaufträge durchzuführen. Ettore Bugatti war im August 1947 leider verstorben, so dass wir keine Gelegenheit hatten, den berühmten Mann kennen zu lernen. Aber es gab genügend Experten, mit denen man fachsimpeln und die zahlreichen Pannenphänomene besprechen konnte.

Auf der Rückreise lief »La Folie« wie die sprichwörtliche Nähmaschine. Averil hatte alle Veranlassung, ihre Ansicht über französische Rennwagen gründlich zu revidieren. Sogar die Beleuchtung funktionierte wieder! Nach der Heimkunft bat sie mich, den Bugatti nie zu verkaufen. Sie hatte dem Flitzer alles verziehen, was er ihr auf der Fahrt nach Molsheim an schrecklichen Erlebnissen beschert hatte. »La Folie« war zu ihrer ganz persönlichen Verrücktheit avanciert.

Morgan Threewheeler
1935

»George, fahr schneller! Man schießt auf uns!«

Zum wiederholten Mal habe ich mir in England ein antikes Automobil angelacht; was für eins, ist unerheblich, und in der folgenden Geschichte spielt das auch keine Rolle. Denn im Mittelpunkt meiner Erzählung stehen ein anderes Gefährt und deren einstige Besitzerin.

Als Oldie-Scout besaß ich einige Erfahrung und wusste: Um einen Veteranen unbeschadet über eine Distanz von tausend Kilometer zu bewegen, muss ich mir Zeit nehmen und die Fahrtroute so planen, dass ich in gewissen Abständen Etappenquartiere in Anspruch nehmen kann. Preiswerte, wie die von mir bevorzugten Bed-and-Breakfast-Pensionen indischer Landladies in der Ebury Street – damit die Kosten für die Überführung am Ende nicht höher ausfallen als der Betrag, den ich für meine Trouvaille bezahlt habe.

Diesmal stellt ein solches Etappenquartier ein Einfamilienhaus in der Pinner Road zu Harrow-on-the Hill dar. Es ist keine kommerzielle B&B-Adresse; das Haus wird von George und Barbara Davies bewohnt.

Ich habe das freundliche ältere Ehepaar ein halbes Jahr zuvor in einem kleinen Hotel irgendwo in Frankreich kennen gelernt; wir hatten fröhlich gemeinsam diniert und unsere Adressen getauscht mit dem üblichen »Besuch ist bei uns immer willkommen... wir haben ein Gästezimmer zum Übernachten...« Dieser Aufforderung komme ich jetzt gerne nach. Es wird viel zu erzählen geben. Ich freue mich schon auf einen lustigen Abend, so wie der damals in Frankreich, als George nicht nur von seinem 1930er Morgan Threewheeler sprach, den er einstmals besaß, sondern auch von seiner Dienstzeit als Offizier der Royal Navy auf der Privatyacht des Königs. Barbaras Mienenspiel ließ mich vermuten, dass die eine oder andere royale Begebenheit vor den Küsten Ägyptens, Indiens

Morgan Threewheeler von 1938, aufgenommen 1947. Wie in manchen anderen Ländern wurden Dreiradfahrzeuge auch in Großbritannien nach Motorrad-Tarifen versteuert und versichert.

oder der Bermuda Islands von George ihre Brillanz durch eine witzige erzählerische Komponente erhielt, die wir als Seemannsgarn bezeichnen. Die Geschichte mit dem Krokodil in der Kajüte der Duchess of York zum Beispiel, die war schon sehr merkwürdig. Vor allem aber hätte ich gern etwas mehr über den Morgan Threewheeler erfahren.

Ich klopfe zwar nicht unangemeldet an die Eingangstür des Reihenhauses an der Pinner Road, doch auf meine Besuchsankündigung hatte ich keine Antwort erhalten. Es öffnet die liebe Barbara, bittet mich herein. Sehr sympathisch – ich werde offensichtlich erwartet

»Please make yourself comfortable, tea will be ready in a minute.« Wie liebenswürdig sie doch sind, diese Engländer, ausgenommen freilich solche, die nächtens in Gestalt berauschter Hooligans wehrlose Autoreifen zerstechen oder in der Carnaby Street Schaufensterscheiben einschlagen.

Der Living Room kann nicht englischer sein, mit seinen Axminster-Teppichen, Queen-Victoria-Möbeln, einem elektrisch befeuerten Kamin samt Nippes auf dem Gesims, Schiffs- und Rennpferdbilder an den Wänden. Kein TV, kein Radio.

Und wo steckt George? Nun, er wird oben im Badezimmer seinen Schnurrbart noch ein wenig ondulieren, um dem Gast einen gepflegten Anblick bieten zu können. Also stelle ich schon mal mein Mitbringsel auf den Tisch, eine Flasche Portwein, einer von der etwas besseren Sorte, derweil ich Barbara in der Küche trällern höre. Es duftet nach Gebackenem. Scones...? Yorkshire Pudding...?

Auf einem silbernen Tablett trägt sie das Spode China Bone Service herein, how lovely! »Eine Tasse Tee wird dir gut tun, my boy, nach der langen Reise. Zum Dinner gibt's später etwas Herzhaftes. Dein Zimmer zeige ich dir dann auch.«

Jetzt müsste aber endlich George auftauchen – er wird doch wohl nicht erst noch seine weiße Uniform anlegen? Meine Gedanken gehen blitzartig auf einen anderen Kurs, als ich sehe, dass Barbara zwei, nicht drei Tassen aufs Teetischchen stellt... was hat das zu bedeuten? Gedanke eins (Dauer 0,2 Sekunden): George mag keinen Tee; er wird sich lieber einen Scotch genehmigen. Gedanke zwei (0,1 Sekunden): George verpennt den Tag im Schlafzimmer nach mehrstündiger, anstrengender Lektüre der Times und möchte erst zum Abendessen geweckt werden. Gedanke drei (0,4 Sekunden): George befindet sich gar nicht im Haus, sondern (a) im Club, (b) wegen eines Verkehrsdeliktes im Gefängnis, (c) mit einem körperlichen Defekt im Hospital, (d) wegen eines mentalen Handicaps in einer geschlossenen Anstalt – oder (e) Barbara hat ihren Gatten nach dreißig unerträglichen Ehejahren vor die Tür gesetzt...

Wo bleibt denn George? frage ich Barbara. Mag er keinen Tee...?

»Eins nach dem anderen, my boy. Erst mal zu dir! Du wirst also in Birmingham ein steinaltes Auto kaufen, hast du geschrieben? Eine solch verrückte Idee hätte von George stammen können. Wirklich! Ich sage bloß: Morgan. Wir besaßen mal einen... Er fegte mit dem Dreirad wie ein Wahnsinniger durch die Gegend...«

Zu diesem Auto möchte ich George gern ein paar Fragen stellen.

»Mich musst du fragen, my good boy, denn der Moggie gehörte eigentlich mir, nicht George. Ich bekam ihn von meinem Daddy zum einundzwanzigsten Geburtstag geschenkt. Alle Mädels vom College habe ich zu Spritztouren mitnehmen müssen, nacheinander. Wie sehr die mich beneidet haben! Ich glaube, dass mich George auch nur wegen meines Threewheelers geheiratet hat. Und soll ich Dir verraten, wie höllisch schnell er war? Siebenundsechzig Meilen!«

Wo steckt er bloß? Für den Fall, dass der liebe George keinen Tee mag, hätte ich hier einen guten Port mitgebracht...

»Ich will dir sagen, wo er steckt. Vor drei Monaten haben ihn die Engel zu sich in den Himmel geholt, Abteilung Threewheeler. Nimm dir ein paar Mandelbiscuits, ich habe sie vorhin selbst gebacken, und lass deinen Tee nicht kalt werden. In die Hölle der Mercedesfahrer wird er hoffentlich nicht gekommen sein – trotz Allem.«

Barbara gesteht, sie habe befürchtet, ich würde nicht erscheinen, wenn ich erfahren hätte, dass

George unerwartet verstorben war: »Deshalb habe ich auf deinen Brief nicht reagiert und gehofft, du würdest dennoch hereinschauen. Was hast du denn da für einen wundervollen Port mitgebracht? Wir probieren gleich mal ein Schlückchen...« Sie holt zwei Gläser, ich öffne die Flasche. Wir stoßen auf den Verblichenen an: Cheers to good old George! Die Stimmung ist keineswegs traurig; der mit etwa fünfzig Jahren noch in der vollen Blüte des sorgenfreien Witwenlebens stehenden Barbara tut die Gesellschaft eines jungen Gentleman offensichtlich wohl. Binnen einer knappen Plauderstunde ist die Portweinflasche halb leer und meine fröhliche Gastgeberin halb voll.

Trotz Allem, sagtest du, Barbara?!

»Nun ja, er war manchmal schon ein schrecklicher Kerl, weißt du, erzählte immer dieselben Geschichten und setzte beim Wetten auf die falschen Pferde, damit hat er viel Geld verzockt, der liebe Narr. Cheers!«

Aber voriges Jahr in Frankreich, da hatte ich den Eindruck, dass –

»Immer dieselben Geschichten! Hat er damals die vom Krokodil in der Suite von Prinzessin Margaret zum Besten gegeben?« Nein, aber eine vom Krokodil in der Kajüte von der Duchess of York. »Bei der war es ein Pinguin, kein Krokodil. Und dann die Sache mit der mexikanischen Liliputanerfamilie, die sich in einer der Vorratskammern für gefüllte Hammelmägen versteckt hatte. Mindestens fünfzig Mal habe ich sie mir anhören müssen. Cheers!«

Schließlich kommt Barbara noch einmal auf den Morgan zu sprechen. »George hatte darauf bestanden, dass wir mit dem Moggie unsere Hochzeitsreise machten, drüben in der Champagne. Ich bin gewiss kein furchtsamer Typ, aber auf dieser Reise durchlitt ich Momente echter Todesangst.

Wir befanden uns bereits wieder auf der Heimfahrt, hatten in Reims die Kathedrale besichtigt und bei einer Kellerei vier Flaschen Champagner eingekauft – für mehr langte weder der Platz hinter den Rückenlehnen unserer Sitze noch unsere Barschaft. Plötzlich vernahmen wir einen Knall. Päng!!! Beinahe hätte George vor Schreck das Lenkrad verrissen, und ich vermeinte einen heftigen Stoß verspürt zu haben. Schneller, George, fahr schneller! schrie ich, jemand schießt auf uns!

Das glaub' ich nicht! schrie George zurück, oder verfolgt uns eine dieser Gangsterlimousinen? Päng!!! Ein zweiter Schuss... War etwa wieder Krieg...?

Mehr als viermal knallte es nicht, denn wir hatten ja auch nur vier Flaschen Champagner an Bord gehabt, deren Korken herausgeflogen waren. Die Kapseldrähte waren zu lose gewesen. Das Holpern und Schütteln unseres hart gefederten Moggie und die hochsommerliche Temperatur hatten das vermeintliche Attentat bewirkt und obendrein ein schaumiges Durchfeuchten des Cockpits.«

Trotz dieses Ungemachs gleich zu Beginn ihrer Ehe nahm selbige aber einen guten Verlauf.

Die Flasche ist leer, Barbara voll. Aber ein 1958er Château Villars sorgt für Kontinuität. Entsprechend drittklassig gerät das Dinnergericht, woraus auch immer es besteht. Ich tippe auf Fragmente eines ermordeten Thunfisches. Einige weitere, ebenfalls tiefschwarze – ich befinde mich in einem Trauerhaus! – Objekte auf dem Teller kann ich genauso wenig identifizieren, zumal die Beleuchtung des Dining Room im Sparmodus glimmt. Macht nichts, und die paar Scherben in der Küche dürfen bis morgen liegen bleiben. Anstelle eines Desserts entbietet Mrs. Davies mir das Seemannslied von Lilly, der untreuen Braut des Schiffszimmermanns. Cheers, George! Dein Château Villars hat auf dem Tischtuch leider ein paar Spuren hinterlassen.

Beim Abschied beschenkte mich die gastfreie Witwe mit drei Rudyard-Kipling-Büchern aus der Bibliothek ihres Seligen sowie einer Kollektion Krawattennadeln. Ich war mir dennoch nicht sicher, ob ich Barbara ein zweites Mal besuchen sollte, obwohl sie sich darüber bestimmt gefreut und mir den schuldig gebliebenen Beweis geliefert hätte, der mir erklärte, warum die englische Küche einen so guten Ruf genießt. Außerdem hatte sie versprochen, nach dem Album mit den Morgan-Fotos zu suchen.

Horch 375 Landaulet 1929

Vier Achtzylinder für'n Appel und'n Ei

Der Illustrator Carlo Demand war wie ich ein Autonarr. Wir hatten viel Spaß an alten Karossen, von denen wir uns einige gemeinsam zugelegt hatten, wie jenes Quartett hochkarätiger Achtzylinder von einem in Ludwigsburg praktizierenden Zahnarzt namens Pampel.

Carlo galt als ebenso hoch talentiert wie Walter Gotschke oder Peter Helck und war wie diese zudem in der Renngeschichte bestens bewandert. Viele Fahrer aus alten Zeiten hatte er noch persönlich kennen gelernt. Carlo wohnte mit seiner Frau (die zierliche Margret bekleidete einen amerikanischen Offiziersrang) in der Nähe Münchens und ließ sich von mir eines Tages überreden, sich endlich seinen Traumwagen zuzulegen, den er seit langem suchte: einen Jaguar XK 150S. Das rechtsgelenkte Coupé kauften wir anlässlich eines gemeinsamen Ausflugs nach London bei Coys of Kensington, das war eine der feineren Adressen für hochwertige und teure Klassiker. »Nur das Beste kommt in Betracht,« lautete auch Carlos Leitspruch. Der nicht allein für Autos galt, sondern für alles Freude Spendende im Dasein eines Menschen mit Ambitionen, etwa französischen Spitzenweinen, die im PX-Shop unglaublich günstig zu bekommen waren.

Mit seiner silbergrauen Mercedes-Benz-Limousine hatten Carlo und ich die Reise nach London unternommen und bei Coys sofort das richtige Fahrzeug gefunden. Allerdings erschien mir der Preis von 1850 Pfund Sterling für einen Jaguar XK 150S ziemlich hoch, doch für Carlo war das kein Problem. Ich hatte die Ehre, das Sportcoupé nach München zu chauffieren, denn nur Carlo war es erlaubt, den Mercedes zu lenken – der amerikanischen Kennzeichen wegen. Uns hat aber auch niemand angehalten, um nach Legitimationen zu fragen: Was da mit einem britischen und mit einem US-Kennzeichen unterwegs war, schien diplomatischen Status zu genießen. Margret lehnte es ab, sich an das Lenkrad großer Autos zu setzen, was für den neuen Rechtslenker ihres Mannes ebenso galt wie für dessen Mercedes. Sie bewegte ausschließlich ihren Opel Kadett, schon aus Patriotismus, schließlich war Opel eine General-Motors-Marke.

Jene Aktion, bei welcher der enthusiasmierte Jaguar-Besitzer Carlo und ich uns zum Entsetzen unserer Gemahlinnen einen Fuhrpark der besonderen Art zulegten, ergab sich aus einem Angebot, das mir der eingangs erwähnte Zahnarzt Pampel unterbreitete. Er hatte einen Horch von 1929 zu verkaufen, ein Landaulet Typ 375, das während des Krieges zum Feuerwehrwagen umgerüstet worden war. Das Auto sollte 2500 Mark kosten. Ein fahrbereiter Horch Achtzylinder mochte 1966 diesen Betrag allemal wert sein.

Der Pampeldoktor wollte das Auto jedoch nur demjenigen verkaufen, der ihm auch seine beiden anderen Horch der Baujahre 1932 und 1939 abnahm. Zum Preis von 3500 Mark für jeden. Als Bonus gab's einen Mercedes-Benz Typ Nürburg von 1934 – ein verlockendes Angebot.

Eine so wertvolle Armada zum Schnäppchenpreis durfte man sich doch nicht entgehen lassen. Gemeinsam erwarben Carlo und ich die vier Oldtimer, die – bis auf den Feuerwehrwagen – nur geringer Aufarbeitung bedurften, um in ihrem aristokratischen Glanz von einst zu erstrahlen.

Wohl jeder meiner Freunde und Bekannten musste mich jetzt für übergeschnappt halten, zumal ich vier weitere Oldtimer in diversen Gara-

Carlo Demand und ich übernahmen die aus vier Fahrzeugen bestehende Pampel-Kollektion ohne zu ahnen, welche Arbeit wir uns damit aufbürdeten...

Links: Horch 930 V von 1939. Unten: Horch 780 Gläser-Cabriolet von 1932 – und wie er im Original von Horch gezeigt wurde.

Oben links: Horch Typ 375 von 1929, der während des Krieges bei der Ludwigsburger Feuerwehr gedient hatte. Oben: Mercedes-Benz Nürburg 1934.

Unsere Absicht, die vier Fahrzeuge einer Restaurierung zu unterziehen, scheiterte an unseren viel zu geringen Finanzmitteln... Also wurden die Autos nach und nach wieder verkauft.

gen stehen hatte, einen 1930er MG, ein 1929er Riley, einen 1938er Opel Blitz sowie einen 1949er Triumph Roadster...

Carlo und ich überlegten, ob wir vielleicht einen der vier Pampel-Wagen weiterverkaufen sollten. Würden wir den Horch Typ 780 Baujahr 1932 hergeben, könnte er uns so viel einbringen, wie wir dem Zahnarzt insgesamt bezahlt hatten, so kalkulierten wir.

Und so verfuhren wir auch. Das Achtzylinder-Cabrio kaufte uns der deutschstämmige Besitzer einer privaten Radiostation im fernen Arizona ab,

Den dunkelblauen Nürburg kaufte mir ein Amerikaner ab; von ihm ging er binnen weniger Tage in den Besitz eines Münchner Taxifahrers über. Heute ist der (umlackierte) Wagen ein Exponat im Mercedes-Museum.

nachdem das Autohaus Mulfinger in Heilbronn das Auto noch einmal komplett durchgesehen und, wo nötig, repariert hatte. Der Deal war kein unkompliziertes Geschäft, mit Kreditbrief, Verschiffungs- und Versicherungs-Arrangements und so weiter. Carlo behielt dann das Landaulet (zumindest für die Dauer eines Jahres, ehe er das Auto an den Kettenfabrikanten Thomas Dewald in Wuppertal verkaufte), und ich amüsierte mich mit dem V8 Roadster und dem Mercedes-Benz Nürburg.

Der Roadster war ein echter Hingucker in hellem Beige, schwarz ledergepolstert und mit einem kernigen Sound. Der Wagen wies ein brillantes Fahrverhalten auf, beschleunigte flott und bremste gut. Seine edle Erscheinung animierte eher zum Langsamfahren; Hektik verbot sich von selbst. Die gigantische Mercedes-Fünf-Liter-Limousine mit Separationsscheibe hinter den vorderen Sitzen hingegen fuhr und lenkte sich wie ein Lastwagen – hier zeigte sich die Erfindung der Langsamkeit als eingebauter Schrittmacher. Der Wagen roch wundervoll muffig im Fondabteil und damit nicht anders als unter der Motorhaube. Die reichlich durchgewetzten Polster der vorderen Sitzbank bewogen mich, den Wagen einem Fachmann anzuvertrauen, der die maroden Bezüge durch neue ersetzen sollte.

Gemeinsam suchten wir ein dunkelblaues Leder aus, dem Original weitgehend entsprechend, und einigten uns auf einen Preis. Der war nicht gerade niedrig – aber echtes Leder koste halt so viel wie echtes Leder, wurde ich belehrt.

Als ich den Nürburg drei Wochen später abholte, gab es eine Enttäuschung. »Ich habe statt des teuren Leders ein Kunstleder genommen«, eröffnete mir der Polstermeister – in der Annahme, mir damit einen Gefallen erwiesen zu haben: »Ihnen schien echtes Leder doch zu teuer zu sein, nicht wahr, und bei einem so alten Auto lohnen sich hohe Investitionen ja sowieso nicht...«

Der Vollständigkeit halber: Den Horch V8 nahm mir ein Jahr später der Kopenhagener Auto Union-Importeur Bohnstedt-Petersen für sein Firmenmuseum in Billund ab, der Nürburg ging einschließlich seiner Kunstleder-Vordersitzbank in den Besitz eines Münchner Taxifahrers über. Beide Fahrzeuge hatte ich nur wenige Monate zugelassen gehabt, weil Steuern und Versicherungsprämien hoch zu Buche schlugen. Denn es gab ja damals noch keine ermäßigten Tarife für Oldtimer. Der Fiskus kassierte 15 Mark 50 pro 100 Kubikzentimeter Hubraum, der beim Horch 3,8 und beim Mercedes-Benz Nürburg 5,0 Liter betrug.

Citroën 15-six Limousine 1950

Kalte Füße, warmes Herz

Die junge Dame auf dem Nebensitz freute sich mit mir: »Schön, dass Sie so gute Laune haben, Herr Schrader... aber gibt's in diesem Auto keine Heizung? Mir ist so kalt...«

Es hatte zu regnen begonnen, und der Regen verwandelte sich in ein Schneegestöber. Beim Start in Paris war uns die Sonne noch gnädig gewesen. Dem Citroën machte der Wetterumschwung mit Temperatursturz nichts aus, mir ebenso wenig, aber meine Copilotin registrierte ein zunehmendes Kreislaufdefizit dort, wo es bekanntlich als besonders unangenehm empfunden wird – an den Füßen.

Anzeichen einer Erkältung hatte Renée schon bei unserem Stadtbummel zu ignorieren versucht. Ich war es ja gewohnt, Autos ohne ausreichende Heizung zu fahren, und hatte mir einen dicken Pullover übergestülpt. Renée hatte sich für die Mitnahme nicht ganz so rustikaler Garderobe entschieden. Wenn man schon mal vom Chef zu einer Reise nach Paris eingeladen wird...

Von den frühen Sechziger Jahren an reiste ich alle paar Monate nach Paris, teils aus geschäftlichen Gründen (dann allein), oft auch privat (dann nicht allein). Anlässe gab es genügend, auch später noch.

Eine Drehstrom-Lichtmaschine, eine Warmluftzuführung für den Innenraum plus Gebläse für die Frontscheibe, eine Nebelschlussleuchte sowie eine mobile Mittelarmstütze waren Komfortattribute, die meinen 15-six noch perfekter machten.

Der gelegentliche Verkehrsinfarkt der Riesenmetropole ist noch heute für Überraschungen gut, aber damals hat es mich beeindruckt, wie viele Vorkriegsautos noch auf der Straße waren – vom Citroën Trèfle bis zum Georges-Irat, vom Chenard-Walcker bis zum Renault Primastella. Auf den Parkplätzen sah man betagte Simca, Panhard, Rosengart oder auch mal einen Licorne oder Amilcar. Am meisten faszinierten mich die zahlreichen, in der Regel schwarz lackierten Traction Avant, die man wegen ihres konservativen Erscheinungsbildes sämtlich für Vorkriegsmodelle halten konnte, aber noch bis 1957 gebaut worden waren. Die Älteren von uns erinnern sich: Mit einem solchen Wagen war der TV-Serien-Kommissar Maigret unterwegs, dargestellt von einem permanent nikotinisierten Jean Gabin.

Einen relativ jungen Wagen dieser Bauart, die sich vom 1934er Design nur geringfügig unterschied und eine ausgereifte Konstruktion darstellte – so einen Wagen wollte ich mir schon immer mal zulegen. Von der Frontantriebs-Weltanschauung war ich ohnedies überzeugt. Zwar hatte ich noch nie die Gelegenheit gehabt, einen solchen Citroën zu lenken, aber von Paul Niedermann gehört, dass sie von bester Qualität seien, einem Mercedes vergleichbar.

Zuschriften auf einige Anzeigen in der französischen Motorpresse blieben bis auf eine unbeantwortet. In großer Zahl wurden diese Autos in Sechszylinder-Ausführung nicht angeboten, und wenn, waren sie verhältnismäßig teuer. Ich hatte im Dezember 1967 in Frankreich sogar selbst ein Suchinserat aufgegeben und nur eine einzige Zuschrift erhalten.

Dann aber signalisierte mir Paul Niedermann, er habe einen solchen Jean-Gabin-Wagen für mich ausfindig gemacht, ein ausgezeichnetes Exemplar, und obendrein sehr günstig – falls ich noch interessiert sei? Sofort sagte ich zu und be-

Der Citroën 15-six war einer der fünf besten Wagen, die ich je besessen habe.

sorgte zwei Fahrkarten für den nächsten Nachtzug von München nach Paris. Das war am Wochenende des 15. und 16. März 1968. Ich gedachte den Wagen in Begleitung meiner Assistentin (damals sagte man »Sekretärin«) Renée unverzüglich abzuholen.

Paul Niedermann hatte mir die Adresse des Garagisten Jean Gouali genannt, der den zur Disposition stehenden 15-six Baujahr 1950 mit knapp 80.000 Kilometern aus erster Hand in Kommission anbot. Der Besitzer habe als betagter Sonntagsfahrer seinen Führerschein abgegeben, hörte ich, und wenn ich mich rasch entschlösse, könnte ich die schwarze Limousine für nur 200 Francs bekommen.

200 Francs – das entsprach damals 150 D-Mark. Was für ein bescheidener Betrag für einen intakten, angeblich unfallfreien und fahrbereiten 15-six vom Erstbesitzer.

Ich nahm die mittels einer neuen Batterie (die kostete fast ebenso viel wie das ganze Auto) innerhalb einer halben Stunde fahrbereit gemachte, seit ein paar Monaten stillgelegte und nach Tabak duftende Limousine in Empfang, berappte den Kaufpreis gegen eine ordentliche, von Gisela auf Goualis Schreibmaschine getippte Rechnung – und versuchte Giselas Zweifel, ob der deutsche Zoll den niedrigen Wert anerkennen würde, zu ignorieren. Ich war unbekümmert und zuversichtlich, dass alles gutgehen würde. Das heisere Vibrato in Giselas Stimme deutete ich nicht als Signal eines Infekts, sondern dachte, dieses habe emotionale Ursachen.

Nach einem Schaufensterbummel über die Champs Elysées – die Zeit drängte – starteten wir zur Heimreise. Ich kam mit dem Citroën gut zurecht und gab ordentlich Gas. Der Sechszylinder fuhr sich dank Vorderradantrieb auch auf frisch verschneiter Straße sicher und angenehm, so wie ich es erwartet hatte. Der 76 PS leistende Motor hörte sich an wie der eines viel stärkeren Wagens. Das wärmte die Ohren, meine wenigstens.

Meine tapfere Mitfahrerin klapperte allerdings mit den Zähnen und absolvierte die Reise im Schneidersitz kauernd, ihren Sommermantel um sich gehüllt. Der Wagenboden strahlte keine Motorwärme, sondern eine Eiseskälte ab. Zu sehen gab es draußen auch nicht viel, zumal die Scheibenwischer nicht zur Arbeitsaufnahme bereit waren; sie bewegten sich nur millimeterweise – bis es irgendwann »klack« machte und sie danach ihre Pflicht auf vorschriftsmäßige Weise taten.

Bei einem Zwischenhalt versuchte ich die Heizungsfrage zu klären. Ich öffnete die linke Hälfte der Motorhaube und konnte feststellen, dass im Motorraum eine angenehme Temperatur herrschte. Doch auf welchem Wege die Wärme dazu veranlasst werden könnte, sich dem Fahrzeuginneren mitzuteilen, war nicht erkennbar.

Erst zu einem späteren Zeitpunkt wurde ich aufgeklärt, dass es eine Warmluftzuführung vom Kühler zum Fußraum in Gestalt zweier Rohre länglichen Durchmessers gab, die aber ein Sonderzubehör darstellten. Und bei meinem Fünfzehner waren die nicht vorhanden. So verschwendete der Motor seine Wärme an die französische Märzlandschaft, ohne dass wir sie hätten für uns nutzen können.

Eine warmgepustete Renée hätte sicher zu meiner Unterhaltung einiges Fröhliche beigetragen, so aber blieb es beim Bibbern.

Als es dämmrig wurde, waren wir bis in die Gegend von Nancy gekommen, und zwar großenteils auf Nationalstraßen, denn das französische Autobahnnetz bestand 1968 noch längst nicht so flächendeckend wie heute. Ich war zu müde, um weiterzufahren. Auch mit Rücksicht auf meine unterkühlte Begleiterin war eine Unterbrechung der Reise angesagt. Wir fanden eine Auberge, wo man uns mit einem (geheizten) Quartier und einem feudalen Abendessen verwöhnte.

Nach einem hastigen Kaffeefrühstück setzten wir die Reise nächstentags fort, wie sie begonnen hatte – heizungslos mit der tiefgekühlten Gangsterbraut im Gangsterwagen. In der Schlafwagenkoje sei es gemütlicher gewesen, antwortete Renée auf meine Frage, wie sie geschlafen habe.

Der weitere Verlauf unserer Tour de Frost vollzog sich auf überwiegend schneefreier Straße ohne Zwischenfälle, und irgendwann erreichten wir

München – uns gegenseitig versichernd, das sei eine wundervolle Reise gewesen...

Für die Zulassung des Fünfzehners (»la Quinze«) waren dann aber doch noch diverse Arbeiten erforderlich, wie sich erwies. Sämtliche Teile, die ich dafür benötigte, besorgten mir Spezialisten in Frankreich, in den Niederlanden, in der Schweiz. Denn bei aller Hilfsbereitschaft der mit den TÜV-Vorbereitungen beauftragten Citroën-Werkstatt Reinhardt im Münchner Osten oblag es mir, das Material herbeizuschaffen. Schließlich spendierte ich der Limousine eine neue, taubengraue Velours-Innenausstattung und eine bei Siggi Fischer in Sauerlach meisterhaft ausgeführte Nitrolackierung,wie sie heute kaum ein Betrieb noch anzubieten vermag.

Viele Jahre diente mir der nitroschwarz-noble 15-six als Wagen für die tägliche Fahrt zum Büro, und meine couragierte Ehefrau Mila (die ich erst ein halbes Jahr nach Abdankung der kaltfüßigen Renée kennen lernte, was ich ausdrücklich erwähne, um keine falschen Schlussfolgerungen zu provozieren) bewegte das Fahrzeug mit dem gleichen Vergnügen. Wenn auch der relativ große Wendekreis sowie eine nicht servo-unterstützte Lenkung das Rangieren zu einem ordentlichen Stück Arbeit machten. Auf dem Firmenareal drängten sich die Mannsbilder an den Fenstern, wenn Mila den 4 Meter 96 langen Oldtimer virtuos einparkte...

Eine Drehstrom-Lichtmaschine, eine Warmluftzuführung für den Innenraum plus Gebläse für die Frontscheibe, eine Nebelschlussleuchte sowie eine mobile Mittelarmstütze waren Komfortattribute, die meinen Wagen noch perfekter machten.

Warum aber habe ich mich von der »Quinze« getrennt? Weil ich 1972–73 in eine interessante, mir auf den Leib geschneiderte Kampagne involviert war. Kollegen der Werbeagentur Heye hatten das Konzept für eine Aktion ausgearbeitet, in der eine Deutschland-Tournee mit fünf französischen, Gauloises-blau lackierten Franzosenautos den Mittelpunkt bilden sollte. In einem Preisausschreiben, so schlugen sie dem Gauloises-Verantwortlichen des Zigarettenherstellers BAT vor, sollten diese Autos anschließend zu gewinnen sein. Es kamen nur Citroën-Veteranen in Frage, und ich hatte sie zu besorgen.

Aber es musste schnell gehen. Da die BAT sich besonders für meine beiden Traction Avant (der andere war ein 1938er Cabriolet) interessierte und einen angemessenen Betrag für sie bot, konnte ich nicht widerstehen. Damit war ich zwei geliebte Autos auf einmal los. Langstreckentauglich für die Deutschland-Tournee machte sie die damals noch existierende Münchner Citroën-Vertretung Max Rieth. Als Chauffeusen der Fahrzeuge heuerte die BAT Studentinnen an sowie einen Profi als begleitenden Schutzengel; der hieß Richard Degen und besaß selbst zwei Citroën-Veteranen.

Die Gewinnerin meiner Limousine mit der Chassisnummer 710682 äußerte bei der Übergabe, das Auto, dessen Besitzerin sie »unglücklicherweise« geworden sei und für das sie keine Verwendung habe, weiterverkaufen zu wollen... Eigentlich wäre das meine Chance gewesen, aber Madame hatte bereits einen potentiellen Interessenten akquiriert.

Ich kann nur hoffen, dass der Wagen in gute Hände kam und wieder seine schwarze Lackierung mit cremefarbenen Felgen erhielt. Denn keine andere Farbe unterstreicht die Eleganz des Wagens so gut wie Schwarz.

Es scheint mir angemessen, auf den vorstehend erwähnten Paul Niedermann zurückzukommen. Die Auto Union hatte gewünscht, dass die von mir redigierte Kundenzeitschrift »Club« auch in einer englischen und einer französischen Ausgabe erscheint. Pressechef Hans Schimpke empfahl, für die Übersetzung der Texte ins Französische und weitere Jobs Paul Niedermann in Paris hinzuzuziehen. Im Februar 1961 nahm ich zu ihm Verbindung auf und besuchte ihn. Er war jüdischer Herkunft – was er mit pfälzisch-jiddisch-satirischer Fröhlichkeit kommunizierte.

Paul Niedermanns Wahlheimat war seit 1945 Frankreich, wo er auch seine spätere Frau kennenlernte; deren Mutter war Personalchefin der Reifenfirma Michelin in Clermont-Ferrand gewesen. Die Niedermanns wohnten in Bry-sur-Marne,

1968 gehörte der Traction Avant im Pariser Verkehrsbild schon zu den Seltenheiten – nur ein einziges Exemplar ist auf diesem Foto zu sehen... Paul Niedermann (rechts) hatte für mich ein verkäufliches Exemplar ausfindig gemacht.

einem östlichen Pariser Vorort, an der Place Daguerre, und führten dort einen kleinen Fotoladen mit Studio und Labor, zufällig gut passend zu der Adresse.

Was ich erst viel später erfuhr: Am 22. Oktober 1940 war Niedermann als Dreizehnjähriger mit seinen Familienangehörigen – Eltern, Großvater und dem vier Jahre jüngeren Bruder Arnold – von den Nazis verhaftet und vom Wohnort Karlsruhe in das südfranzösische Arbeitslager Gurs deportiert worden.

Bekannt wurde dieses Lager durch die Deportation von Juden aus Bayern, der Pfalz und aus Baden. Das Lager wurde nicht vom NS-Regime unmittelbar, sondern in dessen Auftrag von der französischen Vichy-Regierung verwaltet. Die meisten Häftlinge wurden, soweit sie unter den extremen Bedingungen bis dahin ausgehalten hatten, anschließend von dort ab August 1942 erneut deportiert und in anderen Lagern untergebracht. Nur wenige überlebten die neuerlichen Torturen. Paul und seinem Bruder Arnold gelang die Flucht, die durch eine jüdische Untergrundorganisation vorbereitet worden war. Zusammen mit anderen jüdischen Kindern wurden die Brüder Niedermann in der Folgezeit an verschiedenen Orten in Frankreich versteckt, unter anderem im illegalen Kinderheim von Izieu. Arnold konnte über Portugal in die USA zur Schwester der Mutter geschleust werden, während Paul Ende 1943 mit weiteren jüdischen Kindern in der Schweiz in Sicherheit gebracht wurde. Mit Ausnahme der beiden Brüder fielen alle anderen verschleppten Familienmitglieder dem Holocaust zum Opfer.

Wolfgang Drehsen machte dieses Foto für einen Beitrag in der »Auto Zeitung«.

Mehr Geld als durch Dunkelkammerarbeit verdiente Paul Niedermann durch Fachübersetzungen. Für die Auto Union übertrug er von 1951 bis 1962 die Texte sämtlicher Betriebs- und Wartungsanleitungen ins Französische. Zu den Kontakten, die Niedermann für mich herstellte, zählte auch der zum Citroën-Pressechef Jacques Wolgensinger in Paris – den ich aber leider nicht persönlich kennenlernte, nur seine Assistentin, eine Mademoiselle Witterstein –, der zum deutschen Michelin-Pressechef Erasmus Grüttefien, zum Motorradchampion Roger Sceaux oder Sascha Seehof von der Alpha Klimatechnik in Frankfurt am Main, einem Besitzer zweier Victoria Roadster.

Als Feinschmecker (der keineswegs nur koscher zu speisen pflegte) führte uns Niedermann in tolle Restaurants wie etwa Androuets in der Rue Amsterdam oder Le Train Bleu in der Gare de Lyon – ein kulinarisch wie architektonisch bemerkenswerter Gourmettempel über den Bahnhofsgleisen. Seine Frau stamme aus der Auvergne, sagte Niedermann, und dort verstünde man gut zu kochen und zu genießen, also habe er gelernt, in dieser Beziehung hohe Ansprüche zu stellen!

Als er in der frühen Nachkriegszeit eine Möglichkeit suchte, in Frankreich seinen Lebensunterhalt zu verdienen, war er Ausfahrer für eine Pariser Tageszeitung geworden. Mit vom Verlag gestellten schweren Seitenwagenmaschinen musste man morgens ab vier Uhr die Pakete vor die Kioske eines Stadtbezirks abliefern, was nicht nur die Ortskenntnisse eines Taxifahrers verlangte, sondern auch Regen und Schnee in Kauf nehmen ohne den vorgegebenen Zeitplan zu überschreiten. Die Flotte der Zeitungsausfahrer umfasste an die 40 Gespanne. Eine harte Schule. Anschließend betätigte sich Niedermann als Sportreporter.

Nicht vor 1988 besuchte Niedermann auf Einladung der Stadtverwaltung erstmals wieder seine Geburtsstadt Karlsruhe, wo er über seine Erlebnisse berichtete. Seitdem wurde er deutschlandweit immer wieder zu Vorträgen eingeladen. Die Schilderungen seiner persönlichen Erfahrungen waren anschaulich und eindringlich, er sprach (auf deutsch) zwei Stunden frei ohne Aufzeichnungen.

Noch einmal ergab sich ein Kontakt zu Niedermann, als er mich 2004 in Honfleur anrief. Er hatte herausbekommen, dass ich mich in Frankreich aufhielt. Er verbrachte seinen Lebensabend als Witwer in seiner geliebten Auvergne, ein wenig zu weit weg, als dass man sich zu einem Abendessen hätte verabreden können. Schade. Im Alter von 91 Jahren verstarb Paul Niedermann am 1. Dezember 2018 ohne Nachkommen. Durch Bundespräsident Köhler war ihm 2007 das Bundesverdienstkreuz Erster Klasse verliehen worden.

In seiner Vorkriegsausführung (oben: Modell Commerçiale) hatte der Traction Avant Lüftungsklappen in der Motorhaube, verchromte Scheinwerfer und so genannte Pilote-Felgen.

Citroën Anglaise 12 hp
1938

Fast hätt' den Chef der Schlag derwischt

Mein im Frühjahr 1968 in Paris erworbener 15-six wurde durch die Citroën-Vertretung Reinhardt bestens versorgt. Allerdings gab es nur selten einen Grund, Werkstatthilfe in Anspruch zu nehmen, für einen Ölwechsel oder das Erneuern von Bremsbelägen etwa. Meister Einkammerer war nicht nur ein Könner, sondern hatte auch ein Herz für automobile Antiquitäten.

Das Haus war in der Branche für die Betreuung prominenter Kunden bekannt, zu denen Gunther Sachs, Peter Kraus und die Direktion des Zirkus Krone zählten. Die fuhren freilich jüngste D-Modelle. Eberhard Reinhardt – Schnauzbart, Zigarre, Filzhut mit Gamsbart – und seine Frau Hilde gehörten zu den wenigen, die wartenden Werkstattkunden eine Tasse Kaffee servierten; wo gab es das sonst?

Besonderes Interesse für meine wunderschöne Limousine zeigte die Juniorverkäuferin und Reinhardt-Tochter Kathi. Ich schätze, sie war damals dreiundzwanzig. Wenn sie mir den frisch gefilterten Kaffee brachte, war er extra stark. Und auf der Untertasse lagen zwei Kekse; andere Kunden bekamen nur einen.

Eines Tages fragte sie mich: »Sagen Sie mal, Herr Schrader, wurden diese Autos auch als Cabrio gebaut?« Ein solches würde sie sehr interessieren, meinte Kathi, und wenn es im Zustand nicht ganz so perfekt wäre, »täte sich unser Meister Einkammerer, den kennen's ja, drum kümmern. Also wenn's da mal was hören... aber net gar so teuer derf er sein!« Ich hatte verstanden.

Umgehend setzte ich mich mit Gewährsleuten in Verbindung, von denen ich hoffte, sie würden ein Cabrio dieser Modellreihe für mich finden: Roger Sceaux und Paul Niedermann in Frankreich, Siegvart Heringa in der Schweiz, Lars Kile in Norwegen, Paul Foulkes-Halbard in England. In Deutschland brauchte ich nach einer solchen Rarität gar nicht erst zu suchen.

Lars Kile, der erfolgreichste Oldtimer-Detektiv in seinem Land, schickte mir zwar ein Foto eines solchen Autos, aber den Wagen hatte er leider kurz zuvor verkauft. Paul Niedermann konnte immerhin mit zwei Fotos solcher (leider unverkäuflicher) Fahrzeuge dienen, die er mal in Paris gesichtet hatte. Doch mein Freund Paul in Crowborough signalisierte einen Treffer. Das gefragte Auto, Baujahr 1938, habe er in London bei der Firma Vintage Motor Carriage Ltd. aufgetrieben, es sei ein in britischer Lizenz gebauter Rechtslenker mit leicht modifizierter Frontpartie, Lucas-Elektrik und hölzernem Armaturenbrett; Polaroidfoto anbei. Der Zustand des Cabrios sei »not too bad«, behauptete Paul, das liebe Schlitzohr.

Das war gegen Ende Juni 1970. Ich eilte zur Kathi, zeigte ihr das Bild. Viel war darauf nicht zu erkennen, aber da der Verkäufer für den Zweisitzer nur 300 Pfund haben wollte, meinte sie, das tät schon passen, aber wie bekommen wir ihn hierher nach München?

Einen Kaffee und zwei Kekse später war die Transaktion beschlossen. In der Planung und Durchführung solcher Vorhaben war ich geübt. Ich sollte auf Kathis Kosten per Bahn und Fähre nach England reisen, bei meinem Freund Paul das Auto in Empfang nehmen und es anschließend bis zur belgisch-deutschen Grenze bringen. Sollte sich erweisen, dass der Wagen einigermaßen langstreckentauglich war, würde sie ihn dort übernehmen und nach München chauffieren. Sicherheitshalber wollte sie in Begleitung eines gewissen Christoph

Sich der verlotterten Anglaise anzunehmen, war keine verlor'ne Liebesmüh', um mit Shakespeare zu sprechen *(love's labour lost)* – ganz im Gegenteil.

Unten: Ein Schnappschuss von Paul Niedermann, Paris, aus dem Jahr 1968.

Ich bitte meine Leserschaft um Vergebung: Zu spät habe ich bemerkt, dass das Foto oben seitenverkehrt abgebildet ist. Die Anglaise war ursprünglich ein Rechtslenker!

im DS21 anreisen und im Konvoi mit diesem auch die Rückfahrt vornehmen. Ich könnte mir aussuchen, in welchem der beiden Fahrzeuge ich dann ebenfalls retour nach München mitfahren wollte. Am darauf folgenden Wochenende begab ich mich per Bahn, Fähre und Bus zu Paul nach Crowborough, dessen von seiner Gattin gepflegter Garten nur einen einzigen, aber umso markanteren Schandfleck aufwies: Ein auf dem Rasen abgestelltes Autowrack. Es handelte sich um die Karikatur eines zweisitzigen 7 CV.

Paul hatte sich gar nicht erst die Mühe gemacht, das in London entdeckte Fahrzeug zu säubern. »Sorry, man hat mich hinters Licht geführt, der Wagen ist eine Katastrophe... also, fahrbereit ist er schon, Papiere hat er auch... halt, steig bitte immer von der anderen Seite ein; wenn du die rechte Tür öffnest, fällt sie dir womöglich entgegen, ich habe sie mit Draht festgebunden... ich gebe dir diese zwei Plastikbehälter für Kühlwasser mit, du wirst es brauchen; von London bis hierher habe ich den Kühler sechs Mal nachfüllen müs-

Die Anglaise ging in den Besitz der Zigarettenfirma BAT über, die ihn im Rahmen jenes Gauloises-Preisausschreibens (Konzept: Herbert Schaaf, Visualisierung: Bernhard Bücking) verloste, in welchem auch mein 15-six eine neue Besitzerin fand. Die Gewinnerin hat die Anglaise zehn Jahre lang besessen, aber nie bewegt, bevor Martin Kraut ihr das Auto abkaufte. Danach verlor sich für mich die Spur.

sen… Öl verliert der Motor nicht, sonst hätte ich das Auto nicht auf den Rasen gestellt… nein, die Stoßstangen wirst du nicht verlieren unterwegs, auch wenn es so aussieht; ich habe sie ebenfalls gut mit Drahtschlingen befestigt… nein, ein Verdeck ist leider nicht dabei, ich hoffe, du wirst auf der Heimreise schönes Wetter haben… doch, ein Reserverad gibt es schon, nur taugt es leider nicht viel… Willst du das Auto übernehmen oder nicht?« In Anbetracht der Seltenheit des Wagens blieb ich bei meiner blind erteilten Zusage (schrieb den Rosstäuschern später allerdings einen bösen Brief) und übergab Paul den vereinbarten Betrag in Form eines Schecks, den er an seinen Lieferanten weiterleiten wollte, erhielt zwei Quittungen (die mit dem niedrigeren Betrag zur Vorlage beim Zoll) und machte mich am folgenden Morgen mit gefüllten Wasserbehältern im Kofferraum auf die Reise.

Alle zwanzig Meilen ließ ich den Wagen ausrollen und füllte bei laufendem Motor Kühlwasser nach. Die Serpentinen mit ihrem Gefälle vor Folkestone nahm ich mit ordentlichem Schwung und in der Hoffnung, dass sich mir kein Hindernis entgegenstellen möge, etwa in Gestalt eines langsamen Lastwagens, denn mein Tempo hätte ich kaum drosseln können: Die Bremsen taten so, als seien sie gar nicht vorhanden. Prompt winkte mich eine Verkehrsstreife am Fuße der Gefällstrecke heran. Ich war als Temposünder, der das 30-Meilen-Limit überschritten hatte, erkannt worden – und vermochte beim besten Willen der Aufforderung zum Anhalten nicht Folge zu leisten. Mein Auto rollte einfach weiter. Es hätte nur Komplikationen gegeben, bei aller Toleranz britischer Polizeibeamter in Sonntagslaune, und obendrein hätte ich vermutlich die gebuchte 12-Uhr-Fähre verpasst...

Wie vereinbart, trafen Kathi, ihr Begleiter Christoph und ich uns am Grenzübergang bei Aachen. Es war gegen 16 Uhr, als ich dort eintraf und die Formalitäten erledigte, bevor ich meinen Hoffnungsträgern unter die Augen zu treten wagte. Die Sonne dachte noch längst nicht ans Untergehen und ließ mit ihrem warmen Spätnachmittagslicht die rostigsten Stellen der Karosserie noch ein wenig rostiger aussehen...

»Oh jessesmariaundjosef« war zunächst alles, was Kathi sagte, nachdem sie zweimal das Auto umrundet und sich erst hinter dem einen, dann hinter dem anderen hübschen Ohr gekratzt hatte. Der Christoph blickte nur gebannt auf die sich langsam ausdehnende Pfütze unter der vorderen Stoßstange und enthielt sich bis auf ein »hm« zunächst jeden Kommentars. Dann sagte sie noch einmal: »Oh jessesmariaundjosef, Schrader! Neh-

So präsentierte sich die von Rechts- auf Linkslenkung umgerüstete Anglaise 2023.

men tät ich ihn schon recht gern, auch wenn die G'schicht nach einem hoffnungslosen Fall ausschaut... Aber da Sie es bis hierher geschafft haben, werd' ich's vielleicht auch bis München schaffen. Der Christoph ist ja dabei. Und ein extradickes Schleppseil haben wir auch.«

Sportsgeist und Ehrgeiz hatten gewonnen. Kathi klemmte die mitgebrachten roten Kennzeichen über die englischen und setzte sich ans Lenkrad; ich füllte den Kühler auf. Noch am gleichen Abend machten sich die beiden in Richtung München auf den Weg. Ich wünschte ihnen viel Glück – das würden sie nötig haben! – und trat den Heimweg feige per Bahn an. Angeblich wegen eines dringenden Abstechers in Köln.

In mehreren Etappen, so erfuhr ich bei meinem Anstandsbesuch in der Ost-Münchner St.-Veit-Straße, sei die Rückreise vonstatten gegangen, immerhin auf eigener Achse und ohne Verluste etwaiger mit Draht gesicherter Bauteile. Doch der Kaffee duftete nicht so gut wie sonst, es lag auch kein Keks auf der Untertasse.

Ja, das Fahrzeug sei ein seltenes Bijou, ganz gewiss. Dennoch werde sie es auf gar keinen Fall behalten können, eröffnete mir die Kathi: »Mein Vater hätt' mich fast net auf den Hof g'lassen... mit so einem g'lumperten Karr'n anzukommen, mit einem so ausgeschlacktern, da hätt' den Chef beinah der Schlag derwischt...«

Klare Ansage: Kathi wollte das Auto nicht mehr haben. Ich erbot mich, ihr das »Bijou« für die Einstandssumme abzukaufen. Nicht nur, um bei Reinhardts den Familienfrieden wieder herstellen zu helfen, sondern auch, um mein Gesicht zu wahren – und weil ich fest überzeugt war, dass jeder in die Restaurierung des Cabrios investierte Hundertmarkschein gut angelegtes Geld war. Eine Spekulation, die sogar aufging, allerdings erst im Jahre 1974. Die Restaurierung hatte bis dahin sehr viel mehr gekostet als veranschlagt – wie im richtigen Leben. Friedrich Dingfelder widmete sich der Technik (1350 Mark); gute Arbeit bei der Karosserie-Instandsetzung leisteten die Firma Dreier sowie Hans-Otto Geigenbergers Sohn Mario (3500 Mark). Ein neues Verdeck und ein neues Lederinterieur fertigte der alte Herr Bachmayer am Münchner Harras an (2895 Mark), der bereits das Interieur des Citroën 15-six so schön aufgearbeitet hatte.

Dieses meisterhafte Foto von einem Traction Avant Décapotable schoss Peter Vann.

Bei der Vorführung des Wagens beim Zollamt hatte der zuständige Beamte auf einer Schätzung bestanden. Er wird vermutet haben, das Auto sei mehr wert als die ausgewiesenen 1800 Mark. Leider taxierte der Schätzer auf nur 240: Für ihn hatte der Wagen lediglich »Schlachtwert«.

Der Roadster ging später in den Besitz der Zigarettenfirma BAT über, die ihn im Rahmen jenes Gauloises-Preisausschreibens verloste, in welchem auch mein 15-six eine neue Besitzerin fand. Die Gewinnerin hat die »Anglaise« zehn Jahre lang besessen, aber nie bewegt, bevor Martin Kraut ihr das Auto abkaufte. Danach verlor sich für mich die Spur ... bis zum Februar 2024, als mich Claus Mirbachs Telefonanruf erreichte: »Ich habe ein Fahrzeug gekauft, das einmal Ihnen gehört hat... der blaue Citroën bereitet mir viel Vergnügen, ein herrliches Auto...!« Dieses Vergnügen hat er der Kathi zu verdanken, die – um der väterlichen Ungnade zu entgehen – vor 50 Jahren auf das »Bijou« verzichten musste...

Willys Jeep CJ3A
1949

Schneeräumer für den Privatgebrauch

In den 1970er Jahren hatte sich in München um Wilhelm Leiseder, Otto Bussinger, Florian Trenker und Sepp Bauer eine Gruppe von Heißspornen gebildet, für die es ein Vergnügen war, sich mit ausgedienten Militärfahrzeugen durch abgelegenes Brachland mit tiefen Wasserlachen zu wälzen, auf dass es ordentlich spritze und saue. Florian Trenkers R75 war nur noch in Umrissen als Seitenwagenmotorrad erkennbar, wenn er aus der Schlammschlacht zurückkehrte, und all die anderen mit ihren VW Kübelwagen, Haflingern, Jeeps oder Trippel SG6 empfanden auch keine Trauer, ganz im Gegenteil, wenn ihre Fahrzeuge am späteren Nachmittag konturlosen Erdklumpen glichen.

DKW Munga und Land Rover traten noch nicht in Erscheinung. Einmal tauchte ein 1955er Porsche Jagdwagen Typ 597 auf, einer der wenigen, die versuchshalber gebaut wurden.

Der Allrad-Porsche 597 galt schon 1976 als kaum bezahlbares Sammlerstück (2013 erzielte ein Exemplar den Auktionserlös von 120.000 Euro). Aber ein Armee-Jeep der Vierziger Jahre ließ sich für verhältnismäßig kleines Geld auftrei-

Nach Kriegsende 1945 gelangten viele Tausend Militär-Jeeps auf den Zivilmarkt; Aufkäufer bekamen sie zum Stückpreis von 50 US-Dollar.

Mein 1949er Kabinen-Jeep hatte ursprünglich keine Außenspiegel gehabt; der TÜV schrieb mir diese abstehenden Ohren vor...

ben. Jedes Jahr versteigerten die Eidgenössischen Militärbehörden Anfang April im Armee-Depot Thun Dutzende von ihnen.

In der Regel hatten diese Fahrzeuge nur wenige Manöverkilometer auf den Achsen, waren nie einem Beschuss mit scharfer Munition ausgesetzt gewesen, wiesen einen guten Pflegezustand auf. Doch sie mussten nach und nach modernen Geländewagen Platz machen, weshalb die Armee immer wieder mal vierzig bis fünfzig aussonderte.

Jedermann konnte ein solches Armeefahrzeug ersteigern. Die meisten wurden in Lots zu zehn Stück oder mehr aufgeboten, und die sicherten sich clevere Händler, die sie dann ihrerseits mit gutem Profit auf den Zivilmarkt brachten. Ausnahmen stellten Spezialfahrzeuge dar wie ein 1949er Schneepflug mit Aluminiumkabine, immer noch ein Jeep zwar, aber doch sehr extravagant und in keinem Sammel-Lot unterzubringen. Also ging er einzeln weg, gegen ein Gebot von 500 Franken, das am 17. April 1972 ein Landwirt namens Alexander Häckerlin aus Siblingen bei Schaffhausen abgegeben hatte. Der reichte den Jeep an einen Herrn Schmid-Berweger weiter.

Ich schickte meinen Freund Wieslaw los, um den Schneepflug von Siblingen nach München zu überführen. Mir war gesagt worden, man könne den etwa einen Meter breiten Schiebeschild an der Wagenfront bei Nichtgebrauch um vierzig Zentimeter anheben und in dieser Stellung fixieren, womit ein Befahren auch nicht verschneiter Straßen kein Problem sei.

Wieslaw hatte sich auf die Fahrt mit einem Auto gefreut, das dank des schweizerischen Kennzeichens SH 847 unbelästigt an jeder Staatsgrenze durchgewinkt würde. Ich wusste es besser. Kennzeichen für eine Überführung musste man mitbringen. Reibungslos ging die Fahrt durch unverschneite Landschaften dennoch vonstatten, und Wieslaw hatte es warm in seiner schützenden Kabine.

Dass ich nun endlich meinen Jeep bekam, wie ich ihn schon als Zehnjähriger in Wernigerode bei der U.S. Military Police gesehen hatte, war die eine gute Nachricht. Die zweite: Ich hatte einen triftigen Grund für die Anschaffung eines Allradfahrzeugs mit Schneeschieber. Denn unser Anwesen in Oberösterreich ließ es sinnvoll erscheinen, dass man dort, wo viel und vor allem auch immer bis spät in den Frühling Schnee zu liegen pflegte, einen solchen privaten Räumer hinstellte, der auch anderen Anliegern von Nutzen sein würde. In der wärmeren Jahreszeit ließe sich der Wagen ja ohne Schild fahren, dachte ich, und das Aluminium-Hardtop könnte man im Sommer ebenfalls entbehren.

Das war's dann aber auch. Um es kurz zu machen: Es war besser, den Jeep wieder zu verkaufen. Denn die Fahreigenschaften enttäuschten mich doch sehr. Der hart gefederte, ungemütliche Ami sprang wie ein Geißbock davon, sobald ich Gas gab, verlangte häufiges Schalten und ließ sich nur schwerfällig manövrieren.

Das war ein Militärfahrzeug, und um seine Stärken in Anspruch nehmen zu können, hätte das Auto in seiner offenen Urform gefahren werden müssen.

Zweitens: Die Kabine saß auf einem Stahlprofilrahmen, der fest mit dem Fahrzeugkörper vernietet war. Also konnte ich das üppig verglaste Hardtop nicht abnehmen – dieser Jeep war in eine Limousine verwandelt worden. Drittens: Auch das Gestänge des Schneeschilds war nicht ohne weiteres ab- und wieder anmontierbar. Es ließ sich auch nicht per Hydraulik liften oder schwenken, sondern nur per Handkraft.

Man musste aussteigen und zwei Hebel betätigen, wollte man die Stellung ändern. Zwölf fette Schrauben und Muttern verbanden die Mechanik und Schildhalterung mit dem Rahmen – und das seit 1949 vermutlich, denn sie saßen derart fest, dass an ein Lösen nicht zu denken war.

Da ich das Auto aber erst einmal mit deutschen Kennzeichen zulassen wollte, um es dann umso leichter weiterverkaufen zu können, musste ich den Schieber auf irgendeine Weise entfernen. Das ließ sich nur machen, wenn man den oben und unten fixierten Drehbolzen von etwa 40 Millimeter Stärke und 550 Millimeter Länge mit dem Schneidbrenner oder einer Flex durchschnitt, also

Die Hersteller des Jeep unternahmen große Anstrengungen, zivile Versionen vor allem der Landwirtschaft anzudienen, hierfür gab es eine Anzahl von Karosserieausführungen. Zulieferer boten Extras zum Nachrüsten an, auch Schneepflug-Equipment. Außerhalb der USA hielt sich die Verbreitung des Modells CJ (Civilian Jeep) jedoch in Grenzen.

jenen Zapfen, um welchen man den Schild in der Senkrechten vor der Stoßstange drehen konnte. Genau das ließ ich durchführen – zugleich war das Auto seiner zugedachten Aufgabe dadurch enthoben. Zwar hätte man einen neuen, mobilen Zapfen mit Gewinde und Kontermuttern verwenden können, aber eine solche Vorrichtung zu bauen, sollte nicht mehr meine Aufgabe sein. Und viertens: Der Kraftstoffverbrauch des greisen Vierzylindermotors bewegte sich bei 14 bis 16 Liter auf 100 Kilometer. Das war gewaltig mehr als der Konsum meines dreimal so stark motorisierten Rover P5 betrug.

Nur wenige Tage parkte der Jeep, nagelneu bereift, mit zwei clownesken Rückspiegeln auf den Kotflügeln und einem eigentümlichen, sinnlos gewordenen Anbau vor unserem Geschäft in der Münchner Balanstraße, immerhin mit einem deutschen und sogar gestempelten Kennzeichen (wie der keinem ABE-Regelwerk entsprechende Wagen das geschafft hat, darüber spreche ich nur in abhörsicheren Räumen). Zu meinem Glück betrat ein Unternehmer aus Putzbrunn die Bühne und befand, dass der Wagen genau das Auto sei, nach welchem er schon lange gesucht habe. Auf das Schneeschild legte er keinen Wert. Mit 200 Kilogramm weniger auf der Vorderachse dürfte sich der Benzinverbrauch auch um mindestens zwei Liter vermindert haben. Für mich aber war der Jeep nun Schnee von gestern, und der von morgen würde wieder mit der Schippe weggeschaufelt werden...

Triumph 2000 Roadster 1950

Fensterplätze im Kofferraum

Als es in den 1960er Jahren gegenüber der Porte de Vincennes an der östlichen Peripherie von Paris noch einen großen Gebrauchtwagenplatz gab, fiel mir beim Einbiegen in den großen Kreisverkehr durch einen Viertelblick nach rechts ein Auto auf, dem ich – obwohl ich mir einbildete, mich mit Exoten inzwischen auszukennen – bisher noch nie begegnet war. Es stand auf einem Podest und sollte wohl als Blickfang dienen, und diese Aufgabe erfüllte der schwarze, auf Hochglanz polierte Wagen bestens... Ich umfuhr den Kreisverkehr ein weiteres Mal, um vor dem Standplatz anzuhalten und mir den Wagen näher anzuschauen.

Der offene Zweisitzer hatte eine lange Motorhaube, ein kurzes Cockpit mit einer Sitzbank und ein etwas korpulent aussehendes Heck, in dessen Oberseite zwei große Scheiben eingelassen

Multifunktionale Heckpartie... Drei dieser Triumph Roadster habe ich nacheinander besessen.

waren. Zwischen den vorderen Kotflügeln der schwangeren Auster prangten zwei bullige, verchromte Scheinwerfer. Anstelle eines Markenzeichens, das über das Fabrikat des Cabriolets hätte Auskunft erteilen können, gab es auf dem Kühler nur eine kleine Emaille-Weltkugel, ähnlich jener auf dem Ford Taunus, mit ein paar unleserlichen Buchstaben. Der Rechtslenkung nach zu urteilen konnte das Cabriolet ein Engländer sein, doch rechtsgelenkte Sportwagen hatte es in den Vierzigern ja auch noch in Italien gegeben, ebenso in Frankreich... aber der barocke Oldie mutete weder italienisch noch französisch an. Also wohl doch ein Brite... Es war niemand in Sicht, den ich nach Einzelheiten und vor allem nach dem Preis des Wagens hätte fragen können. Es war Mittagszeit, und zu dieser sperrt in Frankreich jeder rechtschaffene Geschäftsmann seine Entreprise zu und begibt sich für zwei Stunden zu Tisch. Und da ein Flic, wie man in Frankreich einen Verkehrspolizisten nennt, mich darauf aufmerksam machte, dass ich mit meinem DKW Junior im Halteverbot stand, setzte ich meine Fahrt Richtung Innenstadt fort – und strich die pausbäckige Unbekannte aus dem Gedächtnis.

Erst 1967 begegnete ich einer ihrer Artgenossinnen wieder, wusste inzwischen aber, dass sie aus dem Hause Triumph in Coventry stammte. Die Briten nannten das pummelige Cabrio eigenartigerweise Roadster, obwohl das Auto alles andere

als ein Roadster war. Es hatte Kurbelscheiben in den Türen (klassisches Cabrio-Merkmal) und nicht weniger als fünf Sitze, mehr als manche Limousine. Denn auf der Sitzbank im Cockpit fanden locker drei Erwachsene Platz, und was ich als Fenster auf der Heckklappe wahrgenommen hatte, gab den Blick auf zwei weitere Sitze frei, die man benutzen konnte, wenn man das Fensterteil nach oben schwenkte und die sich daran anschließende Hälfte nach hinten, wodurch sich für die beiden Zusatzplätze eine Rückenlehne ergab. Eine pfiffige Lösung.

Ich muss sicher niemandem erklären, warum ein solcher Triumph Roadster über kurz oder lang in meinen Begehrkreis geriet. Mein erstes Exemplar (bei einem blieb es nicht) erwarb ich 1967. Es war ein metallic-blassgrün lackiertes mit schwarzem Lederinterieur, Baujahr 1949, mit einem 2088-ccm-Vierzylinder, identisch mit dem im Standard Vanguard. Das Auto war über 120 km/h schnell, wenn man einen ordentlichen Anlauf nahm. Wenig Freude bereiteten die unpräzise Lenkradschaltung, die schwache Verzögerung der Bremsen, die beklemmende Dunkelheit im Cockpit bei geschlossenem Verdeck. Bewegte man den Wagen einigermaßen sportlich, und ein Sportwagen sollte er ja sein, tauchte das kurvenäußere Vorderrad tief ein bei gleichzeitiger Anhebung des Hecks, und hatte ich eine Beifahrerin an Bord, so rutschte diese haltlos, je nach Kurve, auf der glattledernen Sitzbank entweder zur Tür hin oder geriet mit dem Fahrzeuglenker auf Tuchfühlung. Schließlich gab es ja in solchen Autos noch keine Sitzgurte.

Letztgenanntes Manöver, erzielt bei spontanem Linksseinschlag ohne vorheriges Abbremsen, zeitigte einen mir nicht unangenehmen Zentrifugalkrafteffekt, wenn eine der jungen Damen aus meinem Kollegenkreis sich darauf einließ, von mir zum Lunch ausgeführt zu werden. Eine kurvenreiche, wenig befahrene Strecke zum Waldgasthaus in der Nähe von Sauerlach eignete sich besonders dazu, Anschmiegsamkeiten zu provozieren.

Den Triumph Roadster 2000 wurde ich los, nachdem mich ein Interessent eines Tages durch halb München verfolgt hatte, bis er mich stellte. Um beinahe jeden Preis wollte er mir den Wagen abkaufen. Zunächst zierte ich mich, denn ich schätzte das Fahrzeug sehr... Ich wurde weich, gab den Roadster für einen angemessenen Betrag her und nahm mir vor, bei meinem Freund Paul in England sofort nach einem identischen Fahrzeug zu fragen. Was Paul nicht hatte, besorgte er; darauf war Verlass.

Kein Wunder also, dass schon vierzehn Tage später ein Brief mit einem Amateurfoto eintraf, das einen unscharf aufgenommenen Triumph Roadster zeigte, ganz genau wie mein verkaufter Wagen aussehend – abgesehen vom Zustand. Der schien erbärmlich zu sein. »Lass Dich nicht täuschen«, schrieb Paul. »Der Roadster mag schäbig aussehen, aber er ist OK und seine 75 Pfund allemal wert.«

Nur 75 Pfund – da würde sich ja eine Generalüberholung lohnen. Um mir zu beweisen, dass der Roadster – es war ein 1946er Modell mit 1776-ccm-Motor, wie er auch im zeitgenössischen Jaguar 1.5-Litre zu finden war – über alle Qualitäten verfügte, die sein Äußeres eventuell in Zweifel ziehen ließ, erbot sich Paul, das Auto zu mir nach Hause zu bringen, auf eigener Achse natürlich, sofern ich ihm die Eisenbahnfahrt back to Crowborough bezahlen würde.

Der Roadster mit Paul am Steuer traf tatsächlich auf eigener Achse in München ein, aber es war noch schrottiger als auf dem Foto erkennbar. Ich machte mir keine Illusionen: Das war meiner Einschätzung nach nicht die Aschenputtel-Substanz, aus der sich eine Goldmarie zaubern ließ. Mein Lieferant sah das anders und gab mir gute Ratschläge, was vielleicht zu tun und was getrost zu ignorieren wäre... aber die Briten hatten schon immer einen Hang zu maroden Antiquitäten, wie ich inzwischen wusste, und ich sah zu, dass ich das Gefährt bald weitergeben konnte. Tatsächlich fand sich ein Enthusiast, der sich mit der notwendigen Zuversicht des Roadsters annahm – und mir bewies, dass es sich doch um eine Goldmarie gehandelt hatte. Das von ihm in Dunkelrot-Metallic lackierte und mit schneeweißen Einzelsitzen verse-

Links: Das schönste meiner drei Exemplare war der 1950er Typ 2000, neu lackiert durch die Münchner Firma Ludwig Dreier.

hene, auf Mittelschaltung umgerüstete und mit einem riesigen Feuerlöscher ausgestattete Fahrzeug – der Triumph Roadster Club möge dem Mann vergeben haben – glich zwar einem Kirmesauto, war dennoch ein alltagstauglicher Boulevard-Flanierer, der auf der Leopoldstraße gewiss die erwünschte Aufmerksamkeit erregte.

Als ich – ziemlich überrascht – der roten Animierbombe eines Abends in Schwabing begegnete, besaß ich ebenfalls wieder einen Triumph Roadster; das war im Spätherbst 1969. Um keine weitere Enttäuschung gewärtigen zu müssen, hatte ich mein drittes (und bislang letztes) Exemplar dort erworben, wo ich am wenigsten befürchten musste, einen Reinfall zu erleben. Ich hatte mich an den Präsidenten des Triumph Roadster Club in England gewandt, dem ich inzwischen als Mitglied angehörte. Ich hatte erfahren, der Clubchef wollte eines seiner Autos verkaufen. Bob Fitsall verlangte zwar 180 Pfund Sterling für sein Schmuckstück, doch das schreckte mich nicht ab: Ich fuhr nach England und sicherte mir den grünen Roadster, der wirklich wie aus dem sprichwörtlichen Ei gepellt auf seinen neuen Dunlopreifen stand. Nur dieses fürchterliche Grün... das musste ich ändern... ein Vorhaben, das die Karosseriefirma Ludwig Dreier wunschgemäß und mit großer Perfektion ausführte. In leuchtendem Kobaltblau sah der Wagen erheblich vorteilhafter aus, und dass die Dreiermänner die vorderen Stoßstangenhörner anschließend verkehrt herum aufsetzten, fiel fast gar nicht auf. Mit einem neuen Verdeck, ein paar schicken Accessoires wie Talbotspiegel und verchromten Blinkergehäusen machte der frisch lackierte Wagen den Eindruck, als sei er ladenneu.

Auch der TÜV zeigte sich beeindruckt. Die Aufarbeitung hatte ja auch satte 4754 Mark gekostet. Wie bedauerlich nur, dass seine Fahreigenschaften nicht hielten, was sein Erscheinungsbild versprach. Jedes der nachfolgenden Triumph-Modelle TR3 oder gar TR4 war ihm meilenweit überlegen. Diese Roadster – und sie waren wirklich solche – hatten zwar keinen Schwiegermuttersitz mit eingebauter Fensterscheibe im Kofferraum (genaugenommen wiesen sie überhaupt keinen Kofferraum auf) und auch keine Anschmiege-Automatik für Elchtestmanöver mit arglosen Beifahrerinnen an Bord, dafür aber waren sie Sportwagen im Wortsinne. Ich meine, es war ein großer Fehler, die renommierte und seit 1923 bestehende Marke Triumph 1984 eingehen zu lassen. Aber es haben ja noch ganz andere britische Traditionsmarken über die Klinge springen müssen.

Citroën 2 CV
1959

Ein Zweipfünder vom Osterhasen

Gefühlt benötigten wir – der Amtmann Schorsch und ich – doppelt solange für die Strecke München-Genf wie im Jahr zuvor. Dabei war Herrn Amtmanns 2 CV durchaus imstande, stundenlang und ohne zu erlahmen Tempo 110 vorzulegen. Im Vorjahr hatten wir die Pilgrimage zum Genfer Autosalon mit einem Testwagen von BMW absolviert, was die »gefühlte« Reisezeit selbst dann um die Hälfte verkürzte, wenn man im Stau stand... De facto mögen wir in der Ente vielleicht eine Stunde länger unterwegs gewesen sein, mehr nicht.

Und wir hatten es ja gemütlich, es gab sogar ein Radio, außerdem war ausreichend Proviant an Bord. Noch gemütlicher ging's höchstens in dem zum Schlafauto umfunktionierten Döschewo von Jean Bürgin zu, den Mila und ich einmal in Basel besucht hatten. Die Vereinsstatuten seines lokalen Zweipfünder-Clubs umfassten nur einen einzigen Paragraphen: Um Mitglied zu werden, musste man einen individualisierten Citroën 2 CV besitzen. Bürgins Jünger präsentierten uns die abenteuerlichsten Kreationen...

Milas erstes Auto war ebenfalls ein Zweipfünder, wie unsere Basler Verwandlungskünstler den 2 CV nannten, doch dessen Besonderheit erschöpfte sich in einer zitronengelben Lackierung. Ich hatte meiner Freundin als Beweis der Zuneigung dieses Spaßauto als Ostergeschenk zugedacht. In München war mir ein preisgünstiges 1959er Exemplar angeboten worden; ich ließ es bei der Firma Reinhardt ein wenig herrichten und wollte es Mila auf originelle Weise präsentieren. Der Wagen erhielt ein neues, dunkelgrünes Verdeck und stand am Ostersamstag gegen 23 Uhr vor der Haustür der Parkstraße 13 in Bad Soden. Aus fünf Meter roten Dekorationsstoffen hatte ich eine Schärpe um den ganzen Wagenkörper geschlungen und obendrauf zu einer Riesenschleife gebunden. Ein kompliziertes Unterfangen für einen Einzeltäter bei Dunkelheit... Früh am Ostersonntag rief ich Mila von einem Hotel aus an und riet ihr, vor dem Haus nach einem Osterei zu suchen...

Die Wagenschlüssel hatte ich unter die Fußmatte gelegt. Für die Zulassung auf Milas Namen hatte ich gesorgt. Auf etwas illegalem Wege, wie ich nach fünfzig Jahren zu beichten wage.

Als voluminöses Transportmittel nützlich erwies sich die Oster-Ente bei Milas Umzug von Bad Soden nach München, wo sie nach abgeschlossenem Studium ihren ersten Job antrat: Als Assistentin der Geschäftsleitung beim Unternehmensberater Roland Berger.

Für die Franzosen war der 2 CV sowieso nichts anderes als ein Nutzfahrzeug und in den ersten zwanzig Jahren noch kein Kultobjekt. Gleichwohl war der im September 1948 präsentierte Döschewo eine Sensation.

Noch lag die Serienfertigung in ferner Zukunft; das hierfür vorgesehene Werk im Pariser Stadtteil Levallois war mangels Material und Maschinen noch nicht produktionsbereit.

Generaldirektor Pierre Boulanger stellte das urige Vehikel Regierungsvertretern und der Presse

Nur sehr selten dürfte ein Monpti alias Döschewo als Osterei kostümiert worden sein.

190 DK50

Zweifellos leistete der 2CV einen besonderen Beitrag zur französischen Kulturgeschichte des 20. Jahrhunderts.

vor. An allen Tagen der Ausstellung war der Stand, auf dem drei der neuen Wagen zu sehen waren, dicht umlagert. Natürlich hatte auch der nebenan gezeigte Renault 4 CV, ebenfalls ein kleiner Viertürer, seine Bewunderer, doch durch gezielte Indiskretionen hatten die Citroën-Werbeleute der Presse vorab so viele angebliche »Konstruktionsgeheimnisse« zugespielt, dass die Medien über die Präsentation des 2 CV schon im Vorfeld ihre Citroën-Schlagzeilen formulieren konnten. Der Staatskonzern Renault wollte und konnte sich diese Art der Publicity nicht erlauben.

Neben dem im Vordergrund des ersten Fotos erkennbaren Wagen mit geöffnetem Rollverdeck steht Boulanger mit seinen Vorstandskollegen und erläutert dem Staatspräsidenten Vincent Auriol Einzelheiten des Autos. Dass der unorthodoxe, bereits kurz vor dem Zweiten Weltkrieg konzipierte Regenschirm auf Rädern – Boulangers Vorgaben: 60 km/h schnell, Platz für vier Personen und einen Zentner Kartoffeln – geradezu eine weltanschauliche Revolution bewirken sollte, ließ sich nicht erkennen.

Noch monatelang nach dem Pariser Salon stand die Berichterstattung über den 2 CV im Vordergrund. Aber nicht vor September 1949 konnten die ersten Tests mit Serienfahrzeugen veröffentlicht werden, und die Auslieferung an (bevorzugte) Kunden begann im November des gleichen Jahres. Priorität genossen Ärzte, Handelsreisende, Handwerker und Landwirte. Nur 876 Fahrzeuge wurden im Kalenderjahr 1949 gebaut. Wer hätte ahnen können, dass sich die Produktion der »Ente« über 42 Jahre – nämlich bis 1990 – erstrecken und eine Stückzahl von fünf Millionen erreichen würde.

»Mein« Frankreich der 1960er-Jahre! Links ein Blick aus dem Hotelfenster am Bvd. Pereire, einer Seitentraße zur Avenue de la Grande Armée, als man dort noch sein Auto gebührenfrei parken durfte – sofern man eine Lücke erwischte.

Simca Matra Talbot Rancho 1978

Schade, dass er kein 4x4 war...

Er machte den Eindruck einer Range-Rover-Kopie und gab sich den Anschein eines Camel Trophy Champions; er nahm den Paris-Dakar-Look vorweg und war dennoch kein Landcruiser-Verschnitt, sondern ein pfiffiges Freizeitmobil. Mit seinen vergitterten Zusatzscheinwerfern, dem Dachträger mit integrierter Sonnenblende über der Kabinenfront und den massiven Seitenschutzstreifen erschien der Rancho als eine Mischung all jener Elemente, die ein Freizeitmobil mit einem Nutzfahrzeug kombiniert. Auf den hinteren Plätzen saß man ein wenig erhöht, und es gab viel Raum für Fracht.

Aber man tat gut daran, das Beladungslimit nicht voll zu nutzen. Denn selbst wenn man ein größeres Gepäckstück aufs vordere Kabinendach zurrte, war die Gewichtsverteilung des Wagens weit vom Optimum entfernt; das ergab sich nur, wenn er mit zwei Personen besetzt war. Die angetriebenen Vorderräder verloren Traktion, wenn das Heck zu schwer wurde, dann steckte der Rancho die Nase hoch, beleuchtete die Baumkronen statt die Straße und ließ sich bei Seitenwind aus der Spur blasen. Wir haben ihn häufig zu viert gefahren und viel Gepäck befördert. Dann war das Fahrverhalten des Wagens nicht unkritisch.

Leider erwies sich mein von einem Münchner Peugeot-Autohaus übernommener Rancho auch als das, was man ein Montagsauto nennt. Überdurchschnittlich oft musste es in die Werkstatt, allein die Lichtmaschine wurde drei Mal gewechselt. Noch kein Jahr alt, waren bei dem Wagen eine Erneuerung aller Bremsen und ein neuer Auspufftopf fällig, und die Dichtung der Ölwanne musste ebenfalls erneuert werden.

Doch die pflegeleichte Kunststoffkarosserie und die intelligent durchdachte Innenarchitektur, die in der Waagerechten geteilte Heckklappe und die großzügige Verglasung ließen sich dem Pluskonto zuordnen. Französische Autodesigner

haben einen Sinn fürs Praktische, das haben sie oft genug bewiesen, zum Beispiel beim Döschewo und beim Renault R16 – Wagen, mit denen ich gute Transporterfahrungen gemacht habe.

Den Rancho hätte man zum 4x4 weiterentwickeln sollen, das hätte seine Absatzzahlen vervielfacht. Statt dessen überließ man das Konzept der Marktplatzierung wenn nicht dem Zufall, so doch einer Schar sich gegenseitig aus dem Feld drängender Konzernmanager – mit der Folge, dass nicht nur der Rancho sich in der Anonymität verlor. Denn am Ende wusste niemand mehr: War er ein Simca oder ein Matra oder ein Talbot oder was? Ein Gemüsehändler, der einunddieselbe Frucht erst als Kohlrabi, dann als Banane und zum Schluss als Tomate zu verkaufen versucht, obwohl die Rübe nichts anderes als ein Rettich ist, diesen Mann würde keiner ernst nehmen. Und wie war das mit dem Rancho? Auf der technischen Basis des Simca 1100 Pick-up hatte der Designer Antonis Volanis 1976 für seinen Kunden Matra ein Freizeitmobil entworfen, das mit dem 80 PS leistenden Vierzylindermotor des Simca 1308 versehen wurde und ursprünglich tatsächlich für Vierradantrieb vorgesehen war. Aus Kostengründen, so hieß es später, beließ man es dann beim Frontantrieb à la Simca. Im März 1977 war der erste Rancho auf dem Genfer Salon zu sehen – als Matra-Simca. Im Matra-Werk wurde das Auto hergestellt, daher der Doppelname. Schon der sorgte für Irritation. Doch nachdem der PSA-Konzern ein Jahr später die zu Chrysler-France gehörende Marke Simca übernommen hatte, wurde aus dem Matra-Simca ein Talbot-Matra. Es gab aber Exportländer, in denen wurde der Rancho ausschließlich als Talbot vermarktet, und andere, in denen er bis zuletzt Simca hieß. Die Herstellung des Rancho endete im Dezember 1983 nach einer Gesamtstückzahl von etwa 57.000 Exemplaren. Ich kann nur hoffen, dass darunter auch solche waren, die nicht alle sechs Wochen in die Werkstatt mussten.

Bei einer derart geringen Zahl hat der Wagen seine Gestehungs- und Fertigungskosten wohl kaum einfahren können, selbst bei Baukastenspielen und einer Karosserie aus Kunststoff statt aus Stahl. Ich könnte mir vorstellen, dass der Rancho, hätte er von Anfang nur so und niemals anders geheißen, also einen eigenen Markenstatus mit der dazugehörigen Marketingstrategie erhalten, und wäre er zumindest optional mit Allradantrieb zu bekommen gewesen (ein Aufpreis von zweitausend Mark wäre von zahlreichen Käufern gewiss

Selbst wenn man ein größeres Gepäckstück aufs vordere Kabinendach zurrte, war die Gewichtsverteilung des Wagens weit vom Optimum entfernt; das ergab sich nur, wenn er mit zwei Personen besetzt war.

»...ein Hauch vom Siebziger-Jahre-Luxus, der im Partykeller eines Reihenhauses herrscht.«

Das Design entsprach in etwa dem des Range Rover.

akzeptiert worden), sich nicht nur in Europa als ernsthafter Konkurrent zu Suzuki, Daihatsu, Isuzu, Subaru, Pajeiro & Co. etabliert hätte.

Die gerade für die Franzosen so wichtigen Märkte in Nordafrika und andere tropische Regionen hätte ein weiter entwickelter und perfektionierter Allrad-Rancho, vom Freizeitmobil zum Mehrzweck-Allrounder mutierend, erfolgreich bedienen können. PSA hatte bei jenem Deal mit Chrysler eine Chance vertan, die schon Simca ungenutzt hatte verstreichen lassen – nämlich die, den ersten echten SUV in europäischer Definition auf dem Weltmarkt zu platzieren.

Der Rancho habe jedoch Spuren hinterlassen, stand in »auto, motor und sport«: Spuren, die erst richtig sichtbar werden, »...wenn einem angesichts der vielen so genannten Sport Utility Vans und Crossover eine fast verblasste Erinnerung durchs Hirn blitzt. Ja, da gab es schon mal einen, der eine ähnliche Wertewelt transportieren wollte. Aber die Zeit war noch nicht ganz reif für den Matra-Simca Rancho. Er wurde missverstanden – und als Möchtegern belächelt. Nach nur sechs Jahren endete seine Karriere. Der PSA-Konzern verkannte das Potenzial des Talbot-Matra Rancho-Entwurfs so gründlich, dass sie das als Rancho-Nachfolger gedachte Projekt P18 abschossen.« Mangelhafte Fertigungs- und Materialqualität bestätigten die Stuttgarter Kollegen ebenfalls: »Der TÜV beendete meist schon nach wenigen Jahren durch mit dem Schraubenzieher stochernde, gestrenge Prüfer dieses traurige Dasein des Talbot-Matra Rancho. Ein Dasein übrigens, das dem des entfernt artverwandten Lada Niva gleicht. Unserem Talbot-Matra Rancho blieb das erspart. Er empfängt den erwartungsvollen Redakteur dafür mit einem tristen Ambiente aus großen Kunststoffflächen, einem Lenkrad, das noch nicht einmal in einem Simca 1100-Kastenwagen stilvoll gewirkt hätte und mit hellbraunen Veloursbezügen, die vergeblich versuchen, einen Hauch von dem 70er-Jahre-Luxus zu verbreiten, der mehr an den Partykeller eines Reihenhauses als an Abenteuerautos erinnert.«

Das wäre die Chance der Veredler und Verfeinerer gewesen. Gesetzt den Fall, ein André Lecoq oder ein Burkard Bovensiepen hätte den Auftrag bekommen, das Interieur eines Allrad-Rancho schick zu optimieren, ohne Rücksicht auf die Kosten: Eine auf 25 Exemplare limitierte Sonderedition wäre innerhalb von acht Tagen weggegangen. Ein »Rancho Lifestyle quat-par-quat« hätte dem Sbarro Windhound die Schau gestohlen...

Volkswagen 1200 34 PS 1966

Sir Winston Churchills großer Irrtum

Der Volkswagen war bei der Aufnahme seiner Serienfertigung bereits mehr als zehn Jahre alt. Denn dem von Ferdinand Porsche erstellten Konstruktionskonzept, das im Staatsauftrag entstand und der Vorgabe zu einem »Wagen fürs Volk« entsprach, lagen Ideen aus den frühen 1930er-Jahren zugrunde, die – wie es damals schien – zeitlos Gültigkeit hatten.

Die Prototypen für das Urmodell fertigte Daimler-Benz an, weil Ferdinand Porsche 1937 nur über eine kleine Versuchswerkstatt verfügte. Als der Beginn einer Serienherstellung möglich gewesen wäre, brach der Krieg aus: Im Werk Wolfsburg bei Fallersleben wurden Kübelwagen für die Wehrmacht produziert.

Erst in den letzten Monaten des Jahres 1945 wurden unter britischer Militärverwaltung die ersten Personenwagen hergestellt. Wie 1937 vorgesehen, hatten sie einen luftgekühlten Vierzylinder-Boxermotor im Heck er hatte 1131 ccm Hubraum und leistete 25 PS. Das Getriebe war nicht synchronisiert, die Bremsen funktionierten per Seilzug.

Nach Maßgabe des britischen Kriegsministers Churchill hatten die nicht zerstörten Teile der Fabrik vorübergehend für die Reparatur von Militärlastwagen dienen und 1946 der Demontage anheimfallen sollen. Einige Offiziere, so auch der für die Belange des Werks eingesetzte Major Ivan Hurst, bewerteten das Potenzial, das im Projekt Volkswagen steckte jedoch anders als ihre Vorgesetzten in London.

Hurst wollte entgegen Sir Winston Churchills Order weitermachen, wo die Deutschen aufgehört hatten, und in der »Fabrik des KdF-Wagens« nicht nur Militärfahrzeuge instand setzen lassen, wie man ihm aufgetragen hatte.

Wie kein anderes Auto symbolisierte der VW Käfer in den 1950er und 1960er Jahren den Aufschwung der deutschen Wirtschaft.

Ivan Hurst ignorierte die Anordnung seiner Regierung und stellte in Wolfsburg die Weichen für den Serienbeginn des Volkswagens.

Doch eine Wiederbelebung der deutschen Wirtschaft stand nicht auf dem Programm der Siegermächte, ganz im Gegenteil. Überall in Deutschland wurden Industrieanlagen demontiert und unter sie verteilt. Besonders erpicht auf deutsche Industrieanlagen war die Sowjetunion.

Repräsentanten der Automobilindustrie aus den Vereinigten Staaten, aus Großbritannien, Kanada und Frankreich besichtigten das in Teilen noch funktionsfähige, zur einstigen Rüstungsindustrie gerechnete Werk am Kanal. Es war Eigentum des Deutschen Reichs gewesen und stand nun zur Disposition. Doch keiner der zu einer Beurteilung aufgeforderten Experten gab dem Fortbestand der Fabrik eine Chance – oder wollte es nicht, vielleicht im Hinblick auf die Wahrung der eigenen Interessen. Mit dem Volkswagen wollte niemand etwas zu tun haben...

Sprecher der britischen Gruppe war Sir Reginald Rootes, Chef der damaligen Markengemeinschaft Humber, Hillman, Commer, Sunbeam und Singer. Mit seinem Urteil sprach der Konzernboss aus, was die anderen vermutlich ebenfalls dachten oder hofften: »Major Hurst, in spätestens zwei Jahren wird diese Fabrik vollkommen bedeutungslos sein. Der Wagen, den Sie uns hier zeigen, ist doch völlig uninteressant, er ist hässlich und viel zu laut. Sollten Sie dennoch ernsthaft erwägen, das Fahrzeug produzieren zu lassen, dann kann ich nur sagen: Junger Mann, Sie sind ein Narr!«

So kann man sich irren...

Der Volkswagen wurde zum Synonym des westdeutschen Wirtschaftswunders. In den 1950er Jahren avancierte das Auto zu einem der bedeutendsten Exportgüter der Bundesrepublik. Permanent wurde der VW verbessert, ohne in seinen Grundzügen verändert zu werden. Und überall in der Welt entstanden weitere Produktionsstätten, etwa in Brasilien, Mexiko, Nigeria, Südafrika und in Belgien.

Man unterschied zwischen dem Standard- und dem Exportmodell, und es gab auch Cabrioletausführungen. Groß herausgestellt wurden die Modellpflegemaßnahmen in Gestalt der Vergrößerung von Heck- und Frontscheiben. Im März 1953 ersetzte ein ovales Rückfenster das bisherige Brezelfenster, im August 1955 wurde die Heckscheibe abermals vergrößert. Das Gaspedal hatte bisher auf dem Hebel eine Rolle aufgewiesen. 1954 erhöhte man die Motorleistung auf 30 PS (Hubraum: 1192 ccm), 1960 auf 34 PS. Und ein solches Modell, Jahrgang 1966, bekam ich vom Wplfi Sesser als Geschenk. Verkaufen wollte er mir den blaugrauen Käfer nicht, weil er dann das gesetzlich vorgeschriebene Gewährleistungs-Obligo hätte übernehmen müssen, denn der Wolfgang betrieb in Mondsee eine Kfz-Werkstatt.

Ausschlaggebend für meinen dem Sesser Wolfi vorgetragenen Käferwunsch waren die zur Schneezeit von meinen englischen Limousinen nicht ohne Weiteres erklimmbaren Bergstraßen in unserer damaligen Zweitheimat Oberösterreich, und dort erwies sich der Käfer als ideales Winterauto. Weder gab es jemals Traktionsprobleme, ganz gleich auf weichem Untergrund, noch ließ uns bei minus 20 Grad die Elektrik im Stich. Aber: Von Heizung konnte ebenso wenig eine Rede sein wie von einer wirksamen Lüftung; die Scheiben unseres Käfers beschlugen unabhängig von der jeweils herrschenden Außen- oder Innentemperatur mit einem hohen Grad an Zuverlässigkeit auf jeder Fahrt, besonders wenn man zu atmen wagte. Also fuhr man stets mit einem fingerbreit geöffneten Fenster.

Zu Langstreckenfahrten taugte Wolfis Geschenkpaket schon mangels Sitzkomfort nicht. Als Mila es dennoch unternahm, sich auf eine Reise nach Frankfurt zu begeben, zerriss es den Motor. Der von Rüdiger Liebe in Kalbach zum Freundschaftspreis über Nacht montierte Ersatzmotor (auf Rüdiger war schon immer Verlass gewesen) wurde bei der Rückfahrt vom österreichischen Zoll als Schmuggelgut geahndet, denn der Käfer trug ja österreichische Kennzeichen. Was zum Kuckuck hatte den Beamten veranlasst, die Fahrerin des unscheinbaren Käferautos aufzufordern, das Handschuhfach zu öffnen, wo ihm Rüdigers Rechnung entgegenflatterte? Zollbetrag plus Bußgeld addierten sich auf eine Summe, die so unanständig hoch war, dass sie Rüdigers Rechnung ums Zweifache übertraf...

Anderthalb Generationen von deutschen Autofahrern wuchsen mit dem Käfer als Maß aller (mittelmäßigen) Dinge auf, und es gab später ja auch stärker motorisierte und besser ausgestattete Versionen; einige sollen sogar ausreichend beheizbar gewesen sein. Unser Exemplar gaben wir eines Tages dem Wolfi zurück, aber so richtig gefreut hat er sich darüber nicht.

Tochter Anna (5) mit unserem Österreich-Käfer, rechts ihr Vater (70) an einem Mexiko-VW, mit dem Stewart Monteply und Knut Simon 2005 für ein Buchprojekt unterwegs waren.

Rover P5 Mk.III Coupé 1966

Leiwand kommod, sagte der Bundeskanzler

Als eine gute Entscheidung erwies sich die Akquisition eines Rover der Baureihe P5, wie sie von 1959 bis 1973 in Solihull, Warwickshire, produziert wurde. Manche Rover-Besitzer unter den für ihren eigenartigen Humor bekannten Engländern bezeichneten ihr Auto als »auntie« (Tantchen), woraus sich ableiten lässt, dass sie es als Familienmitglied betrachteten.

Ein Rover – diese Marke gehört zu denen, die schon lange nicht mehr existieren – zählt zu den britischen Urklassikern, und die Geschichte des Modells P5 beginnt naheliegenderweise mit seinem Vorgänger, dem P4. Mit diesem brachte Rover 1949 ein neu konzipiertes Modell auf den Markt. Das Fahrgestell entsprach in einigen Details zwar dem des P3, doch der Wagen sah gänzlich anders als seine Vorgänger aus; das Karosseriestyling ließ amerikanische Vorbilder erkennen.

Mit dem 1959 eingeführten 3-Litre P5 hatte Rover sich in die automobile Eliteklasse begeben. Der in fahr- wie sicherheitstechnischer Hinsicht topmoderne und robuste Wagen wurde vorzugsweise von britischen Regierungsbeamten gefahren, einige Ministerpräsidenten wie Wilson, Heath, Callaghan und Thatcher benutzten den P5 als

Links: Die V8-Maschine des Rover P5 3,5 Liter, eine General-Motors-Konstruktion.

Unten: Die Kommandozentrale war bei beiden Modellen gleich.

Oben: Der Sechszylinder des Rover P5 3,0 Liter.

In der Coupé-Ausführung war im Fond die Kopfhöhe etwas geringer.

Rover P5 Mk.III Coupé, 1966. Die nachträglich umgerüstete Frontpartie stammt allerdings von einem 3,5 Liter V8.

Dienstfahrzeug. Übrigens auch Österreichs Bundeskanzler Bruno Kreisky – weil er so »leiwand kommod« sei, wie sein Chauffeur verriet (ungemein gemütlich). Das Besondere an diesem Modell war nicht nur seine luxuriöse Ausstattung mit viel Edelholz, dicken Teppichen und Leder, sondern seine durch eine hohe Gürtellinie auffallende Karosserie, deren Design von David Bache stammte, einem in Deutschland geborenen Gestalter, der auch für das Styling zahlreicher weiterer British-Leyland-Autos verantwortlich war.

Mein erster Rover war eine weder tanten- noch onkelhafte Limousine der Serie Mk. II, Baujahr 1964, und wieder einmal ein »must have«. Nach Deutschland hatten nur wenige Linkslenker ihren Weg gefunden, eher nach Österreich und in die Schweiz.

Meine nur vier Jahre alte, kastanienrotbraune Limousine parkte seit Monaten bei einem Schwabinger Autohändler, der sie für zu jung hielt, als dass er sie hätte verschrotten lassen. Der Sechszylinder mit Servolenkung, Overdrive-Getriebe, Lederausstattung, Edelholz-Applikationen, Scheibenbremsen, großvolumigem Kofferraum und vielen praktischen Gadgets von der Werkzeugschublade unter dem Armaturenbrett bis zu ausklappbaren Picknicktischchen im Fond war mit einem Bentley T-Type vergleichbar. Dennoch fand der gepflegte Zweithand-Viertürer selbst für den geringen Betrag von 750 Mark keinen Käufer – mich ausgenommen. Ich besaß so etwas wie einen Sensor für Signale, die von versteckt geparkten Ladenhütern solchen Genres ausgestrahlt wurden.

Kaum war die luxuriöse Limousine – sie ließ sich mit deutschen Papieren und ohne Beanstandung durch den TÜV bringen – in meinem Besitz, zog sie magnetisch zwei beinahe identische Exemplare an. Das muss jetzt der gesamte Rover-P5-Bestand in Bayern gewesen sein, dachte ich, ahnte aber nicht, dass zwei meiner Freunde, wenn auch erst etwas später, zwischen

GYE 329N

Links: Auf die Frage, warum der österreichische Bundeskanzler Dr. Bruno Kreisky sich für den Rover als Dienstwagen entschieden habe, gab sein Chauffeur zur Antwort: »Weil das Auto so leiwand kommod ist« – was soviel bedeutet wie: außerordentlich komfortabel, gemütlich, bequem.

Michael Sedgwick gehörte zu denen, die nie verstehen mochten, warum ich so viel Sympathie für den Rover empfand. »Du hättest dir besser mal einen Mecedes zulegen sollen, unsere englischen Autos sind doch viel zu langweilig!« Ich sah das durchaus nicht so, zumal der Rover P5 wesentlich besser verarbeitet war als die Massenware bei British Leyland.

Isar und Amper ebenfalls P5-fündig werden sollten: Stefan Knittel und Harald Fahrenholz.

Die Kettenreaktion begann mit einem hinter mir intensiv die Lichthupe betätigenden Opelfahrer, der mich zum Halten bewegen wollte. Erst vermutete ich, an der rückwärtigen Partie meines Tantchens sei etwas nicht in Ordnung oder ich hätte einen nicht bemerkten Platten. Dann stellte sich jedoch heraus, dass mein Verfolger eine seiner Ansicht nach positive Nachricht zu überbringen hatte: »Wenn Sie einen solchen Wagen zum Ausschlachten suchen: Bei mir um die Ecke...«

Und so erwarb ich für Kleingeld einen weiteren, allerdings ziemlich vergammelten P5 Mk. II, um ihn zu zerlegen und die besten, keinem allzu großen Verschleiß ausgesetzt gewesenen Teile für den Fall bestimmter Fälle einzulagern: Türblätter, Scheiben, Armaturen, Zierleisten, Scheinwerfer, Vergaser, den Zylinderkopf. Das ausgehöhlte Karosseriegehäuse durfte ich auf einem Grundstück an der Ortseinfahrt von Unterhaching abstellen, denn 1968 gab es noch niemand, der darin eine umweltschädigende Frevelei sah. Ein paar Wochen später gesellte sich ein weiterer P5 hinzu, diesmal von Erik Eckermann vermittelt und ebenfalls nur als Teileträger zu verwenden.

Jetzt besaß ich ein ganzes Arsenal vielleicht niemals benötigter »original spares«; der Kellerraum unserer Wohnung reichte längst nicht mehr aus, um alles zu lagern (ich hatte Mühe, das ungebrauchte Alteisen später wieder loszuwerden).

Der mir von Erik Eckermann angediente Wagen war keine Limousine, sondern ein Coupé. Das hatte zwar ebenfalls vier Türen, aber eine abgesenkte Dachpartie und ein paar stilistische Extras, die dem Wagen gut standen. Doch wies die Karosserie zu viele Durchrostungen auf, als dass eine Aufarbeitung sinnvoll gewesen wäre. Deshalb wurde das Tantchen Nummer Drei ebenfalls gestrippt.... Da ich mit Tantchen Nummer Eins und diversen anderen Autos mit Blechspielzeug ausreichend versorgt war, rückte der Wunsch nach einem besser erhaltenen P5 Coupé zunächst in den Hintergrund. Doch dann entdeckte ich im Herbst 1976 in der »Automobil Revue« ein Inserat, in welchem in der Schweiz für nur 1000 Franken ein 1966er Mk.III Coupé angeboten wurde.

Das Auto war weiß lackiert und hatte Linkslenkung sowie eine weinrote Lederausstattung. Es gehörte einem Rennfahrer, der den Wagen als Trailer-Zugfahrzeug für seinen Formel-3-Wagen verwendet hatte. Da gab es zwar ein paar Kleinigkeiten, die gerichtet gehörten, aber im Großen und Ganzen war das Coupé trotz 120.000 Kilometer Fahrleistung in einem guten Zustand. Was sich auch nicht als Täuschung entpuppte, als ich eine gründlichere Inspektion vornahm.

Ich überließ meinen jüngsten Traumwagen Klaus Freund zur Aufarbeitung, der in München-Riem eine kleine Privatwerkstatt betrieb und ein Jaguar-Spezialist war. Er schlug vor, die Karosserie dunkelblau zu lackieren, und bei dieser Gelegenheit nahmen er und seine Frau das gesamte Interieur heraus – und nicht nur das. Einmal am Werk, zerlegten die beiden das Auto in tausende Teile, überholten oder erneuerten alles, was einer solchen Prozedur bedurfte, und präsentierten mir nach einem halben Jahr einen wie fabrikneu erstrahlenden P5, einschließlich neu verchromter Beschläge, neuer 15-Zoll-Reifen, versteckt eingebautem Radio, einer Innenausstattung in rotem Rindleder und einem schneeweißen Moltonhimmel. Klaus Freund und Gemahlin hatten ein künstlerisches Gesamtwerk vollbracht, und wer außer mir je das Vergnügen genießen durfte, in der kleinen Werkstatt eine Restaurierung durchführen zu lassen, wird mir zustimmen, dass sie das höchste Prädikat verdiente.

Einundzwanzig Jahre lang durfte ich mich des Coupés erfreuen. Es hat sich auf vielen Reisen bewährt, lausig kalte Frostnächte im Freien ausgehalten, versäumte Ölwechsel verziehen und sprang auch bei fast leerer Batterie an – denn da gab es eine schöne, altmodische Andrehkurbel, die man in solchem Fall in die Mittelstrebe des Kühlergrills steckte, um den Motor per Hand anzuwerfen. Ein Ruck nach rechts, und die Maschine nahm ihre Arbeit auf. Nur eine einzige Reparatur wurde im Verlauf der zwei Jahrzehnte fällig – der Austausch des Auslasskrümmers.

Ford AA 3,5t Truck
1930

Museumsreifes Wohnmobil

Gemeinsam mit Hans-Jürgen Schneider, Redakteur bei der »Auto Zeitung« in Köln, plante ich im März 1978 das Vorhaben, einen Ford 3,5 t Lastwagen Baujahr 1930 zu exhumieren und aus einer Dorfscheune in Frankreich nach Deutschland zu holen. Hans-Jürgen vermochte ein Team Freiwilliger zu rekrutieren, das aus Michael Geutebrück (der als Besitzer eines 1925er Hotchkiss sich mit alten Autos gut auszukennen vorgab) und Michael Kliebenstein sowie dessen Freundin Luise bestand und das sich bereit erklärte, dieses Abenteuer auf sich zu nehmen; vielleicht ließ sich ja eine schöne Story daraus ins Blatt heben.

Den antiken Lastwagen hatten Mila und ich einem ambulanten Textilienhändler in Triaucourt – das liegt ein knappes Autostündchen hinter Verdun – abgekauft. Vermittelt hatte uns dessen Adresse der Pariser Galerist Adrien Maeght, zugleich Verleger einer Autozeitschrift, Inhaber einer Modellauto-Boutique in der Rue de Bac, Exklusiv-Agent für die Lithografien des Künstlers Jean Miró und Gründer eines Automuseums in Antibes. Wir hatten uns auf der Retromobile-Ausstellung kennen gelernt, auf der Schraders ab 1974 regelmäßig einen Stand für den Verkauf von Büchern hatten – so lange zumindest, wie der Organisator Marc Nicolosi ihn uns kostenlos überließ und wir

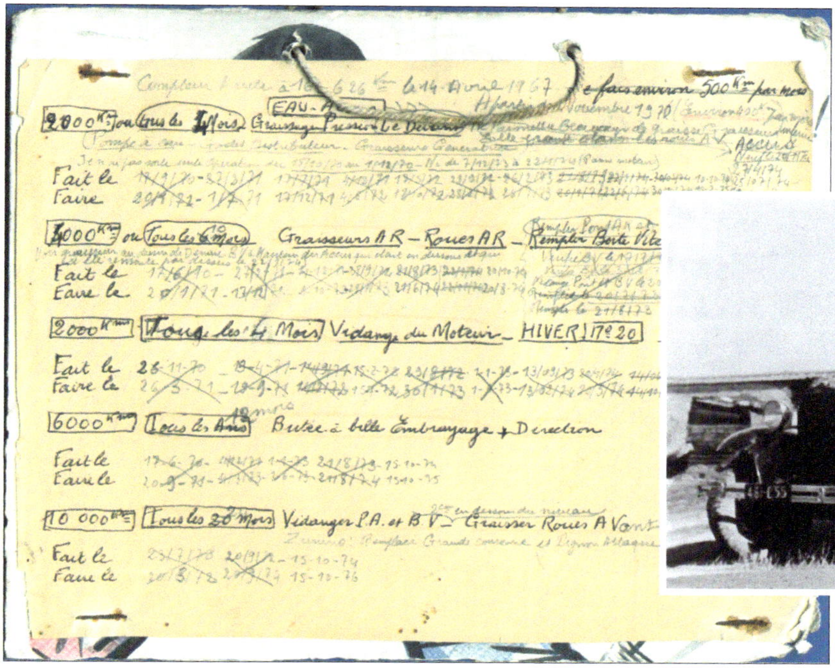

Jeder Marktbesuch, jeder getankte Liter Benzin, jeder Ölwechsel im Verlauf von 45 Jahren fand seinen Eintrag auf dieser Papptafel...

Freiwillige Helfer am Werk. Statt bis nach München schaffte es der Wagen nur bis Verdun.

Nach einer Laufleistung von 750.000 Kilometern verweigerte der Vierzylinder seinen Dienst.

Aus den USA einen Ersatzmotor zu ordern, kostete weniger als eine Instandsetzung.

mit dem französischen Zoll noch keine Schwierigkeiten hatten (der uns eines Tages derart zu piesacken beliebte, dass wir der Messe fortan fernblieben). Bei dem Lastwagen handelte es sich um ein Ford AA Kastenfahrzeug mit 750.000 Kilometern auf den Achsen. Es kann eigentlich nicht im Sinne Henry Fords gewesen sein, dass seine Autos eine solche kontraproduktive Lebensdauer erreichten...

Eine erste, flüchtige Besichtigung hatten Mila und ich bei Dunkelheit vorgenommen, doch das, was sich im Kegel einer Taschenlampe erkennen ließ, gefiel uns. Daraus ließe sich ein schöner Bücher-Verkaufswagen für Messen und Ausstellungen machen, meinten wir, und Monsieur Deville sagte, dass der von ihm seit 1930 verwendete Wagen noch immer gut laufe.

Den Preis, den Monsieur Deville für seinen Camion verlangte, war mit umgerechnet 500 Mark bescheiden, und wir versprachen, ihm einen Scheck über die Kaufsumme zu schicken, sobald wir in München wären. Beunruhigt waren wir, als der Scheck ein paar Tage später bei uns wieder eintraf. Mit einer Notiz: »Ich habe ihn bei der Bank leider nicht einlösen können, weil er auf den Namen meines kürzlich verstorbenen Mannes ausgestellt ist. Ich bitte um Neuausfertigung auf meinen Namen! Hochachtungsvoll, Witwe Antoinette Deville.«

War dem alten Herrn das Herz stehengeblieben, nachdem er sich von seinem Auto zu trennen beschlossen hatte? Das ihn sein ganzes Berufsleben lang eine mobile Heimstatt gewesen war?

Zwei weitere angeheuerte Helfershelfer rückten in Triaucourt an, um in meinem Auftrag den Ford zu holen. Doch der Start vollzog sich, obwohl sie eine neue Batterie installiert hatten, nicht komplikationslos. Der Veteran bewegte sich nur im Schneckentempo, und das auch lediglich bis Metz. Das waren 49 Kilometer, für die das Team zweieinhalb Stunden brauchte.

Als es so gut wie kein Vorwärtskommen mehr gab, stellten Michael Geutebrück & Co. den Ford an einer Raststätte ab und bemühten sich dort volle drei Tage lang, die Ursache des Infarkts zu finden. Bei der Abnahme des Zylinderkopfes erwies sich, dass ein Kolben durchgebrannt war. Die cleveren Jungs bauten ihn einschließlich der dazu gehörenden Ventile und des Pleuels aus, setzten den Kopf wieder auf und spekulierten, dass der Motor auch auf drei Zylindern laufen würde. Das tat er nicht.

Wir warteten also vergeblich auf die Ankunft unseres Lastwagens. Als ich von meinen Freunden am Telefon erfuhr, wie es um das Fahrzeug stand, überantwortete ich es Arthur Ambros vom ADAC, der es, als »Rücktransport« deklariert, nach München holte. Eine illegale Angelegenheit, denn es handelte sich faktisch um einen Import. Bei der Ausstellung eines Kfz-Briefes fragte niemand nach der Herkunft des Wagens...

Ich verschwendete viel Zeit darauf, den 3,5-Tonner wieder mobil zu machen. Aber der Ford wurde kein Bücherbus, sondern ein Wohnmobil. Einen Teil der Kosten übernahm die Firma Alusuisse, die einen Aufbau aus Aluminium-Verbundstoff auf das Chassis setzte, unter der Maßgabe, den Wagen auf zwei Ausstellungen als Werbe-Exponat verwenden zu dürfen. So kam das Auto zu der Ehre, auch auf der IAA gezeigt zu werden.

Links: So präsentierte sich der Ford AA Camper in Hartoghs Museum, bevor man ihn 2011 zur Versteigerung aufbot.

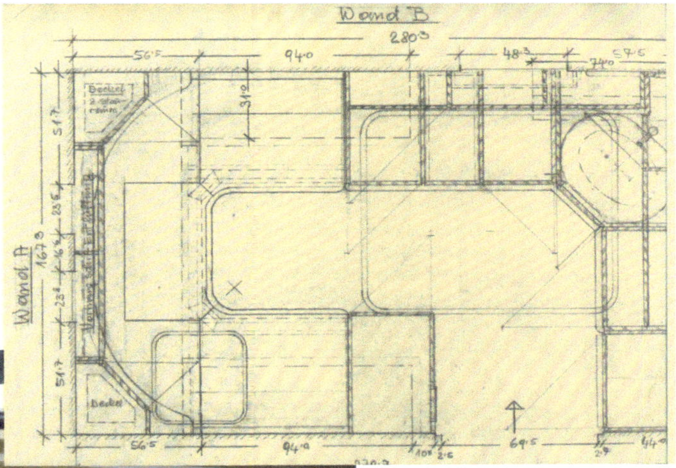

Im März 1987 waren die Arbeiten abgeschlossen; der Dreieinhalbtonner konnte auf der Oldtimer-Messe in Rosenheim bewundert werden.

Nur wenige Ausfahrten tätigten wir in dem Wohnmobil, eingerichtet im Stil der frühen Dreißigerjahre, wie eine Puppenstube. Und diese wenigen Fahrten führten nicht weiter als in die Umgebung der Werkstatt von Gerhard Graus in Kolbermoor oder nach Rosenheim zu einer Oldtimer-Veranstaltung und schließlich, nach erfolgter TÜV-Abnahme, zu einer Garage in der Nähe Münchens. Die Restaurierung und Einrichtung des Ford hatte sich über vier Jahre hingezogen, aber es pressierte ja auch nicht.

Mit dem Wohn-Ford eine ausgedehnte Expedition zu unternehmen, das wäre mein Wunsch gewesen. Ich dachte an eine Reise zum Mittelmeer, in mehreren Etappen und mit wechselnden Besetzungen. Dass daraus nichts wurde, lag nicht zuletzt am fehlenden Leistungsvermögen des (neu aus den USA eingeflogenen) Vierzylinder-Ersatzmotors. Er gab wie das Original nur 40 PS ab, und mit 3,5 Tonnen Lebendgewicht reichte das nur für maximal 60 km/h. Die Zulassung war unter der Auflage erteilt worden, keine Autobahn benutzen zu dürfen. Ich stellte schon an geringen Straßensteigungen fest, wie lahm der Motor war und viel zu heiß wurde. Spätestens am Fuß des Brenners wäre die Mittelmeer-Reise zu Ende gewesen. In seinem »ersten Leben« hatte der schwere Ford sich vermutlich nur im französischen Flachland bewegt.

Eine prekäre Geschäftslage zwang uns, den mit so viel Liebe aufgebauten Ford meistbietend abzugeben. Er ging an einen Sammler in den Niederlanden. Der nach Hillegom verkaufte Wagen wurde Exponat im schönen Privatmuseum des Speditionsunternehmers Gerd den Hartogh, der an die achtzig antike Nutzfahrzeuge besaß – sämtlich der Marke Ford. Als ich das Auto dort nach einigen Jahren mal wiedersah, wurde ich etwas traurig... Dem Museum angeschlossen war ein Café, betrieben von der Seniorchefin. Nachdem ich mich als Vorbesitzer des Retro-Wohnmobils zu erkennen gegeben hatte, wurde ich feierlich zu Kaffee und Kuchen eingeladen, und die Freude ließ sich noch steigern, als ich ein paar Souvenirs aus dem ersten Leben des Ford herausrückte wie einen seinerzeit ausgebauten Originalkolben sowie ein handschriftlich geführtes Verzeichnis, das Robert Deville von den Reparaturen und Servicearbeiten an seinem Textilien-Lastwagen angelegt hatte.

Mit dem Verkauf des Ford habe ich die interessante Erfahrung gemacht, wie man erfolgreich einen profitablen Abschluss herbeiführen kann. Ein entsprechendes Inserat – mit Foto – war in der »Automobil Revue«, Bern, veröffentlicht worden, ein Fachblatt, das europaweit Leser hatte. Das Inserat erschien zwei Mal, ohne dass sich jemand rührte. Dann aber erhielt ich doch eine Zuschrift, und zwar aus den Niederlanden. Ein Peter Kelder kündigte seinen Besuch an und erbot sich, den Ford gleich mitnehmen zu wollen, sofern ich mit 48.000 Mark zufrieden sei. Auweh – 75.000 hatte ich haben wollen...

Peter Kelder war Chauffeur eines Lastzuges, mit dem er regelmäßig Kartoffeln nach Deutschland zu bringen pflegte. Nach Hause fuhr er stets leer.

Er erzählte dies, als er wie angekündigt zum Kaffee erschien, wobei er, ohne sich den Ford angesehen zu haben, seine Brieftasche hervorholte, 48 Tausendmarkscheine auf den Tisch blätterte und sagte: »Dieses Angebot gilt nur heute. Wenn du es dir erst noch einmal überlegen möchtest – dann komme ich morgen früh wieder. Aber dann zahle ich nur 45.000«. Ich wollte einwenden, dass er sich doch das Auto erst einmal ansehen müsste, damit wir daran anschließend über den Preis reden könnten...

»Ich gehe davon aus, dass der Ford deiner Beschreibung entspricht und in erstklassigem Zustand ist. Du bist ein ehrlicher Typ. Und gib zu: Du hast zwei Mal inseriert, und gemeldet hat sich niemand. Ich zahle bar auf die Hand, ohne Quittung. Also?«

Schlecht gelaunt steckte ich die 48 Riesen ein. Der Kartoffelmann hatte gewonnen. Erst später erfuhr ich, dass er den Ford nicht für sich erworben hatte, sondern im Auftrag des heute nicht mehr existierenden Hartogh-Automuseums.

Peugeot 203 Commerçiale 1954

Was lange währt, wird teuer

Im Februar 1979 stellten Schraders zum fünften (und letzten) Mal auf dem Salon Retromobile in Paris aus: Bücher, Poster, Modelle, Schnickschnack... und hatten an der Grenze – erst seit 1992 gilt innerhalb der Europäischen Union Zollfreiheit – erhebliche Schwierigkeiten mit den französischen Grenzbehörden durchstehen müssen, die unsere Exponate als Handelsware einstuften und uns an Ort und Stelle unter Aufsicht zum Erstellen einer Liste mit Artikelnummern und Preisen zwangen. Und uns einen Scheck über einen verdammt hohen Einfuhrzollbetrag abnötigten. Am Ende kamen wir mit einem blauen Auge davon, erhielten das Geld wieder gutgeschrieben, beschlossen aber auch, künftig den Salon nur noch als Besucher (vor allem André Lecoq zuliebe) zu beehren, nicht mehr als Aussteller, zumal der Cheforganisierer Marc Nicolosi uns jetzt Standgebühren in Rechnung stellte – bis 1978 hatte Marc es noch als eine Ehre erachtet, uns in seiner Supershow dabeizuhaben.

Nachdem Mila und ich im Jahr zuvor einen antiken Ford-Lastwagen in Frankreich aufgestöbert hatten, konnten wir auch 1979 der Versuchung

Markttag in Suderburg, 2005.

Fünfzig Jahre alt und nach aufwändiger Restaurierung wieder einsatzbereit: Peugeot 203 Commerçiale, 1954.

nicht widerstehen und kamen abermals mit einem Oldie nach Hause, erworben von einem Monsieur Labourdelle aus Pantin. Das graublaue Auto war ein 1954er Peugeot 203 Kombiwagen, für umgerechnet 500 Mark ein Schnäppchen. Freilich, er hatte eine Generalüberholung nötig. Doch der Aufwand schien – schien! – lohnenswert. Stefan Knittel empfahl hiermit die Brüder Mittermaier in Bad Tölz zu beauftragen, die für ihre handwerkliche Sorgfalt bestens bekannt seien.

Von Paris nach München gelangte die »Commerçiale« durch Bodo Schieren, der die Reise als sportliche Herausforderung ansah (und Besitzer einer Alpine A110 war)... merci, Bodo, auch für deine Soli auf der Posaune, mit denen du uns in der Unterhachinger Garage zu erfreuen vermochtest.

So rasch in der Folge meine Autos nach wie vor wechselten – der Peugeot 203 blieb achtundzwanzig Jahre bei uns. Rekord! Doch der Wagen durchlitt insofern ein trauriges Schicksal, als er Aufenthalte in acht Restaurierungswerkstätten über sich ergehen lassen musste, und nur eine brachte es fertig, die in Auftrag gegebenen Arbeiten am Auto sach- und fachgemäß zu Ende zu bringen. Unser Peugeot schien den Firmen Unglück zu bringen. In fünf Fällen gingen sie bankrott (die braven Mittermaiers traf es bereits nach sechs Wochen), und wir durften den halb zerlegten Kombi dann wieder zu einem anderen Restaurator bringen. Letzte Station war schließlich ein Fachbetrieb in Berlin, der die Arbeiten ordentlich abzuschließen im Stande war und auch die TÜV-Abnahme durchzog. Die Heimholung erfolgte durch Mila und unseren Nachbarn Herbie, der zwar nicht Posaune blies, aber ein hoch talentierter Spraykünstler war.

Das anschließend nur sporadisch bewegte und als Werbefahrzeug für Mila Schraders Dorfcafé in Hösseringen dienende Schmuckstück fand 2007 durch die Vermittlung von Hans - Joachim Weise einen Käufer, der es wieder mit nach Paris nahm, wo das Auto einst hergekommen war: Der Franzose arbeitete als Mechaniker bei einem Bugattisten und pflegte diesen und dessen Entourage auf Rallyes zu begleiten; der (nein: die) 203 Commerçiale sollte im Tross als Werkstattwagen mitfahren.

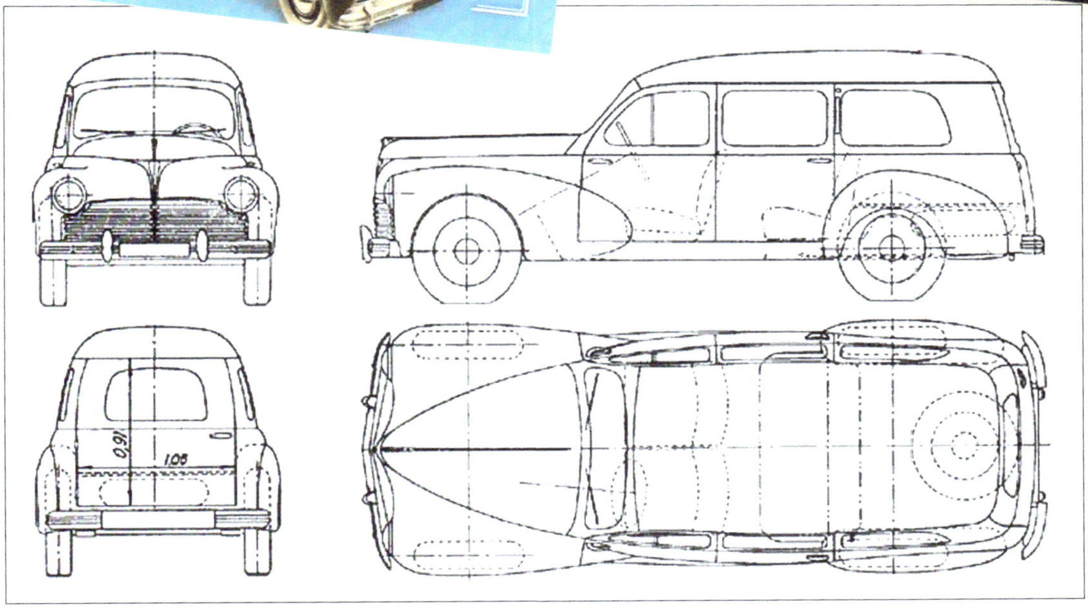

Mit dem in verschiedenen Ausführungen erhältlichen 203 war Peugeot außerordentlich erfolgreich, nicht zuletzt auch auf den Exportmärkten in Afrika und Asien (ehemalige Kolonien).

5:

DIE SCHÖNSTEN DINGE IM LEBEN (OLDTIMER AUSGENOMMEN)

SIND SEHR TEUER ODER ILLEGAL ODER

MACHEN DICK

Rolls-Royce Silver Seraph 2000

Niemand bat um ein Autogramm

Ein Jahr bevor die Marken Bentley und Rolls-Royce Anfang 2003 separiert wurden, war eine junge Dame namens Annette für die Disposition von Testwagen beider Fabrikate für die bundesdeutsche Motorpresse zuständig. Einen Rolls-Royce zu lenken, hatte ich bisher nur einmal das Vergnügen gehabt, anlässlich eines 1963 erfolgten Besuchs bei Bunty Scott-Moncrieff in England. Ein weiteres Mal ein aktuelles Modell näher kennenzulernen, hatte sich nie die Gelegenheit – oder Notwendigkeit – ergeben. Dessen ungeachtet habe ich 1988 ein Buch über die Geschichte der Marke Rolls-Royce verfasst; es fand sogar genügend Käufer, um den Verleger Dirk Nishen in die Lage zu versetzen, die Druckrechnung mit Skonto zu begleichen.

Nun war und ist wohl noch immer die Warteliste lang und der Testwagen-Fuhrpark nicht sehr groß, deshalb musste ich mich im Jahr 2000 vier Monate gedulden, bis ich an der Reihe war. Im April durfte ich mir dann endlich für ein paar Tage einen Silver Seraph bei der Supreme Communication Lady Annette in Wiesbaden abholen.

Um sogleich herauszufinden, wie der Rest der mobilen Gesellschaft auf mein Aufkreuzen im »besten Auto der Welt« reagieren würde, steuerte ich als erstes Ziel eine Drive-In-Station der Delikatessen-Tempel-Kette McDonald's an. Doch keiner der Anwesenden salutierte, niemand applaudierte, niemand erbettelte ein Autogramm, auch hob niemand ein Kind in die Höhe, damit es mal einen richtigen VIP zu sehen bekäme: »Schau

Verglichen mit der imperialen Fahrzeugfront des 2003 eingeführten Phantom VII möchte man das Gesicht des Rolls-Royce Silver Seraph als eine Verlegenheitslösung bezeichnen...

Als ich 1965 David »Bunty« Scott-Moncrieff meinen ersten Besuch abstattete, bot er mir diesen Rolls-Royce 20 hp für nur 250 Pfund Sterling an. Das Fünfzehnfache hätte es allerdings gekostet, um den Zweisitzer aufzuhübschen – eine Prozedur, die fast alle fünfzig zur Wahl stehenden Rolls-Veteranen nötig hatten. Bunty belieferte vorzugsweise Kunden in den USA und wurde dort so manches in Europa unverkäufliche Fahrzeug los – was Buntys Sohn Humphrey mit Besorgnis registrierte, weil er um den Ruf der Firma bangte.

Rolls-Royce Silver Seraph, 2001,
motorisiert mit einem Zwölfzylinder von BMW.

Rolls-Royce Silver Seraph: Ein Wagen, den die Briten als Owner Driver Saloon bezeichnen. Auf einen Chauffeur habe ich auch gern verzichtet...

...und stattdessen den Platz am Volant selbst in Anspruch genommen. Nur schade, dass mir während der Fahrt zwei unzureichend befestigte Teile aus der Mittelkonsole herunterpurzelten.

genau hin, Mäxchen, da sitzt sicher der Herr Beckenbauer oder ein Prinz aus dem Morgenland drin...«

Mit einem Goggo hätte ich mehr Aufmerksamkeit erregt, und die neben mir sitzende Abiturientin Isabell Warlo war ebenso erstaunt wie ich, dass kein Mensch unseren Nobelhobel auch nur eines Blickes zu würdigen schien. Wir achteten darauf, dass weder Ketchupkleckse noch Pommeskrümel eine plebejische Verunreinigung des Interieurs verursachten.

Der Silver Seraph war in der Tat eine unauffällige Erscheinung, trotz seiner brutal verscheinwerferten Frontpartie. Britisches Understatement? Nun gut, die massigen Scheinwerfer oder der Kühler mit der Emily on top – das machte schon

Produktion Silver Spirit 1980-88 (links) und Silver Cloud III 1963-66 (unten).

einiges her, gleichwohl tarnte sich der Seraph, der im Verkehrsbild ja wie ein Sumo-Ringer unter Florettfechtern wirkte, als eleganter Nobody. Sein V12-Motor stammte vom BMW 7er, das Interieur hätte auch das eines Jaguar XJ12 von 1980 sein können. Nur war das in meiner Erinnerung besser verarbeitet: An meinem Testwagen lösten sich während der Fahrt zwei offenbar zu nachlässig oder mit zu wenig Leim aufgeklebte Furnierteile am Armaturenbrett, auch neigte der Motor ab 180 km/h zu unbotmäßiger Geräuschentfaltung.

Nur 1570 Silver Seraph wurden gebaut, doch ich glaube nicht, dass dieser Royce trotz der geringen Zahl dereinst zu einem gesuchten Sammlerstück avancieren wird, so wie die meisten seiner Vorgänger bisher stetig an Wert zugelegt hatten. Ich hätte zugreifen sollen, als mir Bunty Scott-Moncrieff im Herbst 1963 für nur 250 Pfund Sterling einen 1925er 20 hp schmackhaft zu machen versuchte – das wäre eine gute Investition gewesen. Das Pfund war 11 Mark 20 wert, doch 2800 Mark plus Zoll und Überführung in einen weiteren Oldtimer zu investieren, konnte ich mir zur damaligen Zeit nicht erlauben. Ich besaß schließlich bereits etliche alte Autos, und die verschlangen, weil es an ihnen viel zu reparieren gab, schon genug Geld.

Um auf den Besuch bei Bunty damals im Oktober 1963 zurückzukommen: Mein lieber Gastgeber arrangierte für mich eine Führung durch die Rolls-Royce-Fabrik in Crewe. Gebaut wurde das Modell Silver Cloud III. Jedes Fahrzeug wurde vor der Auslieferung einer mehrstündigen Kosmetik unterzogen, durchgeführt von sechs oder sieben fleißigen Cheshire-Hausfrauen in Kittelschürzen.

»Der Silver Cloud verkörpert neben dem New Phantom das beste Modell, das unter der Marke Rolls-Royce seit dem 10 HP von 1904 je entstanden ist« – wie Bunty zu urteilen sich erkühnte. Auf sein Urteil war Verlass, Bunty genoss den Ruf eines Profis. Der erste, 1955 vorgestellte Silver Cloud war der Nachfolger des Silver Dawn gewesen. Zehn Prozent individuell karossierte »Silberwolken« stellten Varianten der Standardkarosserie dar, wie der von Mulliner angefertigte Cabriolet-Umbau oder der Heckflossen-Wagen von Freestone & Webb, der in drei Exemplaren als »Honeymoon Express« entstand. Einige der Sonderfahrzeuge erhielten Aufbauten aus Aluminium.

Der Silver Cloud I hatte einen 4887 ccm großen Reihensechszylinder von 170 PS und hydraulische Vorderrad- sowie mechanisch aktivierte Hinterradbremsen, vordere Einzelradaufhängung an Schraubenfedern und eine hintere Starrachse mit Blattfedern und Torsionsstäben. Servolenkung war ab Herbst 1956 zu bekommen.

Mit einem neuen Motor und mehr Hubraum erschien 1959 der Silver Cloud II. Der Wagen hatte jetzt einen V8 unter der Haube. Nicht zuletzt war es die amerikanische Kundschaft, die auf einem Vee-eight bestand.

Der bis zum Mai 1966 gebaute Silver Cloud III hatte nach wie vor ringsum Trommelbremsen, jetzt jedoch in Zweikreis-Hydraulik auch zu den Hinterrädern – zusätzlich zu der beibehaltenen Mechanik. Der Motor leistete etwa 225 PS. Überarbeitet hatte man in Crewe auch die Karosserie, wobei die verringerte Kühlerhöhe kaum auffiel.

Mit Bunty über die Vorzüge eines Rolls-Royce zu diskutieren, erledigte sich nach zwanzig Minuten, denn viel lieber dozierte er über die Vorzüge eines Bugatti oder die eines Mercedes, und das dauerte in der Regel sehr lange.

Beruhigt hat mich dann aber ein Brief, den ich zwei Jahre nach meinem Crewe-Besuch von Bunty bekam: »Sicher erinnerst Du Dich unserer Werksbesichtigung .. ich war kürzlich wieder einmal dort. Du würdest nichts wiederkennen . Vickers hat eine Menge Geld in die Hand genommen, um den heruntergekommenen Laden komplett zu renovieren... jetzt geht es dort so perfekt zu, wie man es erwarten sollte... und um einen Streik zu verhindern, zahlen sie inzwischen auch bessere Löhne...«

Ford Thunderbird 1974

Mit Verkehrssündern wird nicht lange gefackelt

Für Wohnmobile nicht geeignet: Die Hinweistafel mit diesem Spruch hat die Größe eines Fußballtors und soll jene Trucktouristen vom Befahren des Blue Ridge Park Byway abhalten, die uns kleinmotorisierte Nationalparkbesucher die Aussicht versperren würden – die Aussicht auf ein wunderschönes, abwechslungsreiches Landschaftspanorama im Herzen von North Carolina.

Nur 18 Meilen misst der Byway ab Yonahlossee, und wenn sich der auf dieser Straße cruisende Automobilist oder Harleybiker zum Prinzip »Law and Order« bekennt, was ich ihm ans Herz legen möchte, hat er eine Stunde und zwölf Minuten Zeit, sich die gebotene Pracht zu verinnerlichen. Mehr nicht, denn man darf nicht anhalten, und erst recht nicht weniger – denn das würde bedeuten, dass die erlaubte Höchstgeschwindigkeit von 15 Meilen pro Stunde nicht eingehalten wurde.

Und noch langsamer als mit 15 Meilen sind in North Carolina höchstens antike Landmaschinen auf dem Acker unterwegs. Von denen sehe ich auf meiner USA-Tour im Sommer 1974 noch jede Menge.

Mit maximal zehn der gestatteten 15 mph schleicht vor mir eine mit fünf Personen besetzte Limousine einher. Okay, es ist Sonntag, und man möchte die Fahrt genießen. Aber der schwarze

Thunderbird 1975: Mit einem Fuß auf dem Gaspedal, mit dem anderen im Gefängnis...

Chevi hält an. Das ist doch verboten! Die Türen öffnen sich, aber niemand steigt aus... Die Herrschaften belieben ein paar Fotos von ihren Sitzen aus zu machen. Türen zu, weiter geht's im Schneckentempo. Mein in Dearborn geliehener Automatik-Ford folgt mit Leerlaufdrehzahl. Durch die Konzentration auf das Zeitlupengeschehen vor mir bleibt kaum Gelegenheit fürs Sightseeing, zumal die Stop-and-Go-Trödelei sich dreimal wiederholt...

Jetzt habe ich die Nase voll. Am erneut anhaltenden Hobbyfotografenchevi ziehe ich schwungvoll vorbei, aufatmend: Der Schrittmacher bin nun ich! Von wegen. Innerhalb weniger Sekunden nehme ich im Rückspiegel rot-blaues Flackerlicht wahr und höre das Auf- und Abschwellen einer Polizeisirene. Das gilt mir.

Der Dienstwagen des County-Sheriffs zieht mit mir gleichauf, und dieser gebietet anzuhalten, obwohl das ja eigentlich nicht erlaubt ist.

Mit filmreifem Obrigkeitsgehabe entsteigt der sonnenbebrillte Mann – Hillbillyhut, Silberstern am kurzärmeligen Blauhemd – seinem diagonal vor meinem Ford positionierten Auto. Eine Hand auf dem Griff seines Colts, in der anderen ein Notizbuch haltend. »Bleiben Sie im Wagen! Ihren Führerschein! Und dann beide Hände oben aufs Lenkrad.« Ich besitze einen internationalen und überreiche dem Sheriff das Dokument samt Reisepass. Er schaut sich beides nicht an, sondern knurrt: »Haben Sie getrunken?«

Ja, Kaffee zum Frühstück, keinen Alkohol, antworte ich, zumal es ja auch erst zehn Uhr morgens sei.

»Ich habe Sie nicht nach der Uhrzeit gefragt, soweit ich weiß,« und schnarrt, ich hätte gegen drei Verbote verstoßen: »Sie haben ihren Thunderbird viermal angehalten, haben einmal überholt und dabei das Speed Limit um zehn Meilen überzogen. Das addiert sich auf dreihundert Dollar, zahlbar hier und jetzt, ersatzweise drei Tage Haft. Falls Sie zahlungsunwillig sind oder Widerstand leisten, kann ich Sie sofort in Arrest nehmen. Mit Verkehrssündern fackeln wir hier nicht lange. Das Abschleppen Ihres Wagens und das Aufbewahren während der Zeit Ihrer Haft dürfte Sie weitere hundertfünfzig Dollar kosten, plus Wagenwäsche, denn so damn staubige Fahrzeuge kommen mir nicht ins Depot. North Carolina is a damn clean state, Sir.«

Ich traue meinen Ohren nicht... und versuche dem Mann darzulegen, dass es der Chevi vor mir war, der mich wiederholt zum Stoppen genötigt hatte – und so weiter. Interessiert ihn nicht im Geringsten. Der Chevi ist ja auch längst weg. Und erst jetzt schaut er sich meinen Führerschein und meinen Pass an.

Ein Funken Hoffnung glimmt auf. Ich meine, die Spur eines Lächelns bei ihm wahrzunehmen. Tatsächlich: »Sie kommen gar nicht aus Michigan? Sie sind Deutscher? Warum haben Sie das nicht gleich gesagt? Und hier lese ich: Ordnungsamt München... Mann, ich war als Offizier sieben Jahre in München stationiert... eine herrliche Zeit... Oktoberfest... Löwenbräu... Kalbshaxen... «

Das Eis ist geschmolzen. Ich steige aus, Händeschütteln, Schulterklopfen, Lachen. »Meine Frau kann leider nicht bayrisch kochen. Wie sieht es bei Ihrer Honiglady aus? Bringt sie etwas Vernünftiges zustande in der Küche? Ja? Oh Sie Glücklicher. Jeden zweiten Tag Apfelschtruhdl! Oder etwa nicht?« Dann wird er wieder dienstlich: »Ganz ohne Verwarnungsgeld kann ich Sie nicht ziehen lassen, mein Freund. Ich habe schließlich meine Dienstpflicht zu erfüllen. Sind Sie mit zwei Dollar einverstanden?«

Ja, muss ich wohl. Er nimmt zwei Geldscheine entgegen und pfercht sie in die Brusttasche. »And remember: North Carolina is a damn clean state. Waschen Sie Ihren damn Thunderbird noch heute!« Es ist ausgestanden, denke ich; Glück gehabt! Sheriffs auf Beutezug sollen ja wirklich grausam sein können, habe ich gehört.

Hat der Officer meine Gedanken gelesen? Denn statt in sein Auto einzusteigen, schreitet er ans Heck des Thunderbird und sagt: »Das ist kein Leihwagen, sondern ein Firmenwagen der Ford Motor Company – erkenne ich am Nummernschild. Wie kommen Sie zu dem Fahrzeug?« Verflogen scheint die eben noch demonstrierte

Love me or leave me, baby: Der Wildwestbarock hatte sich nach Überwindung der pandemischen Heckflossen-Influenza in eine imperiale Großklotzigkeit verwandelt.

Verbrüderung im Geiste Bavarias... »Ich muss in der Zentrale rückfragen, ob ein Diebstahl gemeldet wurde... «

Mit unterdrückter Verärgerung krame ich aus dem Handschuhfach eine auf meinen Namen ausgestellte Vollmacht der Presseabteilung der FoMoCo hervor. Der Sheriff überfliegt sie: »Okay. But you never know...«

Ob ich für meine zwei Dollar eine Quittung bekommen könnte, sozusagen als Souvenir an eine bayrisch-amerikanische Sonntagsbegegnung...? Die Frage wird geflissentlich überhört. »Enjoy your trip, and take care!« Mit deutlich mehr als 15 mph prescht er von dannen, dem nächsten damn Verkehrssünder auf den Fersen.

Um einen Thunderbird in seiner Maximalkonfiguration kennenzulernen, hätte ich zwei, drei Jahre früher kommen müssen, als Henry Fords Donnervögel auf 380 PS erstarkt waren. Jetzt hatte man die Leistung auf 250 PS gedrosselt, 1987 betrug sie nur mehr vierzylindrige 145 PS. Die Druckwellen des Ölkrisenschocks bremsten die 55-mph-Nation zeitweilig auf Schritttempo herunter. Das Zeitalter der unlimitierten Energieverschwendung kam in die Wechseljahre. Doch ungeachtet der immer noch imposanten Leistungsentfaltung waren die Muscle Cars mir nicht geheuer; allein schon ihrer Blechfülle wegen. Die klotzigen Armaturentafeln und die lächerlich kleinen Quarterlights vermochte ich nur als Karikaturen aus den Papierkörben seit zwanzig Jahren von der Außenwelt abgeschotteter Designbüros zu erkennen. Form follows function: Diese Maxime hatte in Detroit längst keine Gültigkeit mehr.

Auf allen Reisen, die ich zu »meiner« (guten alten) Zeit innerhalb der USA unternahm, konnte man in landschaftlicher Ödnis komfortable Motels mit einem oder mehreren Oldies auf dem Areal entdecken – Chips-und-Cola-Oasen verdienter Regeneration nach staubheißen Tagestouren von drei- oder vierhundert Meilen auf der transkontinentalen Interstate 66...

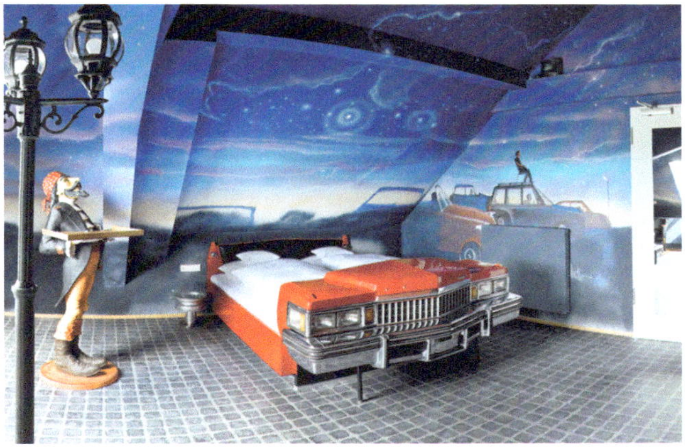

Arrol-Johnston 12/15 HP 1906

Wo die Kälte am allerkältesten ist

Es war nur eine Frage des Zeitpunkts, an welchem zum ersten Mal ein Automobil sein Debüt auch auf dem Sechsten Kontinent geben würde. Und das war am 1. Februar 1908 der Fall. Der Mann, in dessen Regie das Experiment in der Antarktis stattfand, war der Polarforscher Ernest Shackleton. Zweierlei sei an dieser Stelle vermerkt: Ich war weder dabei gewesen noch überhaupt jemals auf oder in der Antarktis, so dass diese Geschichte meinen verehrten Lesenden »second hand« vorgetragen wird.

Es handelte sich um Lieutenant Shackletons zweite Forschungsreise, aber um seine erste in eigener Regie; sie trug die Bezeichnung »British Antarctic Expedition«. Aus wissenschaftlicher Sicht wurde sie zu seiner bedeutendsten Unternehmung. Nie zuvor wurde ein größeres Gebiet des bisher unbekannten antarktischen Festlands erschlossen.

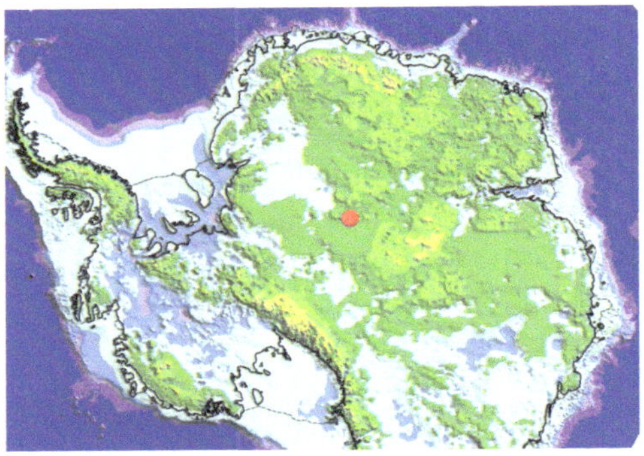

Zum südlichsten Punkt der Erde mit dem Auto...?

Schon von Beginn an hatte Mr. Shackleton mit Finanzierungsproblemen zu kämpfen, da zunächst weder die Royal Geographical Society noch die britische Regierung Geld zur Verfügung stellten. Er bemühte sich nach Kräften, Sponsoren aus seinem wohlhabenden Freundes- und Bekanntenkreis zu finden.

Am Neujahrstag 1908 verließ die »Nimrod« den Hafen von Lyttelton, Neuseeland. Als Decksfracht an Bord genommen hatte man einen preisgünstig erworbenen Arrol-Johnston älteren Baujahrs mit einem zehnpferdigen Zweizylindermotor und demontierter hinterer Karosseriehälfte, so dass man Transportgut direkt auf den Chassisholmen platzieren konnte. Verhüllt in eine Segeltuchplane erwartete den Motorwagen ein ungewisses Schicksal.

In Anbetracht der instabilen Eisverhältnisse schloss Shackleton die geplante Errichtung des Winterquartiers auf der Schelfeistafel aus und entschied, zum McMurdo Sound zu fahren. Der wurde am 29. Januar 1908 erreicht, doch konnte die »Nimrod« wegen dichten Packeises auch hier nicht nahe genug an die Küste heran, um ein Entladen der umfangreichen Fracht vornehmen zu können, deshalb wurde das Winterquartier auf der Westseite der Ross-Insel errichtet.

Zuständig für Bedienung und Wartung des Arrol-Johnston war der Mechaniker Bernard Day. Er berichtete: »Nicht vor August unternahm ich meine erste Fahrt, um einen mit 150 Pfund Lebensmittel beladenen Schlitten zu einem der Depots in acht Meilen Entfernung zu schleppen. Besserer Traktion der Antriebsräder wegen hatten sich drei Mann auf die Chassisholme gehockt. Alles klappte bestens, der Wagen hatte seine Bewährungsprobe auf verkrusteter Schneefläche bestanden. Für die Fahrt hatten wir eine Stunde und zwanzig Minuten benötigt. Es folgten zahlreiche

Zuständig für Bedienung und Wartung des Arrol-Johnston in der Antarktis war der Mechaniker Bernard Day.

Einem zum Snowmobil mutierten Porsche 356 auf dem südpolaren Eis zu begegnen würde man wohl kaum erwarten. Und doch wäre das im August 2021 möglich gewesen...

weitere Schlepp- und Transportaktionen, manchmal durch halbmeter tiefen Schnee. Sanken die nächtlichen Temperaturen unter 15 Grad Fahrenheit, stockte das Motoröl in der Verteilerpumpe und gelangte nicht zu den Schmierstellen; aus diesem Grund setzte ich die Pumpe außer Funktion und versorgte die betreffenden Motorteile unterwegs alle zwanzig Minuten auf dem direkten Wege selbst. Um hierfür flüssiges Öl zu haben, trug ich ein gewisses Quantum in einer Blechflasche unter meinem Pelzmantel dicht am Körper. Und den morgendlichen Startvorgang mit der Handkurbel vermochte ich zu beschleunigen, indem ich unter den Vergaser eine kleine Schale mit Benzin klemmte, das ich entzündete zum Erwärmen der Ansaugluft, was das Anspringen des Motors begünstigte. Mir war klar, dass das gefährlich war, aber es ging immer gut.

Mehr als 500 Meilen insgesamt habe ich unter diesen harten Bedingungen den Arrol-Johnston bewegt, manchmal mit einer Fracht von 18 Zentnern plus drei Mann. Das Fahrzeug erwies sich als absolut zuverlässig, bei jeder Witterung, auch bei eisigem Wind.

Als nachteilig bei Fahrten in Schnee erwies sich allerdings das viel zu hohe Gewicht der Räder von je 130 Kilogramm. Durch intensives Bearbeiten der dicken, hölzernen Speichen mit dem Messer reduzierte ich ihr Gewicht um je 40 Kilogramm. Zu einem Radbruch kam es dennoch nicht.

Mir hat die Arbeit viel Freude bereitet. Ich kann sogar sagen, dass die in der Antarktis zugebrachte Zeit die schönste meines Lebens war, zumal wir in Shackleton einen so hervorragenden Chef hatten.«

*

In zermürbenden Fußmärschen versuchten Shackleton und seine Leute, so weit wie möglich nach Süden vorzudringen; sie durften für sich den Rekord in der größten Annäherung an einen der beiden geographischen Erdpole verbuchen. Der Südpol war zwar noch 180 Kilometer entfernt, doch schlechte Wetterverhältnisse, schwindende Vorräte, mangelhafte Ausrüstung und zunehmende Erschöpfung machten ein weiteres Vorwärtskommen unmöglich. Shackleton notierte enttäuscht: »Wir haben unser Möglichstes getan...« Gleichwohl wurde er nach Beendigung der Expedition in Großbritannien als Held gefeiert.

Die Wahl eines Arrol-Johnston war nicht zufällig erfolgt. Die seit 1895 in Bluevale, Camlachie und später in Paisley, Renfrewshire (Schottland) gebauten Fahrzeuge genossen einen exzellenten Ruf; die Marke existierte bis 1931. Der von Bernard Day betreute Zweizylinderwagen war ein 2,9 Liter 12/15 HP.

Mehr oder auch weniger erfolgreiche Versuche, in der Antarktis Automobile einzusetzen, gab es anschließend etliche Male. So befanden sich auch zwei Arbeitsfahrzeuge – sinnvollerweise vom Typ Citroën P17 Kégresse – in der Bodenstation des Polarfliegers Richard Evelyn Byrd, der am 29. November 1929 als erster Mensch den Südpol aus der Vogelperspektive zu sehen bekam, sofern es da außer der Farbe Weiß etwas zu sehen gab...

Zeitensprung: 2021 hat Renee Brinkerhoff ihr Ziel, alle Kontinente in einem klassischen Auto unter schwierigen Bedingungen zu erfahren, mit einer 356-Meilen-Tour rund um die Antarktis erreicht. Die Vorbereitungen begannen hierfür im Sommer 2020, als der Ingenieur Kieron Bradley sich daran machte, Frau Brinkerhoffs Porsche 356 für polare Bedingungen zu modifizieren. Das Gewicht war zu verringern, die Straßenbereifung wurde durch Raupentracks hinten und Skier vorn ersetzt. An der Front wurde ein so genannter Gletscherspaltenrahmen mit Solarmodulen montiert.

Zu weiteren Modifikationen zählten ein Überrollkäfig, ein Niedertemperatur-Kompressor, ein Wagenheber mit vier Tonnen Kapazität, um das Auto aus tiefem Schnee heben zu können, sowie eine Getriebetemperaturanzeige.

Renee Brinkerhoff: »Es war unmöglich, schnell zu fahren, vor allem auf dem blauen Eis, das mit Rillen und scharfen Kanten gespickt war. Manchmal waren wir für nur 12 Meilen gut eine Stunde unterwegs, aber auf der glatten Schneefläche war der 356 wie entfesselt. Wir erreichten zwar nur maximal 34 Meilen die Stunde, doch es fühlte sich an, als würden wir fliegen.«

Es ergaben sich gelegentlich allerdings Probleme. »Einmal fuhren wir einen Gletscher hinauf, als der Sprechfunk ausfiel und unsere beiden Begleitfahrzeuge nicht wussten, wo der Porsche abgeblieben war. Keine Sicht, keine Zeichen oder Fixpunkte in der Umgebung, keine Spuren... Ein anderes Mal musste Simon, mein Mechanikus, während eines Schneesturms die Vergaser austauschen, weil sich die Düsen mit Eis gefüllt hatten.«

Aber das größte Problem stellte das Trägersystem der Skier dar. Diese waren mit massiven Stahlbolzen befestigt, trotzdem scherten sie immer wieder ab, erst auf einer Seite, dann auf der anderen... »Dennoch – dieses Auto ist einfach unglaublich. Ich könnte mir nicht vorstellen, mich je von meinem alten Porsche zu trennen.«

Jaguar XJ40 1989

Hammerfest – Gibraltar ...nur ein Katzensprung

In den Achtziger Jahren reaktivierte sich mein Kontakt, der zum einstigen Opel- und Aston-Martin-Mann Peter Schack bestanden hatte. Nach einem kurzen Gastspiel als Sales Manager bei Alfa Romeo war Peter zum Kommunikationsdirektor bei Jaguar Deutschland in Kronberg bestallt worden.

In mir sah er offenbar eine geeignete Figur, mit der er die Idee einer neuen Jaguar-Kundenzeitschrift zu realisieren vermochte. Genauer gesagt, der deutschen Ausgabe des geplanten Lifestyle-Magazins. Ich brachte auch gleich einen Namen für das Objekt mit: »Sovereign«. Der gefiel den Briten so gut, dass sie ihn für die englische Ausgabe ebenfalls akzeptierten. »Sovereign« war einst die Bezeichnung der besser ausgestatteten Daimler-Version (als diese seit 1896 bestehende britische Marke noch zur Jaguar-Gruppe gehörte); der Daimler galt als der aristokratische Jaguar.

Der nach Jahren der Zweitklassigkeit jetzt wieder erreichte Qualitätsstandard eines Jaguar vermochte zu überzeugen. Lediglich die beengten Raumverhältnisse gaben Anlass zur Kritik, denn die großen Limousinen und Coupés waren mit derart dicken Türen und breiten Mitteltunneln versehen, dass sich etwas stärkere Insassen auf den luxuriösen Connolly-Fauteuils eingeklemmt fühlen mussten.

Das Styling des Jaguar XJ40 ist von zeitloser Eleganz.

Marathon Nordkap–Gibraltar, 26. bis 29. Juni 1989.

Streckenprotokoll und Benzinverbrauch wurden minutiös festgehalten – und sind in den Tiefen des Jaguar-Archivs vergraben...

Ich habe zahlreiche Modelle über viele Tausend Kilometer bewegt und war von den Fahreigenschaften und dem Sprintvermögen der Autos beeindruckt. Die groß dimensionierten ABS-Bremsen verzögerten adäquat, das Instrumentarium war (endlich) ergonomisch optimal, die Klimaautomatik übertraf die eines Mercedes der S-Klasse.

Anlässlich zahlreicher Presse- und Händlerveranstaltungen, die das Haus Jaguar wie alle Automobilhersteller bei Neuvorstellungen durchzuführen pflegte (viele davon fanden an Gestaden mit Schönwetterkonstanz statt), ergab sich für mich die Gelegenheit, so gut wie jede Fahrzeugvariante made in the UK Midlands ausführlich kennen zu lernen, ausführlicher aber noch, wenn ich einen Wagen über mehrere Wochen ausprobieren durfte. Dies war zum Beispiel der Fall mit dem XJ40, der zum Zeitpunkt seiner Einführung Gegenstand einer ungewöhnlichen Reportage sein sollte, sowohl in »Sovereign« als auch einem anderen Magazin. Mein Co-Redakteur Ian Hawkins, Peter Schack und ich arbeiteten einen Plan aus, mit zwei Fahrzeugen vom Nordkap nach Gibraltar zu brausen. Alternativ wären Helsinki-Palermo oder Riga-Antalya in Betracht gekommen.

Die 6000 Kilometer lange Strecke beabsichtigten wir in vier Tagen zurückzulegen, mit je einer Übernachtungspause in Mittelnorwegen, Schleswig-Holstein und Südfrankreich.

Es würde zu weit führen, den Verlauf der Reise detailliert zu schildern, auf der sich die Teams alle zwei Stunden am Lenkrad ablösten. Unter Einhaltung sämtlicher Geschwindigkeitsbegrenzungen einen Schnitt von 110 km/h einzuhalten gelang nur, wenn wir auf der Autobahn in Deutschland alles aus den rechtsgelenkten Autos (mit britischen Kennzeichen) herausholten, was sie hergaben und die Verkehrsverhältnisse es zuließen, denn in Skandinavien, vor allem auf den Schotterpisten in Norwegen, gebot sich eine moderate Fahrweise... Ein Katzensprung war's dann von Hirtshals hinunter nach Gibraltar auf kontinentalen Fernstraßen.

Ich wundere mich nachträglich, mir niemals einen Jaguar zugelegt zu haben. Zu »meiner Zeit« wären ein Mk.2 der Baujahre 1959–1969 oder ein Mk.IX von 1958–1961 für wenig Geld zu bekommen gewesen. Fahrzeuge, die in großer Zahl exportiert wurden und daher auch als Linkslenker zu finden und in späteren Jahren von cleveren Spezialisten auf Kat-Betrieb umgerüstet worden waren. Ein XK 140 oder XK 150 hätten mir ebenso gefallen – im Gegensatz übrigens zum E-Type, für den ich mich längst nicht so begeistern konnte wie Philipp Porter, Peter Schack, Fritz B. Busch sowie hunderttausend weitere Jaguar-Sympathisanten in aller Welt. Der E-Type, von Philipp Porter in einem superdicken Standardwerk gewürdigt, gehört zu den berühmtesten Kultmobilen der Welt und teilt sich dieses Prestige mit der Corvette und dem Mercedes 300 SL. Doch solcherlei Zuordnungen unterliegen dem Wandel der Zeit, so dass der E-Type seinen Platz eines Tages vielleicht einem chinesischem E-Mobil überlassen muss... never say never!

Jaguar-Experten par excellence: Peter Schack und Philipp Porter.

Links: Hier gehört er hin, der Jaguar XJS: an den Yachthafen von Cannes.

BENTLEY
1927
1928
1929
WINS
for the 3rd year in succession
LE MANS
24 Hour Grand Prix d'Endurance
Bentley Motors are proud to announce that for the third year in succession their cars have triumphed in the gruelling 24-hour race at Le Mans. This year Bentleys filled the first four placings, the six cylinder, 6½ litre Speed Model driven by Capt. Barnato and Capt. Birkin winning the Rudge Whitworth Cup having covered 1,765 miles at a record average of 73,62 m.p.h. They also won the race outright and set a lap record, with Capt. Birkin at the wheel, of 81.12 m.p.h. on the altered circuit.
Second, third and fourth places were filled by 4½ litre Bentleys. The second car, driven by Lt. Comdr. Glen Kidston and Mr. J. Dunfee was the veteran 4½ litre, the first of its type made, that set the lap record in 1927 before becoming involved in the multiple White House crash, won the 24-hour race at Montlhery a few weeks later, was used for private touring by its owner Capt. Barnato, and then reappeared at Le Mans in 1928 to be driven to victory by Capt. Barnato and Mr. B. Rubin.
Of 24 starters only ten cars completed the course, and of these ten, four were the leading Bentleys. Such a display of speed and stamina in a race where motorcars have to conform to standard conditions and carry wings, hoods and other ordinary arrangements, is a just recommendation for the new models from Bentley Motors.
The winning Bentleys out-paced the strong challenge from America to give Britain's motorcar industry the most sweeping victory ever recorded. Dunlop tyres were fitted to all the Bentleys, the winning car changing only one cover as a precautionary measure during the 24-hours. Shell petrol and oils, Champion sparking plugs, Young batteries, and Hartford shock absorbers, played their part in Bentley's fourth great win at Le Mans.
Victory Roll: | Driven by | Average Speed m.p.h. | Miles Covered
1924 3 Litre Bentley | Capt. J. F. Duff and Mr. F. C. Clement | 57.5 | 1,380
1927 3 Litre Bentley | Mr. S. C. H. Davis and Dr. J. D. Benjafield | 61.36 | 1,472.6
1928 4½ Litre Bentley | Capt. W. Barnato and Mr. B. Rubin | 69.1 | 1,658.6
1929 6½ Litre Bentley | Capt. W. Barnato and Capt. H. R. S. Birkin | 73.6 | 1,765 (altered course)
BENTLEY MOTORS LIMITED
POLLEN HOUSE, CORK STREET, LONDON, W.1.
'Phone: REGENT 6911 'Grams: "BENMOTLIM. PHONE, LONDON"
NORTHERN SALES DEPOT 3, SANDYFORD ROAD. NEWCASTLE-ON-TYNE.
WORLD EXPORTERS ROOTES, LIMITED, PICCADILLY, W.1.

Bentley 4.5-Litre s/c 1930

Schnellster Lastwagen der Welt

Now it's your turn! ruft mir Richard zu und stellt den Wagen am Wegesrand ab, mir den Arbeitsplatz überlassend. Mein Puls beschleunigt sich... Der Kompressor-Bentley von 1930 verlangt mir Respekt, Respekt vor denen, die ihn konstruiert, gebaut und die mit ihm Rennen gefahren haben. Der schwere Blower auf der Vorderachse, die vehemente und vernehmliche Leistungsentfaltung des aufgeladenen Vierzylinders, die unsynchronisierte Schaltung mit einem tief unten rechts im Cockpit versteckten Kurzhebel und eine Lenkung mit etwas zu viel Spiel erfordern volle Konzentration. Die schwergängige Kupplung müsste man besser mit beiden Füßen bedienen... Zu meiner Erleichterung übernimmt es Richard Charlesworth, den bar jedweder Servohilfe zu bändigenden 2,5-Tonnen-Boliden ins Werk zurückzufahren, wo wir gestartet waren. Seit dem Verkauf meines Lagonda bin ich nicht mehr gewöhnt, mit solcher Art von Schwermetall umzugehen.

Juni 1930: »Bentley wins Le Mans again« – die Presse schwelgte im Jubel. Als Bentley im Wirtschaftskrisenjahr 1930 zum achten Mal in Le

Arbeitsplatz im Kompressor-Bentley, berühmtester britischer Hochleistungswagen der Vintage-Ära.

Links: Tim Birkin, 1929 Gewinner der 24 Stunden von Le Mans und der TT mit seinem Blower Bentley.

Oben: 60 Jahre später Schrader am Lenkrad eines identischen Bentley mit Richard Charlesworth als Tutor.

Mans antrat, musste die Konkurrenz damit rechnen, dass ihr wieder einmal die Show gestohlen wurde.

1929 war es eine ganze Bentley-Prozession gewesen, die im 24-Stunden-Rennen von Le Mans dominiert hatte. Die vier Werkswagen wurden von dem neuen Speed Six angeführt, ein Fahrzeug, das sich bedeutend schneller als alle anderen des Feldes erwies und seine Überlegenheit überzeugend ausspielte.

Mochte es auch so aussehen, als ob das 24-Stunden-Rennen sich für Bentley zu einer Routinesache entwickelt hatte – es war W.O.s Strategie zu verdanken, dass Bentley auch im Folgejahr den Sieg davon trug. Auch wenn das 1930er Feld nur aus 17 Teilnehmern bestand, denn jetzt hatte man zum ersten Mal ein starkes (privat gemeldetes) Mercedes-Benz-SSK-Team als Gegner, und Rudolf Caracciola galt als der beste deutsche Fahrer. Zum Glück für Bentley hatte sich seine Strategie an den Zeiten orientiert, mit denen die Engländer 1929 die 24 Stunden gewonnen hatten. Es kam Caracciola teuer zu stehen, als sich herausstellte, dass die Bentleys erheblich schneller als ein SSK sein konnten, wenn man sie dazu herausforderte.

Eine erste Überraschung verzeichnete der in Führung liegende Caracciola in der dritten Runde, als Tim Birkin am Steuer eines seiner bärenstarken »Blower«-Bentleys mit Kompressor ihn mit 200 km/h zu überholen ansetzte – mit zwei Rädern auf der Grasnarbe und einem dritten in Fetzen. Dann übernahm Barnato die Verfolgungsjagd, in demselben Wagen, mit welchem er 1929 gesiegt hatte. Die Hatz erstreckte sich an jenem 21. Juni über viele zermürbende Stunden, in denen der Mercedes immer und immer wieder seinen Kompressor in Aktion setzen musste, bis er schließlich seine Funktion einstellte. Hinzu kam ein elektrischer Defekt, der Caracciolas Teamkollegen Christian Werner nachts um 1:30 Uhr veranlasste, die Boxen anzusteuern... anschließend wollte der Motor sich nicht mehr starten lassen... Woolf Barnato und Glen Kidston hatten damit freies Terrain und fuhren mit ihrem 6,6-Liter für Bentley den fünften und vorläufig letzten Le-Mans-Sieg heraus. 179 Runden hatten sie geschafft. Bedauerlich, dass es der letzte große Auftritt der Marke vor ihrer Zwangsverheiratung mit Rolls-Royce bleiben sollte.

Meine kurze, aber anstrengende Probefahrt am Lenkrad eines »Cricklewood« Blower Bentley fand im Jahr 2002 anlässlich eines Werksbesuches gemeinsam mit Rainer Simons in Crewe statt.

Bentley Arnage T
2000

Reisen wie Gott in Frankreich – nur schneller

Zu Bentley pflegte ich einen guten Kontakt. Für diesen war jene nette Annette zuständig, die mir auch eine Probefahrt in einem Rolls-Royce Silver Seraph ermöglicht hatte. Annette kümmerte sich jetzt darum, dass ich eine Einladung nach Paris zur Vorstellung des neuen Bentley Arnage T bekam, ein Event, das mir in guter Erinnerung geblieben ist. 1999 war das Basismodell präsentiert worden; hier ging es um eine leistungsgesteigerte Version mit noch mehr Pep... Die Einladung umfasste neben einem Cocktailempfang im Garten der Britischen Botschaft auch eine Fahrt zu einem Schloss auf dem Lande mit dortiger Übernachtung.

Als ich mich dem mir zugewiesenen 270-km/h-Testwagen zuwandte, kam Annette auf mich zu und schlug vor, dass wir uns das Auto teilten. Und mit keinen Widerspruch duldender Stimme fügte sie hinzu: »Ich nehme doch an, es macht Ihnen Spaß, sich selbst ans Steuer zu setzen? Hier ist der Schlüssel.«

Wie hätte ich es ablehnen können, mit einer sympathischen jungen Dame auf dem Nebensitz einen Bentley Arnage T an einem Sommerabend von Paris irgendwohin in die französische Provinz zu fahren? Mir vertraute sie 2,5 Tonnen Britishness auf achtzehnzölligen Breitpirellis an, bewegt von einem 6,4-Liter-Turbomotor mit 895 Newtonmetern Vortrieb... Wahrhaftig: die Limousine beschleunigte, dass es einen in die Rückenlehne drückte. »Eine Straßenkarte«, sagte Annette, »die haben wir leider nicht an Bord,

Zwar nicht weniger eindrucksvoll, aber bei weitem nicht so brutal wie der in BMW-Regie neu entstandene Rolls-Royce präsentierte sich 1999 der Bentley Arnage. Sein Name war der einer Ortschaft am alten Le-Mans-Straßenkurs.

Bentley Mulsanne, Jahrgang 2000.

brauchen wir auch nicht. Hier ist eine genaue Streckenbeschreibung!« Sie hielt ein paar Blätter in der Hand mit Hieroglyphen, Zahlen und Pfeilsymbolen, wie sie Rallyefahrern zur Wegweisung dienen. »Die Kollegen in den anderen Bentleys haben die gleiche Beschreibung.« Und vermochten sie hoffentlich zu dechiffrieren.

Mit uns starteten fünf Teams mit identischen Fahrzeugen und dem gleichen Ziel. Aber die waren bereits außer Sicht, als wir das Tor der Britischen Botschaft an der Rue Faubourg de St.-Honoré verließen. Also – wenn ich fahren soll, obliegt es Ihnen, uns durch Frongraisch zu navigieren, Annette!

Ein bisschen kannte ich mich zwar aus in diesem Land, aber wir folgten besser dem Spickzettel. Also ab ins Getümmel des Pariser Abendverkehrs, gleich rechts, dann links, an der Ampel geradeaus und so weiter – mal eben schlappe 220 Kilometer bis zur Domaine für den, der mit dem französischen Straßennetz vertraut ist. Und mit dem in Paris. Es war rush hour – und die dauert in dieser Stadt 24 Stunden. Annette studierte ihre Zettelsammlung. »Ich glaube, wir hätten hier eben abbiegen müssen... haben wir schon die Seine überquert?«

Zwei gegen Paris! Noch fanden wir das lustig. »Sie werden sich schon zurechtfinden, oder?«, fragte Annette und guckte mich etwas unsicher von der Seite an. Aber na klar, prahlte ich – wie oft war ich schon in dieser schönen Stadt! Das stimmte sogar. Was ich nicht hinzufügte: Dass ich mich oft genug verfahren hatte. Mal mit, mal ohne Copilotin.

Hauptsache, die Richtung stimmt, und ich sagte zu Annette: Wir müssen zur Porte de Versailles. Und dann nach Rambouillet. Gar kein Problem für einen Globetrotter wie mich. Vor lauter

Wichtigtuerei hatte ich die Abzweigung zur Porte de Versailles verpasst. Versuch einer Neuorientierung...

Vor uns endlich ein Stück Autobahn! Mit nur wenig mehr als den erlaubten 130 km/h schweben wir gen Tours. Ich schätzte, dass wir unser Ziel nicht vor Mitternacht erreichen würden. »Die anderen werden sicher längst dort sein, wenn wir eintreffen –« und kaum, dass ich es aussprach, überholte uns mit signifikantem Röhren ein Vintage-Bentley, der wohl an die 160 drauf hatte. »Aha – der fährt also auch nicht über Chartres«, meinte Annette, als der Veteran uns donnernd überholte. Sollte ich mich an die Fersen des Oldtimers heften? Der Sound seines Motors wäre es wert gewesen! Und vielleicht kannte der Fahrer den Weg zu unserem gemeinsamen Ziel, der Domaine de Gaillard.

Gegen 23 Uhr und nach 70 Umwegkilometern hatten wir endlich unsere Herberge erreicht. Sie präsentierte sich als ein sehr nobles Schlosshotel, versteckt im Dunkel der Wälder im südlichen Teil des Departements Indre-et-Loire. Wir waren froh, als wir den Kies der Auffahrt unter den breiten Reifen knirschen hörten. Zu essen und zu trinken bekamen wir noch – wir hatten's redlich verdient.

Knapp sieben Stunden später sah ich Annette schon neben »unserem« dunkelroten Luxus-Lastwagen auf dem Parkplatz stehen und die aufgereihten Autos der Kollegen inspizieren, während ich, ein Frühstücks-Croissant noch in der Hand, mich mit noch halb geschlossenen Augen die Freitreppe des Château heruntertastete und zu ihr ging: Was, schon wieder im Dienst? »Das gehört zu meinem Job!« sagte sie mit fröhlichen Lächeln. »In einer halben Stunde starten wir übrigens zurück nach Paris.«

Ich betrachtete den Wagen, der uns in der Nacht so komfortabel hergebracht hatte, nun von innen und außen etwas genauer. Annette erklärte mir alle Details. Zum Schluss wollte ich wissen, welche Bedeutung der Schlitz auf der Oberkante der Armaturentafel habe.

»Der Schlitz? Ach, da kommt der Bildschirm des Navigationssystems heraus... Ich hatte gehofft, Sie würden danach nicht fragen, denn ich weiß nicht, wie es funktioniert...«

Links: Bentley Mulsanne, Jahrgang 2000. Was macht es schon aus, ein paar Stunden länger als vorgesehen in solchem Luxusgestühl zuzubringen, nachdem man sich ein wenig verfahren hat? Zu zweit ist's allerdings lustiger als allein an Bord.

Rechts: Bentley Arnage, Jahrgang 2009.

BMW 502 V8 · M3 E30
1954 · 1985

Bavaria-Express – weiß-blaue Provokation

Meine mit BMW Fahrzeugen absolvierten Kilometer schätze ich auf mehr als 100.000, und einen Großteil davon am Lenkrad der so genannten »Barockengel«. Mit dem BMW 502 V8 war ich viel unterwegs, weil mein Vater zeitweilig ein solches Fahrzeug besaß und ich ihn auf mehreren Reisen begleiten durfte, und als ich später beruflich mit BMW zu tun hatte, war der »Barockengel« in seiner letzten Version die ultimative Repräsentations- und Langstreckenlimousine standesbewusster Mercedesverweigerer – zumindest in Bayern. Meine Sympathie für den 502 fand daher weitere Substanz, während die Modelle 503 oder der 507 mich emotional weitaus weniger berührten.

Und dann erschien die 6er-Reihe. Ich meine, der 635 BMW ist eins der besten Sportcoupés seiner Zeit gewesen. Allerdings fand ich den M535i nicht weniger faszinierend; besonders für Ausflüge in die Alpen war er lange Zeit mein Topfavorit.

In Regie der BMW Motorsport GmbH entstanden vorrangig Fahrzeuge für den Wettbewerb, aber auch Spezialausführungen von Serienmodellen, die vor die Typenbezeichnung ein M erhielten – »der stärkste Buchstabe der Welt«, wie die Werbung verhieß.

Das erste Modell, das diese Sonderbehandlung in nennenswerter Stückzahl erfuhr, war der BMW 535i von 1979. Man sah ihm seine Extraqualitäten auf den ersten Blick nicht an; hier hatte man es mit einem der berühmten Wölfe im Schafspelz zu tun. Auch viele (nicht alle) spätere M-Modelle pflegten diese Art von Understatement.

Der M535i war eine viertürige Limousine der 1972 eingeführten 5er-Reihe und wurde im April 1980 ins BMW-Programm aufgenommen. Zu sei-

Links: BMW 502 V8, 1954.

Oben: BMW 850 CSi.

Oben: Jochen Neerpasch (BMW M GmbH); oben rechts Dieter Quester. Rechts: Burkard Bovensiepen (Alpina Automobile).

Oben: Annette Meuvissen und ihr BMW M3, 1988.

Wolf im Schafspelz: BMW M3 in ziviler Straßenversion (oben) und in der Wettbewerbsausführung (unten).

Links: Aus Freude am (schnellen) Fahren – BMW M3, 1989.

ner Spezifikation gehörten ein kräftiger ausgelegtes Fahrwerk mit Bilstein-Sportstoßdämpfern und innenbelüfteten Scheibenbremsen, Recaro-Sitze und ein M1-Lenkrad, ein Frontspoiler sowie ein auf 218 PS getrimmter Sechszylindermotor mit Bosch-L-Jetronic. Den gleichen Motor bekam der ab 1984 gebaute BMW 635 CSi, von 218 auf 286 PS gebracht.

Schließlich erschien 1992 der bildschöne, vom Designer Klaus Kapitza gezeichnete 8er BMW mit seinem Fünf-Liter V12-Motor, der bis Ende 1999 angeboten wurde. 300 flüsternde High-Tech-PS und sogar 380 im Modell 850 CSi, gut für mehr als die abgeregelten 250 km/h, zu genießen in einem sportlich-feudalen Ledergestühl – ein Ambiente von außen bis innen, wie es allenfalls ein Aston Martin oder ein Jaguar XJ-S vermitteln konnte. Die damals beide unter dem Handicap litten, Briten zu sein mit der Erblast englischer Krankheiten. Ernsthaft mitzumischen bemühte sich Honda mit dem 3,0 Liter NSX Coupé, ein qualitativ hochwertiges, allerdings nur in den USA in Erscheinung tretendes Konkurrenzprodukt zum 8er BMW.

Ich hatte die gern wahrgenommene Chance, zwischen 1962 und 1998 so gut wie jedes neu herausgekommene Modell über eine kürzere oder längere Strecke zur Probe fahren zu dürfen. Die Ausnahmen: Ich habe niemals eine Isetta bewegt, auch keinen M1 oder Z8.

Aus heutiger Sicht würde ich nicht dem 328, sondern dem 850 CSi die höchste Note plus summa cum laude in allen Disziplinen erteilen, sofern ich befugt wäre, ein Urteil in toto abzugeben. Der M535i spielte in der Liga der Limousinen und behielt in meiner persönlichen Bewertungsskala auch weiterhin seinen Ehrenplatz. Doch bei den Coupés nimmt es der 850 CSi noch immer – und heute erst recht – mit seinen überdigitalisierten Nachkommen auf.

Und dann der M3, diese wundervolle Spaßmaschine.

Die BMW 3er-Reihe, zur Ergänzung der 5er-Reihe 1975 eingeführt, sollte sich als die langlebigste und erfolgreichste aller BMW-Baureihen erweisen und verhalf ihrem Hersteller zum Titel eines der bedeutendsten Automobilunternehmen in Europa.

Entstanden aus der 02-Reihe, trat der Dreier ein vielversprechendes Erbe an. Seine Besonderheit, ein Zweitürer zu sein, nahm er nur bis 1985 in Anspruch; dann gab es auch Viertürer. Cabriolets, Allradversionen, Diesel: Das Programm wurde in jedem Modelljahr um eine Variante erweitert.

Es verstand sich wie von selbst, dass es auch eine M-Version geben würde; deren Vorstellung erfolgte mit der zweiten Baureihe, als E30 bezeichnet, 1985. Der M3 genannte Wagen wies einen dohc-Vierzylindermotor mit 16 Ventilen auf, erhielt für die Unterbringung seiner breiten Pneus (205/55 VR 15) pausbackige Kotflügelauswölbungen sowie einen Heckspoiler auf der Kofferklappe. Mit einer Reihe weiterer Modifikationen hatte man dem Auto rennwagenähnliche Handlingeigenschaften verliehen, und mit fast 60.000

Rechts: Die M3-Version des E92 wurde im Werk Regensburg gebaut.

Links: Noch sind hier keine Roboter am Werk...

Mark kostete es auch doppelt so viel wie ein »normaler« BMW 325.

Die zweite Ausführung des M3, Baureihe E36, stellte im Sommer 1992 die BMW Motorsport GmbH vor, ein Auto, das in der ersten Produktionsphase auf dem zweitürigen Coupé basierte. Das von der BMW-Tochter gebaute Auto besaß einen Reihensechszylinder mit 2990 ccm Hubraum und war ebenfalls ein Vierventiler. Er verfügte über eine Leistung von 281 PS (210 kW) und eine variable Einlassnockenwelle, ein System, das sich VANOS nannte. Der Name steht für »Variable Nockenwellensteuerung« oder »Variable Ventilsteuerung« und bezeichnet ein Verfahren zur Veränderung der Steuerzeiten der Ventilsteuerung. Anpassung der Ventilöffnungszeiten erlaubt die Steigerung der Leistung des Motors, abhängig vom jeweiligen Lastverhalten.

Die erheblich gestiegene Motorleistung des neuen M3 bedingte eine Überarbeitung des Fahrwerks und der Bremsanlage. An der Vorderachse wurde eine Eingelenk-Federbein-Achse mit verstärkten Federtellern und Achsschenkeln verbaut, während an der Hinterachse eine Zentrallenker-Hinterachse, wie erstmals auch beim Z1, zum Einsatz kam. Dazu mussten die Längslenker an die gestiegene Leistung angepasst werden. Deutlich straffer abgestimmt wurden Dämpfer und Stabilisatoren. Der M3 lag um 31 mm tiefer als die normalen 3er Serien-Coupés.

Ab Sommer 1994 wurde der M3 auch als viertürige Limousine angeboten. Der BMW M3 der E36-Baureihe war damit lange Zeit das einzige Modell, von dem es diese Variante gab. Erst mit Einführung des E90 bot BMW ab Frühjahr 2008 wieder eine viertürige Variante des M3 an. Bis zum Auslaufen der Produktion im Frühjahr 1999 wurden 12.435 M3 Limousinen abgesetzt.

Ab Herbst 1995 wurde der M3 mit einem 3,2-Liter-Sechszylindermotor angeboten; er wies 316 PS (236 kW) auf und hatte ein Drehmoment von 350 Nm; er ersetzte den 3,0-Liter-Motor. Das neue Aggregat verfügte über Doppel-VANOS. Weiterhin wurden mit dem M3 3.2 das Sechsganggetriebe sowie eine Compound-Bremse an der Vorderachse eingeführt. Bei dieser besteht der Bremsscheiben-Reibring aus Grauguss und ist durch eingegossene Edelstahlstifte mit dem aus Aluminium gefertigten Topf der Bremsscheibe verbunden. Die schwimmend gelagerte Konstruktion bewirkt zusammen mit der Lochung und Innenbelüftung des Reibringes nicht nur eine Gewichtsreduktion und gesteigerte Haltbarkeit, sondern sie ist auch weitgehend unempfindlich gegen die thermische Belastung während eines Bremsvorganges aus hoher Geschwindigkeit, da sich die Scheibe weitgehend ausdehnen kann, ohne sich dabei zu verziehen.

Bis April 1999 entstanden vom M3 der E36-Reihe 71.242 Einheiten – und ich meine, jedes der wenigen noch überlebenden Exemplare hat es verdient, bei bester Pflege seinen Ruhestand in Ehren zu genießen.

Citroën Berlingo 2002

Geschlafen wird im Rucksack

Als Rucksackauto wird der Berlingo zuweilen bezeichnet; ich denke, er ist eher eine automobile Diogenes-Tonne oder ein Schneckenhaus für Schnecken, die es eilig haben, denn das Auto, von dem die Rede ist, schaffte ohne Stress 170 km/h, und das ist kein Schneckentempo.

Er gefiel mir von Anfang an, der raffiniert durchdachte Berlingo, und nach einer kurzen Probefahrt wusste ich: Das wird für die kommenden zwei Monate mein schneckengehäusiges Abenteuermobil sein. Falls Thomas Albrecht, Pressechef der Citroën Deutschland AG, einverstanden war und mir ein solches Auto anvertraute. Einen kompakten, Pkw-artigen und überall unauffällig zu parkierenden Hotelersatz hatte ich mir deshalb gewünscht, weil ich in Frankreich und Italien für ein Buchprojekt Gasthäuser in kleinen und kleinsten Ortschaften zu besuchen vorhatte, in denen ich nicht überall eine Gelegenheit zum Übernachten erwarten durfte. Doch schon für das Befahren

Einzelzimmer mit Bad? Danke, nur das Bad bitte, das Zimmer habe ich mitgebracht...

Links: Mit dem Berlingo der ersten Ausführung (ohne linksseitige hintere Tür) zu Besuch bei Adelia und Gianluca Arrata in Cremona.

Die aerodynamisch optimierte zweite Generation des Berlingo (rechts) erschien 2008 und wurde bis 2018 produziert.

der Zufahrtsstraßen dritter Ordnung wäre ein herkömmliches Wohnmobil zu unhandlich gewesen. Der Berlingo fügte sich in jedes Dorfbild ein wie die Boulangère des Bäckers. Als ideale Parkplätze zur Nacht erwiesen sich die bei einem abgelegenen Friedhof; dort verdächtigte mich niemand als Schlafvagabund .

Der Berlingo war ein Raumwunder. Kein Winkel, an welchem seine Konstrukteure nicht ein Ablagefach vorgesehen oder eine andere sinnvolle Installation vorgenommen hätten. Citroën war mit dem Berlingo der erste Anbieter einer neuen Klasse von so genannten Hochdach-Kombiwagen, in denen der Fahrer eine etwas erhöhte Sitzposition hatte und die durch eine höhere Karosserie über die ganze Innenraumlänge ein großes Ladevolumen aufwisen. Parallel zum Citroën Berlingo gab es das Modell Partner unter dem Markenzeichen von Peugeot sowie einen baugleichen Fiat, den man bei uns selten sah. Der 1,4-Liter-Benzinmotor leistete 75 PS, das gestattete eine anständige Reisegeschwindigkeit auch auf Schnellstraßen.

Wie richtig die PSA-Leute bei der Einschätzung der Marktchancen für dieses Auto lagen, beweist die Zahl von einer Million Exemplaren, die sich bis zum September 2003 absetzen ließen. Möglicherweise habe sogar ich zum Erreichen dieser Zahl einen Beitrag geleistet, denn jeder, dem ich mein Schneckenhaus im Verlauf meiner viertausend Erlebniskilometer vorführte, zeigte sich von ihm spontan begeistert. Ich war drauf und dran, den Wagen nach Ablauf der vereinbarten Leihzeit käuflich zu erwerben, doch Thomas Albrechts Assistent mmo Mikloweit, für solche Fragen zuständig, sah sich leider genötigt, mich abschlägig zu bescheiden: »Es gibt eine lange Warteliste von Aspiranten, die unsere Testwagen übernehmen möchten. Für den Berlingo stehst du an achter Stelle.«

Citroën 2 CV Acadiane (1978–87).

Oben: Wolkenkuckucksheim! Diese Variante einer mobilen Schlafhütte kennt man schon, seitdem Limousinen mit Karosserien in stabiler Ganzstahlbauweise hergestellt werden. Der Urlaubsschnappschuss zeigt einen 1936er Citroën 7 CV.

Links: Die legendäre »Kastenente« in ihrer ersten Ausführung.

Oben: Die Renault R4L Fourgonette spielte in derselben Liga.

Einige Plätze vor mir rangierte vielleicht mein Kollege Andy Schwietzer. Denn die von ihm erworbene Diogenes-Tonne – hauste der alte Grieche darin, weil die Weisheit es ihm gebot, oder weil sein Einkommen nur für das Anmieten eines Retsinafasses reichte? – konnte ich insoweit aufwerten, als ich Andy Teile meiner selbstgebauten Schneckenhaus-Inneneinrichtung überließ. Nach den Tugenden seines Berlingo gefragt, antwortete er rückblickend: »Bedienung, Übersichtlichkeit der Karosserie, Verbrauch, beste Laufkultur, Durchzug, Getriebeabstufung, Bremsen, Federungskomfort, Traktion im Winter...« Für nicht ausreichend hielt er die Heizung, auch fand er die Sitze nicht allzu komfortabel. Und an seinem Wagen gab es, etwa vom Kilometerstand 90.000 an, ständig etwas zu reparieren sowie einige schier unlösbare Elektrik- sowie leidige Rostprobleme.

Angesichts der Vielzweckmäßigkeit des Berlingo bieten sich Betrachtungen und Vergleiche mit der Acadiane an.

1967 befand sich der legendäre 2 CV in seinem zwanzigsten Produktionsjahr, und bei Citroën glaubte man, es sei höchste Zeit, einen Nachfolger präsentieren zu müssen. Dieser Dyane genannte Sprössling wurde vom 2 CV dennoch überlebt, denn die »Ente« ließ sich so schnell nicht abservieren.

Die Bodengruppe der 1967 eingeführten Dyane entsprach zwar der des 2 CV, ebenso der Vorderradantrieb und die übrige Technik. Doch der Aufbau des Viertürers war kantiger und straffer, die Scheinwerfer hatte man in die Kotflügel integriert. Wie beim 2 CV ließ sich ein Textilverdeck über die ganze Breite und Länge des Wagendachs öffnen; das machte den Wagen fast zu einem Cabrio. Klappte man die hintere Sitzbank um, ergab sich ein recht großer Frachtraum.

Zwei Modellvarianten standen zur Wahl: Die Dyane 4 mit dem 425-ccm-Zweizylindermotor und die 125 km/h schnelle Dyane 6 mit 602 ccm, annähernd doppelt so stark wie die hubraumschwächere Schwester. An die anderthalb Millionen Exemplare wurden fabriziert, und viele davon wurden in zahlreichen Exportländern abgesetzt.

Und wie die »Ente«, gab es die Dyane auch als Fourgonette – also als Kastenlieferwagen, der insbesondere bei französischen Wochenmarktbeschickern in hoher Gunst stand. Ich hatte das Privileg, eines der ersten Pressefahrzeuge ein paar Tage kreuz und quer durch Paris bewegen zu dürfen, und wo immer ich anhielt, kam um die Acadiane eine Schar Neugieriger zusammen. Ich glaube, hätte man mir vor 35 Jahren jenen Auftrag erteilt, dessentwegen ich im Sommer 2002 acht Wochen in einem Berlingo auf französischen Provinzstraßen unterwegs war – meine Fahrzeugwahl wäre sicher auf eine Acadiane gefallen.

Dorfidylle in den französischen Seealpen, 1998.

Audi TT 1,8 quattro Coupé 2000

»Darf ich mich mal ’reinsetzen?«

Eine Kleinstadt an der Normandieküste, mit engen Straßen und nur wenigen Parkmöglichkeiten. Endlich habe ich eine Lücke entdeckt, in die ich mein Auto hineinzwängen kann. Ein Passant ist stehengeblieben und schaut mir bei meinem Manöver zu. »Was ist das denn für einer? Ah, ein neuer Porsche, nicht wahr?«

»Es ist ein Audi, Monsieur.«

Der krückstockbewehrte Rentner lässt sich nicht beirren. »Porsche soll sehr gute Autos bauen, hat man mir erzählt. Aber unser Delahaye war auch nicht schlecht. Meiner war ein 1937er M145. Mindestens so elegant wie Ihr Porsche hier.« Das glaube ich gern. »Schnell waren die Delahaye ebenfalls, haben immer ganz vorn mitgemischt. Aber das ist schon sehr lange her, junger Mann!«

Oben: TT-Produktion in Györ
Links: Auf Geschäftsreise in der Normandie.

Den »Porsche« bekam ich im Februar des Jahres 2000 geliefert, nach einer Wartezeit von vier Monaten. Die ergab sich nicht etwa aus der Reise, die jeder TT von Györ in Ungarn, wo er gebaut wird, nach Ingolstadt erst einmal auf dem Schienenweg zurücklegt, ehe er von dort zum Händler gelangt. Dieser Transport dauert etwa zehn Stunden. Die Verzögerung hatte vielmehr ihre Ursache in der Peinlichkeit, dass jemand mit einem Vorserien-Testwagen einen schlimmen Unfall gebaut hatte. Schuld daran war, wie man herausfand, die Tendenz des Coupés, bei schnell durchfahrenen Kurven das Heck anzuheben,

Unter der Pont de Normandie, 30. Oktober 2006. Acht Tage nach dieser Aufnahme wurde das Unterqueren der Brücke verboten...

mangels Abtriebskraft (Downforce). Die Kofferklappe des Audi wurde daraufhin mit einem Bürzel bestückt, und diese Umrüstung wirkte sich auf die Lieferzeit aus. Aber auch ein weiterer Umstand hatte zu der Lieferverzögerung geführt – mein Wunsch nach einer roten Lederausstattung.

Diesem Wunsch konnte Audi zwar entsprechen, aber nur zu einem Teil. Ich hatte das gesamte Interieur in Rot haben wollen, während man mir lediglich die Sitze rot bezogen hatte. Ein Navigationssystem und ein Mobiltelefon, so bedeutete man mir, sei werksseitig für den TT auch nicht lieferbar (Extras, die schon seit Jahren auf dem Markt waren!). Also ließ ich meine rote Lederausstattung in eigener Initiative ergänzen – bei dem Ausstatter Jürgen Schäfer in Ochtmersleben.

Das technische Konzept und das Styling des TT hatten mir schon bei dessen Ankündigung gute Laune bereitet. Von vornherein war mir aber klar, dass die Fondsitze nicht einmal für die Unterbringung von Enkelkindern taugten, der TT also ein Zweisitzer und kein 2+2 war. Aber ein geräumiger, denn legte man die Fondrückenlehnen um, ergab sich ein Frachtraum von beträchtlicher Länge, wenngleich (Reserverad, Kraftstofftank) auch von nur geringer Höhe.

Den Kilometerstand 100.000 nahm der Wagen leider nicht zum Anlass, mir eine besondere Freude zu bereiten im Gegenteil. Er zelebrierte einen Ausfall der gesamten Elektrik und Elektronik, was mich eine neue Lichtmaschine, eine neue Batterie und eine neue Black Box kostete. Der Reparaturprozess zog sich während meines Frankreichaufenthaltes über zwei Wochen hin, denn einige der benötigten Teile hatte die Audi-Vertretung in Deauville nicht auf Lager. Doch zu meinem Trost erhielt ich jeden zweiten Vormittag einen freundlichen Anruf von der Kundendienst-Direktion in Ingolstadt: Dort hatte man via Intranet die Information erhalten, dass meinen Audi in der fernen Normandie ein arges Pech ereilt hatte. Ob ich einen Ersatzwagen benötige? Ob es mir gut gehe? Ob ich mit dem Service der Werkstatt in Deauville zufrieden sei? Das war ich nicht: Ohne Vorwarnung belief sich die mir am Ende präsentierte Rechnung auf über 20 Prozent mehr als veranschlagt »Oh, c'est la TVA...« – man hatte mir nicht gesagt, dass der Voranschlag ohne Mehrwertsteuer formuliert war. Und als ich mir das reparierte Auto auf dem Gelände der Firma herausgesucht hatte, war es innen wie außen so schmutzig wie noch nie zuvor. Ich machte ein paar Fotos, die ich Audi France in Paris zuleitete... mit Erfolg: Die lieben TVA-Verheimlicher von Deauville schickten mir einen Wiedergutmachungs-Scheck über 90 Euro sowie einen Bon für eine kostenlose Wagenwäsche.

Meiner Markentreue taten auch diese Haken-und-Ösen-Amüsemangs keinen Abbruch, und mein TT, mit zuletzt mehr als einer drittel Million Kilometer auf den Achsen, hatte mich noch lange weiterhin erfreut. Er hat die Straßen etlicher europäischer Länder unter seine Reifen genommen, nur fünf Mal eine neue Parklicht-Glühlampe (immer war es die rechte) gebraucht und besitzt einen Handschuhkasten, der eines Sommertages zum Geheimfach wurde. Denn nach dem Abbrechen des Hebelgriffs aus Druckguss war er nicht mehr zugänglich – was insoweit bedauerlich war, als ich jetzt nicht mehr die teure Toblerone im Zugriff hatte, die ich dort als Notproviant für Fahrten von 800 und mehr Tageskilometern zu bunkern pflegte.

Während ich das hier mit zappeligen Fingern in die Tasten meines Mac zu tippen versuche, rollt im sechsten Gang mein TT in sein fünfundzwanzigstes Lebensjahr. Eine meiner Enkeltöchter wird also in absehbarer Zeit das Auto mit H-Kennzeichen fahren dürfen; bis dahin bleibt genügend Zeit zum Üben. Und um die 500.000 Kilometer voll zu machen – der Tachostand 398.000 (Jahresbeginn 2024) gibt Veranlassung zum Hochrechnen.

Am 20. November 2023 endete die Produkion des TT. 968.762 Exemplare sind im Verlauf von 25 Jahren im Audi-Werk Györ gebaut worden.

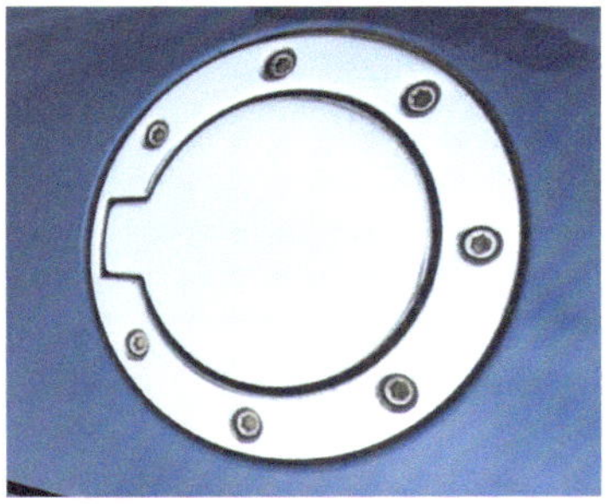

Kilometerstand am 18.04.2024: 314.053. Aus 23 Jahren und zwei Monaten ermittelter Benzinverbrauch auf 100 Kilometer: 8,4 Liter – nicht schlecht für ein 240-km/h-Auto.

Mercedes-Benz G300 CDI 1982

Nachbars Pudel ist kein Grizzly

Er habe mit seinem neuen Jeep die Abkürzung durch das Waldstück genommen, berichtete der in zünftigem Jagdloden gekleidete Vollbart-Nimrod, denn für einen Jeep gebe es ja keine unpassierbare Wegstrecke. Ich pflichtete ihm bei und sah mir dann sein Auto an. Es war gar kein Jeep.

»Herzlichen Glückwunsch, Adalbert, ein toller Wagen! Und sind dir wieder die beiden Pudel begegnet?«

»Pudel? Kann man die mit Grizzlys verwechseln? Und warum nennst du mich Adalbert? Du weißt doch, dass ich Humbrecht heiße.«

Aha. Ich erklärte es ihm. Denn das als Jeep (Adalbert, Pudel) bezeichnete Fahrzeug meines Besuchers war ein Mercedes-Benz G300 CDI (Humbrecht, Grizzly). Der kann sich nicht dagegen wehren, wie Abertausende seiner Artgenossen der unterschiedlichsten Herkunft mit einem Namen belegt zu werden, der gar nicht der seine ist. Nicht nur im deutschen Sprachraum hat sich der Name »Jeep« (sprich Dschiep) als Gattungsbegriff für jedweden Geländewagen eingebürgert, ganz egal, ob es sich um einen Suzuki SJ, einen DKW Munga, einen Isuzu Trooper oder tatsächlich einen Jeep handelt – einen Vertreter jener seit mehr als achtzig Jahren bestehenden Auto-Familie, die allein diesen Namen zu führen berechtigt ist. Nur ein Jeep kann ein Jeep sein, und seine Hersteller haben sich ihren Namen schon vor vielen Jahrzehnten als Wortmarke schützen lassen.

Doch das kurze »Dschiep« spricht sich so wunderbar cool aus; solche Vokabeln sind eingängig in die Umgangssprache, in der das Einsilbige wie wow! und boah! und hey! geschätzt wird. Vor allem: Wer Jeep sagt, wird selbst von Radfahrern verstanden, die eine Vokabel wie Discovery, Bronco oder Landcruiser vorher noch nie gehört haben.

Nun ist er aber der Ahnherr aller heutigen Geländewagen, der Jeep, und vielleicht sollte man es als Referenz werten, wenn man sich zu diesem historischen Faktum verbal bekennt, selbst wenn damit eine Unkorrektheit verbunden ist. Den Puristen unter den Offroadern aber kommt es auf Korrektheit an. Sie kennen alle Modellvarianten ihres Kraftpakets, die Reduktionswerte seines Zentraldifferenzials mit der zweiten Stelle hinter dem Komma und die Zahl der Windungen in den Schraubenfedern... aber man unterstehe sich, ihren Blazer oder ihren NVA-Kübel in verkennender Simplifikation als Jeep zu bezeichnen.

Es wäre weder korrekt noch fair, alle Vertreter dieser facettenreichen Fahrzeugkategorie sämtlich in einen Topf zu tun. Gut – gemeinsam ist ihnen zwar der Spaß am Bewältigen von Strecken, die dort anfangen, wo die Straße aufhört und die damit verbundenen Herausforderungen an Fahrer und Fahrzeug; von einander erheblich differierende Technikphilosophien trennen sie dennoch. Denn gerade bei den 4x4-Enthusiasten spielt das Bekenntnis zu einem bestimmten Fabrikat eine wichtige Rolle.

Als in den späteren Siebziger Jahren in der Bundesrepublik wie auch in einigen Nachbarländern das Interesse an Allradautos im Komfort-Format zunahm, nutzte ich die Gelegenheit, einige trendige Modelle auszuprobieren, vom neuen Range Rover bis zum Isuzu Trooper, vom Daihatsu Wildcat bis zum Nissan Patrol, vom Austin

Oben links: Toyota Landcruiser 1988. Rechts daneben: Range Rover 2003. Links unten: Daihatsu Bertone 1990, rechts daneben; Land Rover 1970.

Champ bis zum International Scout. Jedes Gefährt wies spezifische Stärken und Schwächen auf – eine wirkliche »Zitrone« konnte ich nicht ausmachen. Für den besten aller Kompromisse hielt ich den Mercedes-Benz G, der Anfang 1979 herausgekommen war, neun Jahre nach dem Erscheinen des Range Rover. Der Benz der G-Klasse sei »eigentlich ein Spielzeug für orientalische Prinzen und Hollywood-Mimen,« lästerte Peter Viererbl bei einem Presse-Info-Dinner im Fürstlichen Schloss Langenburg leise, aber vernehmlich. Ein unbotmäßiger Hauch von Missfallen gegenüber den Besserverdienenden schwang in dieser Einschätzung mit: »Und überhaupt – aber das bleibt bitte unter uns: Was sollen 325 Hightech-PS auf der Hochschwandner Alm oder auf der Brettnacher Höhe? Den Borkenkäfer verscheuchen? Wo die Straße zu Ende ist, fängt bei mir das schlechte Gewissen an, glauben Sie mir!«

Nein, das glaubten wir ihm nicht; ich denke, das hat der Medien-Kommunikator nur gesagt, weil der Revierförster der Gemeinde Jagsthausen mit am Tisch saß. Auch hatte die Heilbronner Staufenberg Spätlese dazu beigetragen, die Zungen zu lösen, denn der Revierförster antwortete: »Also Peterle, wennsch ä schlechts Gewisse häsch, muschd halt am Sonndach net im G'länd' ummenand fahre, sondern ind' Kirch' zur Beicht' gäh!«

In der weglosen Dünenlandschaft der Atlantikregion südlich von Cadiz hätte auch Klaus Kulkies, emigrierter Offroader aus München, den Sonntag lieber am Lenkrad seines Suzuki verbracht als im Beichtstuhl der Parroquia de Santa Cruz. Zu seinen 4x4-Seminaren fanden sich Flurschadenverursacher aus ganz Europa ein, deren Performance vor zwanzig Jahren noch niemand zum Protest veranlasste.

Und da wir gerade beim Thema sind, möchte ich zwei weitere Fahrzeuge als die mir am überzeugendsten dieser Kategorie in Erinnerung gebliebenen erwähnen. Nämlich den 1978er Monteverdi Safari und den 2001er Land Rover Discovery V8. Ich vermute, dass einige Landcruiser- und Pajeiro-Besitzer anderer Ansicht sind, auch wenn ich hinzufüge, dass Kulkies der gleichen Meinung war...

Links oben: Austin Champ ca. 1952, Oben: Erste Version des Range Rover, 1970. Links: Mercedes-Benz GD 380 von 2010.

Rechts: BMW x3, Rallye Dakar 2013 (8500 km, Peru/Chile). Das Team Fiúza-Terranova kam auf den fünften Platz in der Gesamtwertung.

316
TOTAL
LOCTITE
BFGoodrich
RECARO
www.dakar.com

6:

ENDSTATION SCHWEPNITZ, IN DER KALAHARI, IM MILVIGNER WINGERT ODER AUF DEM DACH

AWZ Trabant 601
1978

»Was willst du denn in Neuruppin?«

Leugnen zwecklos: In den Köpfen vieler Bürger bestand die deutsch-deutsche Grenze noch sehr viel länger als auf meinem 1989er Straßenatlas, dessen Anhang »DDR« ich stundenlang studierte, um eine Reise nach »drüben« zu planen. Was willst du denn ausgerechnet in Kötzschenbroda, Königswusterhausen, Gardelegen, Schkeuditz und Neuruppin? fragten mich besorgte Kopfschüttler und Bedenkenträger. Ja, was wollte ich dort? Dasselbe wie in Bautzen, Putbus, Storkow, Tangerhütte und Genthin: Vorurteile korrigieren – oder bestätigt bekommen. Einen Trabi zu kaufen hatte ich nicht vor. Oder etwa doch? John Haynes, prominenter Verleger und Autosammler in Sparkford, Somerset, war für sein Museum hinter einem gut erhaltenen DDR-

Auto her: »Wenn du einen schönen Trabant findest... Einen Wartburg habe ich schon...« Und einen T34 hatte ihm auch jemand geschenkt, ein hässliches aber eindrucksvolles Kriegsgerät aus sowjetischer Produktion; weiß der Kuckuck, auf welche Art und Weise dieser Totmacher auf die Königliche Insel gelangt sein mochte.

Ende Oktober 1990 lieh ich mir beim Caravanhersteller Hymer in Bad Waldsee ein Fiat-Wohnmobil, um damit 14 Tage kreuz und quer durch die Regionen der neuen Bundesländer zu fahren. Ich misstraute dem Herbergswesen im deutschen Osten und wollte mir die allabendliche Quartiersuche ersparen. Mein Vorurteil Nummer Eins: In der sächsischen Tundra wirst du ein Hotelbett ebenso vergeblich suchen wie in der Plattenbau-Ödnis vom Magdeburger Schrotebogen. Und kaum gewahrte ich eine Tankstelle, fuhr ich zum Volltanken vor – wer weiß, wann die nächste in Sicht kommen würde...

Noch ein Jahr nach der Öffnung der deutsch-deutschen Grenze gab es für einen »Wessi« gewöhnungsbedürftige Gepflogenheiten und sozialistisches Brauchtum in der einstigen HO- oder FDGB-Gastronomie, wie den Eintrag auf der Speisekarte einer kleinen Kneipe im Vogtland: »1 Tasse echter Bohnenkaffee DM 0,52, mit Zucker DM 0,54, mit Sahne DM 0,57, mit beidem DM 0,59... 1 Portion Broiler (nur mittwochs) mit Gurkensalat DM 5,73.« Wer den Pfennig nicht ehrt...–

Im Oktober 1990 unternahm ich eine ausgedehnte Wohnmobil-Reise kreuz und quer durch die neuen Bundesländer mit reichlicher Fotoausbeute.

Beinahe zeitgleich mit mir war der (2024 verstorbene) Meisterfotograf Michael Krone auf den Straßen der ehemaligen DDR unterwegs und machte eine Fülle stimmungsvoller Schwarzweißaufnahmen für ein Buch im Schrader Verlag, das 15 Jahre später eine Neuauflage durch Hans-Jürgen Schneider erfahren sollte.

Für den englischen Verleger und Museumsgründer John Haynes sollte ich einen gut erhaltenen Trabant ausfindig machen, was mir auch gelang. Dann aber beliebte Mr. Haynes (OBE) seine Disposition zu ändern...

Einen bleibenden Eindruck hinterließ bei mir der riesige Schrottplatz bei Schwepnitz, von dem man mir sagte, er sei der größte Autofriedhof der DDR gewesen. Einen gepflegten 1975er Trabant hätte ich für John Haynes sofort finden können. Als ich John diese Botschaft kund tat, machte er einen Rückzieher: Er habe umdisponiert, ließ er mich mit britischer Höflichkeit wissen, ich möge mich nicht weiter bemühen...

Ein Trabant-Besitzer, nach dem Grad der Liebesbeziehung zu seinem Auto gefragt, gestand mir: »Wenn man sieben Jahre auf die Zuteilung gewartet hat, trennt man sich nicht leicht von dem braven Fahrzeug, selbst wenn es viele Macken hat. Man hat gelernt, zu improvisieren... Und was der Trabi nicht hat, kann bei ihm auch nicht kaputtgehen. Die Zündanlage zum Beispiel arbeitet ohne Verteiler, sondern hat zwei Zündspulen. Infolgedessen ist von gelegentlichen Störungen an der Zündanlage meist nur einer der beiden Zylinder betroffen, sodass ein defekter Wagen mit der verbliebenen Kraft des anderen Zylinders nach Hause oder zur Werkstatt gefahren werden kann. Es gibt keine elektrischen Fensterheber, keine Kraftstoffpumpe... und die Karosseriepappe rostete nicht!«

Dernburg-Mercedes 4x4 1908

Einzelanfertigung für den Staatssekretär

Ein ungwöhnlicher Hybrid, halb Lkw, halb Pkw, entstand 1907 bei der Daimler Motoren-Gesellschaft in Berlin-Marienfelde. Das hochbordige Fahrzeug mit Allradantrieb wies sogar eine Allradlenkung auf und entsprach in allen Einzelheiten den Wünschen des Staatssekretärs Bernhard Dernburg. Dieser gedachte mit dem Wagen ausgedehnte Reisen in Afrika zu unternehmen.

Im Reichskolonialamt hat man genaue Vorstellungen von dem Fahrzeug, das auch schlechte und lange Wegstrecken klaglos bewältigen soll. Der Ingenieur Paul Daimler, Sohn des Firmengründers, ist federführend bei der Konstruktion, die im Werk Berlin-Marienfelde als Einzelstück entsteht. Das Allradautomobil basiert auf einem Lastwagen-Chassis der DMG, es hat einen Radstand von 4,00 Meter und eine Spurweite von 1,42 Meter. Die Bodenfreiheit von 32 Zentimeter ist für damalige Verhältnisse nicht ungewöhnlich, sind doch fast alle Automobile häufig auf stark ausgefahrenen Straßen unterwegs.

Das 34.750 Mark teure Fahrzeug hat eine Tourenwagen-Karosserie mit zwei Plätzen auf der Chauffeursbank und vier Sitzplätzen im Fond. Türen gibt es nur für die Fondpassagiere. Großzügige Trittstufen lassen die Einstiegshöhe von rund einem Meter erklimmen. Auf acht Stützen ist ein Sonnendach fixiert, das vorn fast bis zur Fahrzeugfront reicht, damit der Fahrer auch bei tiefste-

Das Originalfahrzeug gilt als verschollen; dies ist ein detailgetreu rekonstruiertes Modell im Maßstab 1:5.

Der im Berliner Daimler-Werk gebaute Dernburg-Mercedes dürfte das erste Auto mit Vierradantrieb auf afrikanischem Boden gewesen sein.

hender Sonne nicht geblendet wird. Hinten am Fahrzeug ist eine Gepäckbrücke für Koffer oder Ersatzräder angebracht. Auf dem Dach: Ein weiterer großer Gepäckträger, abgedeckt durch eine Plane. Rechts und links unterhalb des Daches sind Zeltplanen befestigt, die heruntergelassen werden können und so den Aufbau schließen, um die Passagiere gegen Wind oder Regen und Flugsand zu schützen.

Der Vierzylindermotor hat 6,8 Liter Hubraum und leistet bei 800/min 35 PS, was auf ebener Asphaltstrecke für eine Höchstgeschwindigkeit von rund 40 km/h gut ist. Wichtiger jedoch für das Fahrzeug mit seinem besonderen Einsatzgebiet ist die enorme Steigfähigkeit mit Hilfe des permanenten Allradantriebs: Sie beträgt 25 Prozent. Das genau mittig montierte Getriebe weist vier Vorwärtsgänge und einen Rückwärtsgang auf.

Eine Erprobung des Kolonialwagens über 1677 Kilometer findet Ende März/Anfang April 1908 in Deutschland statt. Die Strecke führt von Berlin-Marienfelde nach Stuttgart-Untertürkheim und zurück. Untertürkheim wird am Vormittag des vierten Tages erreicht; nach weiteren vier Tagen ist das Fahrzeug wieder in Marienfelde. Dabei legt es auch Strecken abseits befestigter Straßen zurück, um den Allradantrieb zu testen. Das Abnahmeprotokoll des Kolonialamts fällt positiv aus.

Im Mai 1908 wird das Fahrzeug mit dem Dampfer Kedive nach Swakopmund in Afrika verschifft. Im Juni steht es in Deutsch-Südwest dem Staatssekretär des Reichskolonialamts, Bernhard Dernburg zur Verfügung. Er hat die Aufgabe, das Verhältnis der Kolonien mit dem Mutterland zu koordinieren und zu verbessern. Aufgrund seiner Explorationsfahrten bekommt das Allrad-Automobil später den Beinamen »Dernburg-Wagen«. Gleichzeitig dienen die Touren der Erprobung des Automobils als Fortbewegungsmittel in der Kolonie; zu diesem Zweck begleiten zeitweise weitere, konventionell angetriebene Fahrzeuge das Allradfahrzeug, nämlich ein siebensitziger, weitgehend gepanzerter Personenwagen von Benz und drei

Lastwagen von Daimler. Nach dieser Reise steht das Fahrzeug in Deutsch-Südwest der Landespolizei als Fortbewegungsmittel zur Verfügung. Es existiert ein Fahrtenbuch, dem zu entnehmen ist, dass bis Anfang 1910 rund 10.000 Kilometer zurückgelegt wurden. Einen Chauffeur und Mechaniker in Personalunion hat die Daimler Motoren-Gesellschaft mit dem Allradfahrzeug nach Afrika geschickt – eine damals übliche Gepflogenheit. Und weil das Auto zur Landespolizei gehört, wird der Chauffeur Paul Ritter kurzerhand zum Polizisten ernannt. Er bleibt nach der Abreise Dernburgs im Land und betreut das Fahrzeug, kehrt auch immer wieder mal nach Marienfelde zurück, um sich Material zum Warten und Reparieren des Autos zu holen.

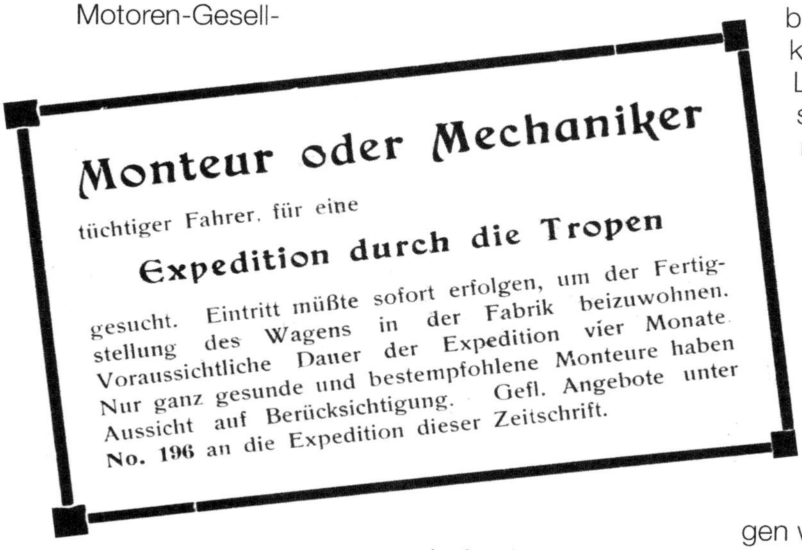

Monteur oder Mechaniker

tüchtiger Fahrer, für eine

Expedition durch die Tropen

gesucht. Eintritt müßte sofort erfolgen, um der Fertigstellung des Wagens in der Fabrik beizuwohnen. Voraussichtliche Dauer der Expedition vier Monate. Nur ganz gesunde und bestempfohlene Monteure haben Aussicht auf Berücksichtigung. Gefl. Angebote unter No. 196 an die Expedition dieser Zeitschrift.

Aus allen Details des Dernburg-Wagens spricht das Können Paul Daimlers. Jede Einzelheit ist durchdacht, damit das Fahrzeug keine Kompromisse eingeht für seine Aufgabe, dem Fahren in unwegsamem Gelände.

Dennoch verlaufen die Fahrten keinesfalls reibungslos, denn das hohe Fahrzeuggewicht, zu einem guten Teil in den besonderen Anforderungen des Kolonialamts an die Fahrzeugeigenschaften begründet, belastet die Luftreifen sehr stark, so dass sie unter der Beanspruchung auch unwegsamer Strecken nur eine vergleichsweise geringe Lebensdauer haben – 36 Reifen und 27 Schläuche sind es während der erwähnten 10.000 Kilometer bis Anfang 1910. Versuche mit Vollgummireifen resultieren negativ, weil dann eine zu große Kraft auf die Felgen einwirkt und sie zerstört.

Der Allradantrieb hingegen bewährt sich insbesondere auf tiefsandigen Strecken, dort kommt das Fahrzeug besser voran als die Lastwagen mit Heckantrieb. Dennoch spricht sich ein Oberstleutnant der Landespolizei nach eingehender Inspektion dafür aus, den Dernburg-Wagen auf Heckantrieb umzurüsten: Der Allradantrieb mit seinen zahlreichen Komponenten sei zu aufwendig zu warten und zu reparieren. Dieser Umbau wird auch vorgenommen.

Über die Verwendung des Fahrzeugs während des Ersten Weltkriegs sind keine Aufzeichnungen bekannt. Danach und mit dem Ende der deutschen Kolonialzeit verläuft sich die Spur des Dernburg-Wagens – sein Verbleib ist unbekannt. Vermutungen wurden geäußert, denen zufolge das Fahrzeug im Sand der Kalahari-Wüste stecken geblieben, zugeweht und so tief eingesunken ist, dass es auf ewig unauffindbar bleibt. Paul Ritter kehrte 1919 nach Marienfelde zurück und fand dort bei der Daimler Motoren-Gesellschaft wieder Arbeit.

Dernburg beteiligte sich 1919 an der Gründung der Deutschen Demokratischen Partei, wurde Mitglied des Reichsvorstandes (Weimarer Republik) und war anschließend im Kabinett Scheidemann Finanzminister und Vizekanzler des Deutschen Reiches.

Steyr 120 Pickup Spezial 1936

Kein herzliches Willkommen in Indien

An dieser Stelle möchte ich das Wort an Professor Dr. Max Reisch weitergeben, der mich öfters in München besuchte und als Souvenir jedes Mal ein signiertes Exemplar seiner Bücher daließ. Er verstand ebenso gut zu schreiben wie zu erzählen, und die tirolerisch-alpine Klangfärbung seiner Sprache verlieh dem Vortrag stets jenen zusätzlichen Charme, den unsere nichtösterreichischen Ohren auch bei Herbert Rosendorfer und Reinhold Messner als exotische Komponente so gern wahrnehmen.

Jede Passage in seinen Reisebüchern beinhaltet interessante Wahrnehmungen, und so greife ich ohne bestimmte Absicht eine heraus, verfasst 1937:

Der Weg von Kandahar zur Hauptstadt Kabul führt entlang der berüchtigten Nordwestgrenze. Bei diesem Namen war mir anfangs etwas sonderbar zumute; ist doch dieses Gebiet der ständige Brandherd zwischen Afghanistan und Indien. Es war auch ganz deutlich zu spüren, dass wieder eine Unruhe in der Luft lag. Aber wir legten die Strecke in Begleitung afghanischer Militärtanks und ohne das geringste Abenteuer zurück. Dass einer der Tanks eine Panne erlitt, kann man kaum als Abenteuer bezeichnen, es hätte uns bei seinem ehrwürdigen Aussehen eher gewundert, wenn er ohne weiteres sein Ziel erreicht hätte. Die Art, wie man ihn jetzt dorthin beförderte, erregte schon eher unser Interesse. Man begann, ihn mit

Dr. Max Reisch in afghanischer Kostümierung und sein Steyr Typ 120.

seinen immerhin sechs Tonnen Gewicht auf einen Lastwagen von 3000 Kilogramm Tragkraft zu verladen. Wir gestatteten uns eine leise Warnung – die Antwort lautete: »Allah ist groß!« In diesem Fall aber erwies sich Allah doch als technisch nicht weitblickend genug. Man zerrte zwar den Tank tatsächlich mit Hilfe von Rampen und Flaschenzügen auf den Lastwagen, aber nur wenige Kilometer weit ging die Fahrt, dann waren sämtliche Federn gebrochen. Nun hatten wir statt eines unbrauchbaren Fahrzeugs deren zwei in der Kolonne und mussten schließlich beide zurücklassen. Gut erreichten wir Kabul.

Wir besuchen den Bruder unseres Wiener Freundes Mahmudi und werden rührend von ihm betreut, viele Europäer empfangen uns mit herzlichster Gastfreundschaft, und alle raten sie: Ihr müsst Bamian gesehen haben! So fahren wir also mit unserem braven Steyr-Auto durch wildromantische Schluchten, deren eine die stattliche Länge von 120 Kilometern erreicht, nach Bamian hinauf, dem verfallenen buddhistischen Kloster, das im 6. Jahrhundert von tibetanischen Mönchen gegründet wurde. Sechshundert Jahre später fiel das kleine buddhistische Kulturzentrum, das sich aus dieser Gründung entwickelte, einem Feldzug der Mongolen unter einem Sohn Dschingis-Khans zum Opfer, die mitten im Winter unter den ungeheuerlichsten Mühen und Anstrengungen die Gebirge des Pamier und Hindukusch überquert hatten und völlig unerwartet in die dahinterliegenden Provinzen einfielen. Noch heute aber sieht man die drei mächtigen, in Fels gehauenen Statuen des Buddha, die größte so gewaltig, dass ein Dutzend Menschen auf seinem Kopf stehen können, und die tief in den Fels hinein gearbeiteten Zellen, Höhlen, Gänge, Räume, Treppen des Klosters. Nur diese Ruinen von Bamian erinnern in Afghanistan daran, dass es außer dem Islam überhaupt noch andere Religionen gibt. Mit Ausnahme von Tibet ist es das einzige Land in Asien, das andern Bekenntnissen keinerlei Missionstätigkeit erlaubt.

Die Rückkehr von Bamian nach Kabul brachte einen Rekord. Keinen autosportlichen, auch keine reisetechnischen, sondern einen gastronomischen.

Als wir die vielen Serpentinen und Kurven zum 3000 Meter hohen Haft-Pass hinaufblickten, meinte Helmuth: »Der Motor braucht eine Rast, und ich habe Hunger!«

Wir packten die Kochkiste aus und schlugen uns Eier in die Pfanne. Das war das einzige, womit wir gerade reichlich versorgt waren. Die Produkte der afghanischen Hühner sind nicht übermäßig groß, aber dass Helmuth auf einen Sitz sechzehn Eier verspeiste, war eine einmalige Leistung. Er hat sie bitter gebüßt! Am nächsten Tag gab es einen großen Festschmaus beim britischen Konsul in Kabul, und Helmuth konnte sich kaum daran ergötzen, weil ihm die sechzehn Eier noch immer im Magen lagen.

Auf dem Britischen Konsulat haben wir auch amtlich zu tun. Eine spezielle Bewilligung ist nötig, um den Khaiber-Paß zu überqueren und ins gelobte Land Indien zu kommen. Der Wagen muss einem Autofachmann vorgeführt werden, und dann erhalten wir ein umfangreiches Schriftstück, das gleichzeitig auch als Führerschein für die Straßen in Britisch-Indien gilt. Nicht nur die technischen Daten des Wagens sind darin angeführt, sondern auch der Name meines Vaters, was immerhin erkennen lässt, dass neben den feurigen Pferden der Afridis – ein kleines, recht aggressives Bergvolk, das hier seit Jahrhunderten lebt – auch der europäische Amtsschimmel am Khaiber-Pass einen gastlichen Stall gefunden hat.

Auch das Gebiet um diesen Pass ist berühmt oder, besser, berüchtigt wegen der ständigen kleinen Plänkeleien, die hier an der Tagesordnung sind. Die Lage der Straße, die an manchen Stellen auf der einen Seite britisches, auf der andern afghanisches Gebiet berührt, erlaubt dabei besondere Feinheiten beim Austragen von Differenzen. So fanden Polizisten auf der englischen Seite einen Ermordeten. Sie stöberten nach kurzem Suchen auch den Mörder auf und nahmen in fest. Der aber war darüber sehr empört. Er hatte nur das ihm zustehende Recht der Blutrache ausgeübt – und zwar auf afghanischer Seite. Sein Opfer aber hatte noch die Kraft und die Niedertracht besessen, sich auf britisches Gebiet hinüberzuschleppen, damit der Rächer dort für seine Tat gehängt werde. Die Polizei prüfte die Angaben, fand Blutspuren, die die Erzählung des Blutrachedurstigen bestätigten, und musste ihn – mit gebührenden Entschuldigungen – wieder freilassen.

In zweitägiger Fahrt arbeitet sich unser Wagen auf schlechten, steinigen Wegen an den Khaiber-Pass heran. Hier aber beginnt auf einmal eine neue Welt! Wie aus der Erde gezaubert, ist urplötzlich eine Eisenbahn da, von allen Bergeshöhen sehen Forts herab, Telegraphenleitungen zerschneiden die Luft, und aus dem Berginnern, wo sich vorzüglich getarnte Festungen befinden, hören wir das Sausen von Dieselmotoren.

Dem Kommandanten des modernen Riesenforts auf der Passhöhe statten wir einen Besuch ab und erhalten neuerlich eine Bewilligung zur Weiterreise nach Peschawar. Dann lädt er uns ein, das Fort zu besichtigen und den Übungen eines Gurkha-Regiments beizuwohnen. Gerade weil solche Dinge gewöhnlich mit dem Nimbus des Verbotenen umgeben sind, hat seine Aufforderung besonderen Reiz. Sechzig Mann starten zu einem Dauerlauf von einem in Luftlinie etwa zwei Kilometer entfernten Fort. Wir sehen sie den Berg hinunterstürmen, zweimal in Talmulden untertauchen und schließlich den steinigen Hang zu unserm Fort herauf laufen. Keiner von uns könnte auch nur einen Teil dieser Strecke durchhalten, und dabei laufen diese Soldaten barfuß!

Der Colonel lädt uns zu einem Drink in seine Privaträume ein. Wir staunen, in dem grauen Steinkasten mit seinen Schießscharten, Munitionslager und Mannschaftsräumen eine geradezu behaglich eingerichtete Wohnung zu finden. Wohlig sitzt es sich in den weichen Klubsesseln. Aus einem Drink werden zwei, werden, soviel ich mich erinnern kann, schließlich eine ganz nette Anzahl. Wir vergessen völlig, dass wir an der Nordwestgrenze sitzen, wo man nie wissen kann, was der nächste Tag bringt. Auch unsern Gastgeber scheint das nicht im mindesten zu stören. Er ist sicher gewöhnt, ständig auf dem »Sprung« zu sein und vielleicht morgen schon gegen irgendeine Räuberbande ins Feld zu ziehen. Die vielen Whiskys gehen übrigens spurlos an ihm vorüber. Von mir könnte man das nicht gerade behaupten, zumal wir doch jetzt aus einem »trockenen« Land kommen, wo Alkohol Sünde ist und wo der Europäer, wenn auch nicht unter dem Alkoholverbot des Korans, so doch unter dem der Regierung steht. Fünfzig Flaschen Bier ssind jedem Ungläubigen im Jahr gestattet. Welch lächerliche Menge das ist, kann nur der beurteilen, der nicht abstinente Menschen außerhalb Europas und Amerikas trinken gesehen hat. Ich will damit nicht sagen, dass es in den Tropen keine Abstinenzler gibt, doch sind sie selten und meist nicht gesund. Ein gewisses Maß von Alkohol soll für die Erhaltung des körperlichen Wohlbefindens in den Tropen angeblich erforderlich sein. Allerdings – wo hört das »gewisse Maß« auf, Medizin zu sein, und wo wird es schwächendes Gift, um dessentwillen so viele Europäer in den heißen Ländern vor die Hunde gehen?

Leicht beschwingt verabschieden wir uns von dem freundlichen Colonel und steuern vergnügten Sinnes die herrlich glatten Kurven vom Khaiber-Pass nach Indien hinunter. Die Nacht bricht herein, und bald sollen wir erkennen, dass wir die netten Stunden im Fort nicht ungestraft genossen haben.

Wir erreichen Peschawar, eine Stadt von 100.000 Einwohnern – und finden die Tore versperrt! Wir schlagen Krach, denn wir können zwar begreifen, dass man ein Haustor am Abend verschließt, aber gleich eine ganze, große Stadt? Die Wächter rührt unser Jammern nicht, sie erklären, dass die Tore um acht Uhr abends geschlossen werden und der Schlüssel sich auf der Kommandantur befindet. Wir greifen uns an die Stirn: Wir sind im 20. Jahrhundert, oder haben wir unversehens so eine Art Galoschen des Glücks angezogen und befinden uns vor einem mittelalterlichen Stadtidyll? Aber es ist Wirklichkeit. Wir besinnen uns, dass in der North Western Frontier Province die Afridis irgendwo von den Bergen auf die Stadt herabspähen. Ein angenehmer Traum zerrinnt! Indien heißt uns nicht ganz so herzlich Willkommen wie wir uns das vorgestellt hatten...

(Max Reisch: Im Auto um die Erde – Eine Durchquerung von Hinterindien bis China)

Saab 750 Typ 92
1954

Carlsson on the roof

Beim Transfer mit dem Taxi vom Flughafen zur Rennstrecke in Sandown, Australien, fragte der Fahrer seinen Passagier nach dessen Beruf. Er sei Motorjournalist, gab Eoin Young zur Antwort, schreibe Testkritiken, berichte über Rallyes und Rennen sowie über Autoausstellungen und neue Modelle, schaue sich in Autofabriken um, führe Interviews... »Oh Mann,« kommentierte der Taxifahrer das Berufsbild seines Kunden, »das hört sich besser an als arbeiten!«

Das sehe ich auch so. Allein schon das Vergnügen, Persönlichkeiten der Motorwelt zu begegnen und mit ihnen Gespräche zu führen, kompensiert dreiwöchiges Aus-dem-Koffer-Leben, Mangel an Schlaf, Terminstress, stundenlange Warteschleifen in Vorzimmern, Verzicht auf interfamiliäre Wochenenden, Manuskriptkürzungen durch den Chefredakteur, wiederholte Jetlags, gestutzte oder verschlampte Spesenabrechnungen...

Robuste Naturen wie Eoin Young, Norbert Haug, Jeremy Clarkson, Ernst Rosemann, Heinz Kranz oder Jan Norbye standen das locker durch. Norbye brachte es fertig, noch Stunden nach dem Abendessen mich an einen Nebentisch zu locken: »Du möchtest doch sicher Erik Carlsson und Pat Moss kennen lernen...«

Carlsson on the roof – eine Legende, ein Monument, eine (nein: die) Substantivierung des Mythos Saab. Pat hatte sich längst zurückgezogen, als der schwedische Koloss um Mitternacht zum zweihundertneunundfünfzigsten Mal einem

Urgestein Carlsson mit Saab Turbo. Unten: Wiederholt musste er demonstrieren, wie man sich aus einem Auto befreit, das auf dem Dach gelandet ist.

Stirling Moss und seine Schwester Patricia, mit der Erik Carlsson verheiratet war.

Oben: Carlsson im Saab 96, Rallye Monte-Carlo 1963.

Links: Mr. Saab im Jahre 2005.

Laien zu erklären versuchte, mit welchen Tricks man einen schwachbrüstigen Zweitakt-Saab zum Gesamtsieg fährt, auch ohne das Auto aufs Dach zu legen ...

Carlsson war in den Jahren 1954 bis 1967 der personifizierte Rallyesport. Die von ihm in 61 Rallyes zwölf Mal zum Gesamtsieg gefahrenen Saab 92, 93 und 96 bekamen zu dieser Zeit automobilen Kultstatus. Seine spektakuläre Fahrweise, die zwei Mal dazu führte, dass sich die von ihm pilotierten Autos auf dem Dach wiederfanden, verschaffte ihm – in Anspielung auf eine Kinderromanfigur von Astrid Lindgren – seinen Spitznamen. »Das hört sich lustig an, war es aber nicht. Das Genick hätte man sich brechen können.« Um bei den Saab-Zweitaktmotoren die Drehzahl hoch zu halten, bremste Carlsson mit dem linken Fuß, während der rechte auf dem Gaspedal blieb.

Spektakuläre Dachpartien gab es in der Motorsportgeschichte öfter. Der Amerikaner Clint Boyer überquerte in seinem auf dem Dach liegenden Chevrolet 2014 als 18., direkt vor Ex-Formel-Eins-Pilot Juan Pablo Montoya, die Ziellinie beim 500-Meilen-Rennen von Daytona. Boyer kam mit dem Schrecken und ein paar Prellungen davon wie 1990 Dieter Quester, der beim DTM-Rennen auf der Avus in seinem BMW auf dem Dach durchs Ziel rutschte – allerdings als Dritter.

Jan Norbye verdanke ich viele interessante Kontakte. Er war einer der profiliertesten Automobilhistoriker in Europa. Der in Oslo geborene Wahlfranzose war nach seinem Studium zunächst für Esso und Volvo tätig gewesen, ehe er in die USA auswanderte und dort vier Jahre lang als Redakteur bei »Car and Driver« arbeitete. Weitere Stationen im Automobiljournalismus folgten, von denen die wichtigste seine Position als International Editor bei »Automotive News« war, die er bis 1980 bekleidete.

Ich hatte Jan 1982 kennengelernt, wir wurden Freunde und arbeiteten gut zusammen. Ich konnte ihm einige Buchaufträge in Deutschland vermitteln, und besonderen Wert legte Jan darauf, dass wir uns Jahr für Jahr am Genfer Autosalon trafen, gemeinsame Rundgänge machten und dann abends miteinander essen gingen. Wir pflegten im selben Hotel jenseits der Grenze zu Frankreich zu übernachten und verabschiedeten den Genfer Pressetag stets an der kleinen Hausbar bei Starkprozentigem. Jan und seine Ehefrau Margaret, auf deren Begleitung er nie verzichtete, waren das, was man trinkfest nennt.

Schon vor seiner Emigration nach Südfrankreich hatte Jan eine Reihe von Büchern geschrieben, die in englischer, niederländischer, französischer und italienischer Sprache veröffentlicht wurden; insgesamt mehr als dreißig. Der für sein Technik-Fachwissen hoch geschätzte Autor galt auch als ein intimer Kenner wirtschaftlich-politischer Zusammenhänge der gesamten Kraftfahrzeugbranche. Mit seiner lieben Margaret (sie war bei »Car and Driver« seine Sekretärin gewesen) war er kinderlos verheiratet und lehnte in einem bescheiden geführten Privatleben jegliche moderne Haustechnik ab, besaß weder Farbfernseher noch Autoradio, Handy, Faxgerät oder Computer. Ich glaube, er misstraute jeglicher Technik und Elektronik ganz allgemein je mehr er sich beruflich mit ihr beschäftigte... Ihm genügten ein Plattenspieler und ein altes Telefon mit Wählscheibe. Er war ein Fiat-Enthusiast und fuhr ein ziemlich betagtes Modell, weil es keine elektrischen Fensterheber und derlei Schnickschnack besaß.

Abends saßen Jan und Margaret samt Whiskyflasche vor ihrem Uralt-TV und schauten sich in Schwarzweiß einen »Hudannit« an. So nannten sie Krimis: Who has done it. Das Vergnügen, auf der kleinen Terrasse vor dem Wohnzimmer den Blick über die Bucht von St. Raphaël zu genießen, wurde durch den Umstand getrübt, dass Norbyes Anwesen eine permanente Baustelle war. So oft ich zu Besuch war, dekorierten Steinhaufen, Stapel von Zementsäcken, eine kleine Betonmischmaschine und Berge von Schutt das kleine Hanggrundstück. Doch gebaut wurde nichts. Ob es am Geld, an der Zeit oder an der Lust mangelte, dem kleinen Haus den geplanten Appendix für ein Gästezimmer anzufügen – ich weiß es nicht.

Wenn ich die beiden in ihrem Adlerhorst – 105 geländerlose Steinstufen! – oben über dem Mittelmeer besuchte, sprachen wir immer zuerst über seinen Nachbarn, den bösen Zahnarzt mit dem leckenden Swimmingpool, der Wasser in die hangseitige Mauer der Norbye-Villa eindringen ließ und dadurch auch den Fußboden durchfeuchtete, so dass Jans Archivpapier Schaden nahm (denn viele seiner Unterlagen bewahrte er nicht in Schränken oder Regalen, sondern in Pappkartons auf, die sich auf dem Boden im Wohnzimmer und im Schlafzimmer stapelten). Dann wendete sich unser Gespräch den Rotweinen der Provence zu, von denen Jan immer einige ausgewählte Flaschen vorrätig hielt, während wir Jazz-Schallplatten hörten und Margaret ein Essen zubereitete, das meist misslang, weil sie alles anbrennen ließ, bis die Bude voller Qualm war... woraufhin wir die 105 Stufen zur Straße hinab stiegen, die Serpentinenstraße in den Ort hinunter fuhren und »chez André« speisten, wo ich auch ein Quartier bekam – das Jan stets im voraus bezahlt hatte, so dass ich am Morgen nie die Chance erhielt, meine Zimmerrechnung selbst zu begleichen.

Ich stelle mir vor, dass der anschließende »Aufstieg« nach dem Dinner für Jan und Margaret nicht immer ganz einfach gewesen sein dürfte. Aber das galt ja auch für jede Heimkehr vom Supermarkteinkauf, für jeden Flaschen-, Zementsack- oder sonstigen Transportvorgang.
Ein Treppenlift wäre da schon sinnvoll gewesen.

Im Alter von 72 Jahren trat Jan am 20. März 2004 seine letzte Reise an; Carlsson on the roof überlebte ihn um elf Jahre, zwei Monate und sieben Tage.

Rechts: Mit diesem Pic-Pic beteiligte sich Jean Tournier am Rennen um den Großen Preis von Frankreich 1914, das er nicht in Wertung zu Ende fahren konnte.

Piccard-Pictet Vierzylinder 1909

Pech in der Kurve, Glück in der Liebe

Schweizerbürgern, die wie Roger Gloor oder Ferdinand Hediger oder Fredi Kuchen oder Ruedi Wenger oder Hanspeter Bröhl (ich könnte ein Dutzend weitere aufzählen) automobilhistorisch ambitioniert sind, fiele es gewiss leicht, 20 oder mehr helvetische Fabrikate zu benennen, die aus irgendeinem Grunde einen solitären Sonderstatus genießen. Mir fallen lediglich sieben ein, die auf mich insoweit bleibende Eindrücke machten, als ich sie in natura etwas näher kennenlernen durfte: Dufaux, Tribelhorn, Turicum, Monteverdi, Sbarro, Enzmann, Sauber – leider war kein Pic-Pic darunter. Peter Monteverdi in Basel und Franco Sbarro in Grandson habe ich mehrere Male besucht. Und auf der jährlichen Autoausstellung in Genf bei einem Kaffee mit Smalltalk genervt.

Mit einer erbaulichen Geschichte, zu Papier gebracht 1910 von einem französischen Anonymus und mit einem Pic-Pic als zentralen Handlungsträger möchte ich dieses Buch schließen.

Nach einer in glücklicher Sorglosigkeit verbrachten Jugend fand sich Gaston Dupris mit zweiundzwanzig Jahren von einem Tag auf den anderen gänzlich mittellos. Sein Vater, ein hochangesehener Bankier zu Genf, hatte durch riskante Spekulationen sein gesamtes Vermögen eingebüßt und sich der daraus ergebenden Konsequenzen entzogen, indem er sich eine Kugel in den Kopf jagte. Die Niedergeschlagenheit des jungen Mannes währte indes nicht lange, denn er hatte sich zum Ergreifen eines Berufes entschließen müssen, um künftig seinen Lebensunterhalt selbst bestreiten zu können. Auf Anraten eines Freundes seines Vaters hatte er die Ausbildung zum Chauffeur gewählt, denn das einzige Talent, das ihn auszeichnete, war das eines leidlich guten Autofahrers.

Die Fürsprache eines Gönners verschaffte Gaston dann auch eine Anstellung bei der Turbinen- und Automobilfabrik Piccard, Pictet et Cie. Sein gepflegtes Äußere und seine bescheidene Wesensart sicherten ihm die Gunst seiner Chefs, deren Vertrauen er binnen Kurzem erwarb; zu seinen Aufgaben zählten das Überführen fabrikneuer Kraftwagen zu Kunden auf dem Lande sowie die ambulante Erledigung von Servicearbeiten.

In der Ausübung dieser Tätigkeit erschien Gaston eines schönen Frühlingsmorgens im Jahre 1909 an der Pforte einer prachtvollen Villa unweit vom Neuenburger See, deren Besitzer namens Moray der Fabrik einen Defekt an seinem Fahrzeug gemeldet und um die Entsendung eines Experten ersucht hatte, der den Schaden beheben möge.

Gaston war versiert genug, die Ursache des Defekts innerhalb kürzester Zeit zu finden und den Motor wieder zum Laufen zu bringen. Damit wäre Gastons Auftrag erledigt gewesen. Doch just in dem Augenblick, als er im Begriff war, die Wagenremise zu verlassen, um dem Hausherrn Vollzugsmeldung zu erstatten und den Fußmarsch zum Bahnhof von Neuchâtel anzutreten, tauchte Monsieur Morays Tochter Charlène auf. Mademoiselle bekundete großes automobiltechnisches Interesse und bat Gaston, ihr genauestens darzulegen, wodurch seiner Analyse nach besagter Defekt aufgetreten sein mochte. Das bildhübsche Mädchen stellte Fragen um Fragen, die zu beantworten sich Gaston sehr viel Zeit nahm, denn er war drauf und dran, sich in Mademoiselle gnadenlos zu verlieben. Was von der jungen Dame natürlich vom ersten Moment an erkannt worden war, und da auch sie eine spontane und unwiderstehliche Herzensneigung für den jungen Mann im blauen Arbeitskittel zu verspüren begann, dauerte es nicht allzu lange, bis sich beide in den Armen lagen. Amors Pfeile sind für ihre Treffsicherheit bekannt, wobei das Dämmerlicht in Morays Garage ein präzises Zielen keineswegs erschwert haben dürfte – gerade im Halbdunkel pflegt der schelmische Cupido erfolgreich zu sein, wie es in der Schweiz nicht seltener der Fall ist als anderswo...

Wie ließe es sich erreichen, dass Charlène den lieb gewonnenen Herrn Mechaniker an der ohnehin verzögerten Abreise hinderte? Sie musste nicht lange überlegen, um einen triftigen Grund zu finden, der Gastons Aufenthalt nicht nur um einige weitere Stunden, sondern sogar um mehrere Tage erforderlich machte: Sie bat den Vater, dass er Gaston den Auftrag erteile, ihr Fahrunterricht zu geben. Monsieur Moray entsprach dem Wunsch seiner Tochter und arrangierte auf telegraphischem Wege mit der Fabrik eine zunächst unbefristete Inanspruchnahme der Dienste ihres Mechanikers Dupris.

Die nach allen Regeln der Zunft erteilten Instruktionen in der Theorie und der Praxis, die Kunst des Autofahrens betreffend, vermittelt unter Auferbietung seiner größtmöglichen pädagogischen Befähigung, hatten Gaston im Familienkreise seiner verehrten Charlène einen achtungsgebietenden Platz einnehmen lassen, zumindest für die Dauer von vierzehn Tagen. Gründe für einen weiteren Aufschub der Rückkehr Gastons nach Genf ließen sich nicht finden; es nahte die Stunde des Abschieds. Gaston hatte es nicht gewagt, sich Charlènes Eltern zu erklären, und hätte es genützt? Er befand sich als Chauffeur und Mechaniker in gesellschaftlich niedrigerer Stellung, was eine Verlobung vermutlich ausgeschlossen hätte.

Pic-Pic Tourenwagen, 1920–21.

Eine letzte gemeinsame Fahrt soll den Abschluss der Unterweisungen bilden. Zum letzten Mal sitzt Charlène am Steuer, neben sich den Geliebten, dem der Gedanke an die Trennung ebenso schmerzlich ist wie seiner Schülerin. Schneller als sonst lässt sie den Wagen laufen. Die Straße nach Yverdon gehört ihnen allein, niemand sonst ist unterwegs. Gastons volle Konzentration gilt Charlène, bereit sofort einzugreifen, sollte sie einen Fehler machen... Das Land ringsum, das sie glückselig durcheilen, erstrahlt im warmen Licht der Vormittagssonne und scheint in seiner Weiträumigkeit Platz genug für eine gemeinsame Zukunft zu bieten, die es doch nicht geben wird und eine Illusion bleiben muss...

Noch ein Quentchen legt Charlène an Geschwindigkeit zu und bemerkt zu spät, dass die abschüssige Straße nicht geradeaus, sondern in einem scharfen Winkel nach rechts weiterführt... Das von Charlène forcierte Tempo ist zu hoch für einen ausreichenden Bremsweg, und so vollzieht sich die Katastrophe im Sekundenbruchteil, ohne dass Gaston imstande ist, sie zu verhindern... Schon hat sich der Wagen überschlagen und beide Insassen in hohem Bogen auf den angrenzenden Weinberg befördert.

Zu Hause warten Monsieur und Madame Moray auf die Rückkehr ihrer Tochter. Eine Stunde vergeht, eine zweite... Sollte den beiden ein Unfall zugestoßen sein, oder befinden sie sich auf der Flucht? Die verliebten Blicke, die beide junge Leute einander zugeworfen hatten, waren den Eltern nicht verborgen geblieben... Aber nein, der Herr Chauffeur ist doch vernünftig genug, als dass er eine solche Dummheit begehen würde.

Dennoch werden sie den Gedanken nicht los, es müsse da ein Geheimnis geben. Sie stürzen in Charlènes Zimmer, brechen das Schloss der Schreibtisch-Schublade auf, entdecken ihr Tagebuch, und die in den letzten Tagen niedergeschriebenen Eintragungen lassen an Deutlichkeit nichts missen: Charlène ist dem Automobilmechaniker aus Genf mit Haut und Haaren verfallen, ist mit ihm offensichtlich durchgebrannt...

Monsieur Moray spannt mit zitternden Händen sein Pferd vor den alten Kutschwagen, den der Pic-Pic zum Glück aus dem hinteren Drittel der Remise nicht hatte verdrängen können, schwingt sich auf den Bock, jagt in rasendem Galopp die Straße in Richtung Yverdon hinunter, wo es sowohl eine Gendarmeriestation als auch ein Telegraphenamt gibt – und erblickt nach der ersten Hälfte der Wegstrecke eine Ansammlung von Menschen auf der Straße...

Moray zieht harsch die Leine zur Kandare an, zwingt Pferd und Wagen zum abrupten Stopp, springt vom Bock, drängt sich zwischen die diskutierenden und gestikulierenden Leute, auf das Schlimmste gefasst... mein Gott, sie stehen um das Wrack eines Automobils herum, das Moray sofort als das Seine zu erkennen vermag. Wie im Trance ruft er immer wieder: »Und wo ist meine Tochter? Wo ist meine Tochter?«

Jemand aus der Menge der Gaffer scheint ihn zu kennen: »Das war Ihre Tochter, Monsieur Moray? Wie schrecklich! Man hat sie in das Haus dort hinten getragen – « der gute Mann zeigt auf ein etwa einhundert Meter entfernt stehendes kleines Gebäude – »und den jungen Herrn ebenfalls!«

Hastigen Schrittes und begleitet von einem Dutzend Neugieriger stapft Vater Moray zu dem Häuschen hinüber, auf welches die Bezeichnung »Hütte« zutreffender wäre. Im Rahmen der geöffneten Tür steht eine alte Frau und wehrt die ungebetenen Besucher ab: »Bitte stören Sie nicht das junge Paar, es muss sich erholen von dem Schock, so haben Sie doch Verständnis...« Unsanft schiebt Moray die Frau beiseite. »Es ist meine Tochter! Wo ist sie?« Er braucht die Antwort nicht abzuwarten, denn in dem einzigen Raum der Hütte gibt es nur einen Herd, einen winzigen Holztisch, einen dreibeinigen Schemel und ein schmales Bauernbett mit einem blau karierten Plumeau, unter welchen am oberen Ende zwei blasse Gesichter hervorlugen. Es sind die von Charlène und Gaston.

Moray droht das Herz stillzustehen, aus der unsäglichen Freude, seine geliebte Tochter lebend anzutreffen, aber auch aus Furcht, diese peinliche Situation könnte die Runde machen...

»Der Arzt aus Yverdon war bereits hier,« berichtet die alte Frau, »die beiden haben großes Glück gehabt, es ist ihnen nichts Ernstes geschehen. Man hat sie zu mir gebracht, und mir war sofort klar: Es ist ein Paar auf der Hochzeitsreise, und da ich nur über dieses eine Bett hier verfüge, habe ich mir erlaubt, es ihnen zu überlassen... bitte entschuldigen Sie, Monsieur, dass ich Hand anlegte, um dem Herrn Schwiegersohn aus dem verschmutzten Anzug und ihrer Tochter aus dem Reisekostüm herauszuhelfen... alles liegt noch auf dem Boden...«

Charlène, weitgehend unbekleidet, mit einem dito fremden Jüngling in einem Bett, das schon für nur eine Person knapp ausreichend zu sein schien, und die wie beiläufig ausgesprochenen und an sein Ohr gedrungenen Wörter »Hochzeitsreise« und »Schwiegersohn« – und dies in Anwesenheit sich in die Kammer nachdrängender Augenzeugen... was blieb Moray anderes übrig, sollte es nicht zu einem Skandal kommen, als der wohlmeinenden Samariterin tiefen Dank auszusprechen und ihre Annahme zu bestätigen, die beiden unter dem Plumeau seien ein »jaja, seit langem versprochenes!« Paar... Charlène und ihr jetzt so plötzlich und unerwartet akkreditierter Bräutigam hatten inzwischen das volle Bewusstsein wiedererlangt und alles Gesprochene deutlich vernommen. Der Wingert (Weinberg) von Milvigne im Kanton von Neuchâtel soll in jenem Jahr besonders süße Trauben hervorgebracht haben.

Der Fortgang der Geschichte interessiert uns hier nicht – es sei lediglich vermerkt, dass es ein vom Glück gezeichneter war, auch zu Gunsten der Ateliers Piccard, Pictet et Cie., die Gaston zu einem ihrer fähigsten Ingenieure avancieren ließen. Die Kosten für ein entsprechendes Studium an der Eidgenössischen Technischen Hochschule trug, was keiner Hervorhebung bedarf, selbstverständlich Schwiegervater Moray.

*

Der Piccard-Pictet oder auch Pic-Pic war der Nachfolger des S.A.G. der Société des Automobiles à Genève. Paul Piccard hatte seine Karriere 1865 als Zeichner bei der Firma Staib & Cie. in Genf begonnen und wurde später Dozent für Maschinenbau an der Universität Lausanne. 1886 gründete er mit Lucien Pictet die Maschinenbaufirma Piccard-Pictet. Ihre Maschinen und Motoren wurden an zahlreiche andere Hersteller verkauft, auch an die Brüder Frédéric und Charles Dufaux, die mit einem Piccard-Pictet-Achtzylindermotor 1904 am Gordon-Bennett-Rennen teilnahmen. Automobile der Marke Pic-Pic genossen einen guten Ruf. Mit zwei Wagen beteiligte man sich 1914 am Rennen um den Großen Preis von Frankreich. Der Brite Thomas Clarke schied in der sechsten Runde aus; sein Teamkollege Paul Tournier schaffte immerhin 18 der 20 Runden, als ein Unfall auch ihn zur Aufgabe zwang.

1919 erschien der Pic-Pic Sans Soupapes mit einem Schieberventilmotor. Dieses Fahrzeug hatte einen über die Getriebehauptwelle angetriebenen Kompressor zum Aufpumpen der Reifen. Und schon vor dem Ersten Weltkrieg wies der Pic-Pic Vierradbremsen auf. 1920 war Piccard-Pictet bankrott und wurde von den Ateliers des Charmilles S.A. übernommen, die den Automobilbau fortsetzten. 1922 zeigte man einen Achtzylinder, der ein Einzelstück blieb. 1924 war Piccard-Pictet zum letzten Mal auf dem Genfer Salon präsent.

Drei- oder viermal soviele Autogeschichten, selbst erlebte oder von anderen Verfassern erzählte, sind mir im Verlauf der Arbeit an diesem Buch in den Sinn gekommen, doch um Bunty Scott-Moncrieff zu zitieren: »I had no difficulties deciding what I should include. But it was difficult to decide what to leave out.«

So verzichtete ich auf mehr oder weniger langweilige Begebenheitsschilderungen mit zwei hoch kilometrierten Mercedes-Benz T123, mit diversen Volkswagen Polo, Golf und Santana, mit meinem braven Peugeot 404, mit dem hoffentlich noch existierenden Lancia Flaminia Coupé, mit Ken Richardsons Jensen Ferguson, mit dem 1925er Museums-Benz (Beifahrer: Hans-Heinrich von Fersen), mit Friedrich Wilhelm Heyes Opel Kapitän, mit Dieter Mazatis' Lotus Europa, mit dem ersten Serien-Ro80, mit unkaputtbaren T2-Bullis oder Renault 16. Zumal zahlreiche Stories rund um diese Autos sowie Merkwürdigkeiten im Zusammenhang mit heute obsoleten Zeit- und Geldverschwendern bereits in etlichen anderen Druckwerken zu finden sind, die meinen Namen tragen.

...geheimnisvoller Fund im Garten...

HALWART SCHRADER

Halwart Schrader wurde am 24. Februar 1935 in Braunschweig geboren, wuchs – mit kriegsbedingter Unterbrechung – in Berlin auf und studierte an der dortigen Meisterschule für das Kunsthandwerk Gebrauchsgrafik, Ausstellungsdesign und Kunstgeschichte. Nach anfänglicher Betätigung als Werbeassistent im Hamburger John Jahr Verlag avancierte er zum Mitgründer der Werbeagentur Friedrich W. Heye und kam schließlich zum Journalismus, spezialisierte sich auf Automobilthemen und schrieb für viele Motor-Periodika, aber auch für Blätter wie »twen« und »Playboy«. Seine Ambitionen fanden 1960 bis 1974 ihren Niederschlag in Public-Relation-Arbeiten für die Auto Union und BMW sowie von 1988 bis 1996 für die britische Marke Jaguar.

Eine besondere Herausforderung war die Übernahme der Verantwortung von 1973 bis 1985 als Chefredakteur des Oldtimer-Magazins »Automobil Chronik«. Inzwischen sind mehr als 250 Fach- und Sachbücher erschienen, die den Namen Halwart Schrader als Autor, Co-Autor, Übersetzer oder Herausgeber tragen. Auch verfasste und editiere er viele Beiträge zu Sammelwerken und Enzyklopädien der Automobilgeschichte. Schrader war Mitglied in der Guild of Motoring Writers und in der Brooklands Society. Ihm wurden zahlreiche Ehrungen und Auszeichnungen im In- und Ausland für seine automobilhistorischen Arbeiten zuteil; 2020 verlieh Bundespräsident Frank-Walter Steinmeier ihm die Verdienstmedaille für sein der Motorgeschichte gewidmetes Gesamtwerk.

Im Verlauf von mehr als sechs Jahrzehnten seines langen Lebens hat mein Freund Halwart das Auto in den Mittelpunkt seiner Betätigungen gestellt, gelegentlich aber auch das eine oder andere alternative Thema angedockt. Diese reichten von Entwürfen zu Schiffseinrichtungen, denen sich der Hausbootbewohner und Kajaksportler Schrader in jungen Jahren mit maritimer Leidenschaft widmete, bis zu Gastronomie-, Reise- und Auswanderführern sowie Büchern über Wein- und Champagnerkultur. Er war 1965 Mitgründer des nautischen Magazins »boote«, 1974 des Marktspiegels »InterClassic«, 1988 der Transport Book Publishers and Traders International (TBI), ferner der Michael Sedgwick Memorial Foundation, der Automobilhistorischen Gesellschaft und des Forums für Fahrzeuggeschichte, kurz F- kubik.

Im Frühjahr 1988 siedelte sich die Schrader-Familie in der Lüneburger Heide an, wo der Senior trotz physischer Handicaps allmorgendlich ab fünf Uhr seiner Lieblingsbeschäftigung nachgeht: Bücher lesen und Bücher schreiben – vorzugsweise bei einer Tasse Assamtee im Gleichklang mit Klavierkonzerten von Chopin, Ravel oder Rachmaninoff.

Eckhart Bartels

Geschriebenes 1959–2025

Die besten Resultate entstanden in Teamarbeit

Verschiedentlich wurde mir schulterklopfend angedichtet, ein großes automobiltechnisches oder wissenschaftliches Interesse sei die quasi-akademische Plattform für meine automophilen Aktivitäten gewesen. Eine gut gemeinte Unterstellung, der ich widersprechen möchte. Weder habe ich jemals behauptet, Historiker zu sein, noch habe ich den Terminus »Kulturgut Auto« erfunden. Sich mit alten Autos (auch mit jungen) zu beschäftigen, hat mir einfach Spaß gemacht – auch dann, als aus dem Spaß professioneller Ernst wurde.

Zwei Dutzend Persönlichkeiten dürften es gewesen sein, die meiner Arbeit auf unterschiedliche Art und Weise kräftige Impulse verliehen haben, die mich gefördert, mich in meinen Ambitionen unterstützt und mir die Tür zu so manchem Tresor geöffnet haben.

Zehn fallen mir spontan ein: Mein erster Boss und Promotor Friedrich Wilhelm Heye in der Zeit von 1956 bis 1972; der charismatische Redaktionsleiter des Periodikums »twen« Klaus Kulkies; der stets kritische, gleichwohl risikobereite Verleger Heinz Martin Bleicher; der Mäzen und »Automobile-Quarterly«-Gründer Lloyd Scott Bailey; der keinen noch so aussichtslos scheinenden Konflikt scheuende BMW-Chefhistoriker Christian Werner Eich; der Botschafter der britischen Automobilkultur Edward Lord Montagu of Beaulieu; der Senior des Motorpressewesens in Deutschland Paul Pietsch; der mit flammendem Schwert zu kämpfen gewohnte Museums-Erzengel Max Johann Baptist Rauck; der investitionsfreudige Textilfabrikant und Bugattist Uwe Hucke sowie Helmuth Herbert Lederer als Konzernarchitekt und erfolgreicher Treuhänder des Schwacke-Legats.

Auf die drei Letztgenannten möchte ich näher eingehen. Um mit Max Rauck zu beginnen: Ihn habe ich 1965 kennen gelernt. Sein schlicht eingerichtetes Büro im Deutschen Museum – er teilte es sich mit einem weiß-bekittelten Adlatus namens Ludwig Sancer – sah nicht danach aus, als sei es der Arbeitsplatz eines hochrangigen Direktors. Raucks zurückhaltendes, bei aller autoritären

Ihnen habe ich viel zu verdanken: Friedrich Wilhelm Heye, Verleger und Autor Hans-Jürgen Schneider, BMW-Manager Christian W. Eich, Eurotax-Generaldirektor Helmuth H. Lederer.

Periodika, deren redaktionelle Betreuung in meiner Verantwortung lag.

Eigenwilligkeit stets Bescheidenheit ausstrahlendes Wesen täuschte darüber hinweg, dass er eine Kämpfernatur war, mit einer Durchsetzungsfähigkeit, die manchem seiner Mitarbeiter das Leben nicht leicht machte. Er zog an unsichtbaren Schnüren und ignorierte manchen Dienstweg, verstand – sehr kostenbewusst – ihm zugetane Idealisten zu mobilisieren und nahm auch Bauernopfer in Kauf, wenn es seiner Hauspolitik nützlich schien. Ich hätte mir jedenfalls keinen besseren Promotor meiner beginnenden Betätigung als Auto-Autor wünschen können, denn Rauck gestattete mir den direkten Zugang und Zugriff auf das Archiv und die Bibliothek im Deutschen Museum ohne jegliche bürokratische Umstände, wie sie eigentlich zum Regelwerk gehörten.

Max Johann Baptist Rauck, Jahrgang 1907, war überzeugter Katholik, murmelte bei wichtigem Anlass den Segen des lieben Gottes herbei und verfügte über ein phänomenales Gedächtnis. Über historische Zahnrad-Gebirgsbahnen in den Schweizer Alpen wusste er ebenso gut Bescheid wie über die Entwicklungsgeschichte des Fahrrads – eines seiner Lieblingsthemen. Zu mir sagte er einmal: »Man kann nicht alles wissen, aber man muss im Kopf haben, wo man's nachlesen kann!«

Die Kraftfahrzeug-Begeisterung hatte Rauck 1932, nach abgeschlossenem Ingenieurstudium an der TH München, bei Daimler-Benz anheuern lassen; ein Job, den ihm Jakob Werlin vermittelt hatte. Werlin war Leiter der Münchner Mercedes-Filiale in der Brienner Straße und hatte eine in vieler Hinsicht einflussreiche Position. Auch politisch, denn im gleichen Hause residierte jene braununiformierte Klientel, die sich in der Öffentlichkeit am liebsten in offenen Kompressorwagen sehen ließ.

Einige dieser Titel veröffentlichten die Verlage mit einem anderen Einband, aus welchen Gründen auch immer...

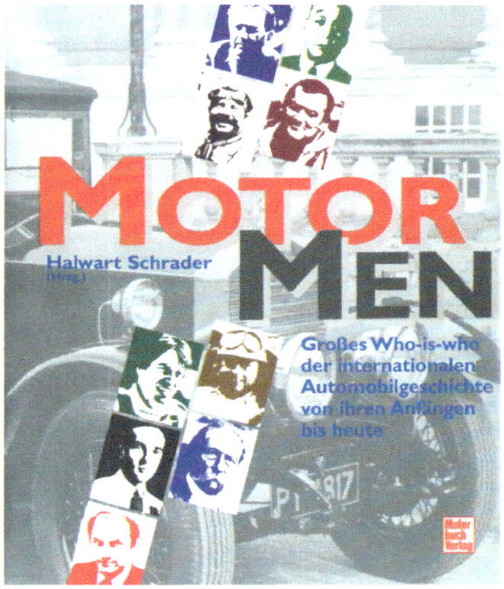

1936 wurde er beauftragt, ein Museum einzurichten und avancierte zum Haushistoriker der Daimler-Benz AG. Er legte damit den Grundstein der heutigen Mercedes-Benz Classic als Gesamtinstitution. 1937 kehrte Rauck nach München zurück, nachdem Friedrich Schildberger sein Nachfolger in Stuttgart geworden war, und trat eine Position beim Deutschen Museum an, wo er 1942 zum Kurator und 1972 zum Direktor für die Abteilung Landverkehr ernannt wurde. Er besaß selber eine Anzahl wertvoller Veteranenwagen, die er dem Museum als Dauerexponate zur Verfügung stellte.

Der »Ehrenschnauferlbruder« Max Johann Baptist Rauck verstarb 1996 in Baar, seinem Schweizer Refugium. Dem weißhaarigen, liebenswürdigen Bajuwaren habe ich viel zu verdanken. Durch seine Veranlassung und Bürgschaft erhielt ich nicht nur einen privilegierten Zugang zum Münchner Museumsdepot und zum Daimler-Benz-Archiv, wo ich ebenfalls ohne Begleitung durch Mitarbeiter stöbern durfte (heute undenkbar), sondern auch den Kontakt zu Uwe Hucke, der mir anbot, das von ihm Ende 1971 gegründete Magazin »Automobil Chronik« zu betreuen. Auf die ersten Ausgaben dieses Oldtimer-Periodikums hatte mich mein Freund Albert Leonhard aufmerksam gemacht.

Mich anzusprechen, hatte Max Raucks Assistent Erik Eckermann empfohlen. Wie und warum Hucke mit Eckermann zusammengekommen war, weiß ich nicht.

Nicht nur die Redaktionsarbeit, sondern auch die Anzeigenakquisition und den Vertrieb gedachte der Amateur-Herausgeber Hucke aus seinem Privatbüro auszugliedern und in professionelle Hände zu geben. Klare Vorstellungen vom Umfang einer solchen Apparatur besaß er nicht, musste er auch nicht haben. Er hatte den Karren angeschubst, Profis sollten ihn jetzt weiterbewegen, wobei es ihm angeblich nicht auf Rentabilität ankam. Er erklärte sich bereit, Defizite zu finanzieren.

Ende Oktober 1972 versammelten sich Uwe Hucke, ein paar seiner Freunde und ich in einer Villa bei Garmisch, die der Familie seiner Frau gehörte. Er war Mitinhaber einer bedeutenden Textilfabrik in Westfalen und verfügte über – wie es mir schien – unbegrenzte Mittel. Die Geschäftsführung überließ er seinem älteren Bruder Erwin, und als stiller Teilhaber hatte er es besser als jener: Uwe trug keine Verantwortungen für das Tagesgeschäft und kassierte lediglich seine Gewinnanteile. Viel Geld gab er für seine Passionen aus, auch sponserte er den TuS Nettelstedt und finanzierte eine Dixieland-Band (er spielte selbst Jazztrompete). Seine sich im Hintergrund haltende Frau war eine Tochter aus »bestem Hause«, wie man so schön sagt. Monika stammte aus der Bleistift-Dynastie Faber-Castell.

Als Unternehmer in eigener Regie und für einen festen Monatsbetrag, der das Zahlen von Honoraren und das Einstellen einer Halbtagssekretärin erlaubte, war ich ab Januar 1973 verant-

Auch diese Gentlemen verliehen meiner Arbeit wesentliche Impulse:
Max J.B. Rauck, Griffith Borgeson, Michael Sedgwick, Richard v. Frankenberg, Hans-Christoph v. Seher-Thoss.

Nur Tops, keine Flops! Das Buch über BMW Sportwagen erschien allerdings in größerem Format im Verlag Copress, München.

wortlich für jenes Blatt, für das Hucke zunächst weiterhin als Herausgeber zeichnete. Er brachte mich mit in der Szene bekannten und einflussreichen Leuten zusammen, in England, in Frankreich, in der Schweiz, in den USA. Sie alle waren gleichermaßen automobilbesessen und ebenso wohlsituiert wie Hucke selbst.

Dennoch: wir bewegten uns auf dünnem Eis. Nach einem Jahr des Durchhaltens suchte ich einen »richtigen« Verlag, der das Blatt übernehmen und seinen Fortbestand sichern würde. Der Bayerische Landwirtschafts-Verlag in München war interessiert. Diesem Verlag verdankte ich die Rettung der »Automobil Chronik«. Uwe Hucke hatte sich aus dem Projekt über Nacht verabschiedet, nachdem er hatte feststellen müssen, dass es noch immer viel mehr kostete, als es einbrachte.

Mit dem BLV stand für das mit viel Leidenschaft gemachte Blatt endlich ein großes Verlagsunternehmen mit seinem Orchester an Instrumenten zur Verfügung. Ich erhielt ein angemessenes Budget und konnte mir damit auch einen Stellvertreter leisten: Albert Leonhard. Später war es Stefan Knittel und nach ihm Hans-Jürgen Schneider. Die »Automobil Chronik« gab es bis Oktober 1985, als der BLV-Verlag sie veräußerte – leider ohne mich. Das Erscheinen wurde bald darauf eingestellt.

Hucke verstarb 2004 in England, wohin er seinen Wohnsitz verlegt hatte. Das von seinem Bruder Erwin geführte Textilunternehmen, das ihm einen feudalen Lebensstil ermöglicht hatte, meldete 2009 Insolvenz an – der Flut asiatischer Billigimporte waren die Hucke-Werke nicht länger gewachsen. Ein Foto von Uwe Hucke kenne ich nicht, er lehnte es ab, fotografiert zu werden, und wusste auch zu vermeiden, auf einem Schnappschuss zu erscheinen. Seine Tochter Angela steht dem Bugatti Trust Museum in Prescott vor – ein mit Herzblut erfülltes Engagement in memoriam ihres vom Phänomen Bugatti zeitlebens inspirierten Vaters. Und wie jener hegt sie eine besondere Liebe zum Bugatti T.53, dem 1932 in zwei Exemplaren entstandenen Achtzylinder-Rennwagen mit Vierradantrieb. Hucke hat einen dritten Wagen originalgetreu nachbauen lassen.

Ohne die Vermittlung durch meinen Mentor Max Rauck wäre ich wohl nicht mit Uwe Hucke ins Geschäft gekommen, das – so wenig ertragreich es letztendlich war – für mich eine tragfähige Operationsplattform darstellte und auch zur Bindung an die Person Nummer drei meiner privaten Hall of Fame führte: Helmuth Herbert Lederer.

Jedem, der mit dem Autobusiness zu tun hat, ist der »Schwacke-Führer« als Marktpreisindex für Gebrauchtwagen seit Ende der 1960er Jahre ein Begriff. Der Gedanke, einen Schwacke-Führer auch für Liebhaberfahrzeuge zu schaffen, die außerhalb des Gebrauchtwagenmarktes rangieren, wurde 1974 auf dem Genfer Automobilsalon geboren.

Ich war einer Einladung der Firma Schwacke gefolgt, die Messe zu besuchen und mich dort mit Herrn Direktor Lederer in Verbindung zu setzen. Lederer, mein Freund Schorsch Amtmann und ich konferierten nicht länger als eine Stunde – für mich war es eine Sternstunde. Die Reise von München nach Genf hatten wir in Schorschs 2 CV unternommen. Abenteuer pur!

Es war eine Zeit zunehmender Begeisterung für »alte Autos«, die man Schnauferl, Veteranenwagen und eines Tages bei uns Oldtimer nannte. In den USA, in Frankreich und vor allem in England gab es längst etablierte Märkte für solche Sammelobjekte, die zunächst noch überwiegend aus der Epoche vor 1940 stammten. Mit zunehmender Internationalisierung der Oldtimer-Bewegung ergab sich der Bedarf an einem multinationalen Guide für Liebhaberfahrzeuge fast von selbst – nicht zuletzt von Seiten vieler Kfz-Gutachter und Versicherungsfirmen. Der aus Wien stammende geschäftsführende Generaldirektor des Hauses Schwacke, Helmuth Herbert Lederer, erkannte diese Notwendigkeit und wandte sich deshalb an den Chefredakteur der zwei Jahre zuvor gegründeten Oldtimer-Zeitschrift »Automobil Chronik«.

Lederer sah in mir offenbar einen kompetenten Ausführer seiner Idee. Gemeinsam erarbeiteten wir vier Wochen später das Konzept zu einem Periodikum, das unter dem Namen »InterClassic« (IC) eine Auflistung der gängigsten Oldtimermodelle enthalten sollte, aufgeteilt in fünf Qualitätsstufen und verschiedene Währungsbereiche. Nicht nur darin, sondern auch in der Fülle der Marken- und Modellaufgliederung sowie in der Art seiner tabellarischen Aufmachung überzeugte der alle sechs Monate aktualisierte Guide.

Aus Tausenden von Einzelinformationen, zur Verfügung gestellt von Branchen-Insidern aus Deutschland, Österreich, England, der Schweiz, Frankreich, den Beneluxländern, den USA und später auch Italien, formte sich ein facettenreiches Bild des internationalen Oldtimer-Marktgeschehens. Clubs, unabhängige Sachverständige und Vermittler stellten bereitwillig ihre Erfahrungswerte zur Verfügung, und die Auswertung von Myriaden monatlich erfasster Kleinanzeigen aus vierzig Periodika aus aller Welt ergaben die Ausgangsbasis für ein Statistikgefüge. Dabei galt es, Ecken abzuschleifen, Ausreißer nach oben oder unten zu mitteln. Es war ein mühsamer, arbeitsintensiver – aber auch gut dotierter Job, den ich bis zum Jahresende 2016 ausüben durfte.

Ein paar Worte zum Geschäftsmodell Schwacke, benannt nach dem Frankfurter Autohändler Hanns Wilhelm Schwacke, Jahrgang 1921. Zu dessen Kunden zählten in den Fünfziger Jahren vor allem in Hessen stationierte Amerikaner, die ihre US-Straßenkreuzer in Zahlung gaben, wenn ihnen der Sinn nach einem soliden »Volks« oder »Merc« stand.

Schwacke sammelte Informationen über den Gebrauchtwagen-Umschlag in ganz Westdeutschland; er verglich, rechnete und interpolierte. 1957 legte er erstmals ein nach Marken geordnetes Preisverzeichnis an, das er monatlich aktualisierte und seinen Branchenkollegen zugänglich machte. Es umfasste neben US-Exoten auch alle auf dem Markt befindlichen europäischen Fabrikate.

Die »Schwacke-Liste« etablierte sich als unverzichtbarer Leitfaden für Käufer und Verkäufer und wurde zur Kalkulations-Richtlinie des gesamten Gebrauchtwagenmarktes. Das gegen hohe Gebühr vermarktete Druckwerk wurde später ergänzt durch Listen auch für Nutzfahrzeuge, Anhänger, Caravans, Wohnmobile, Motorräder und Sportflugzeuge sowie für Instandsetzungsarbeiten. Schwacke-Führer gab es bald auch für andere westeuropäische Länder, publiziert von einem Verlagsunternehmen mit Verwaltungssitz in Pfäffikon, Schweiz. Hanns Wilhelm Schwacke, durch seine erfolgreich vermarktete Idee wohlhabend geworden, zog sich 1970 aus dem Geschäftsleben zurück und wanderte nach Texas aus, um sich dort dem Anbau von Zitrusfrüchten zu widmen. Wenn er nicht gerade an Bord seiner Yacht in der Südsee unterwegs war.

Wie der Firmengründer Schwacke war auch Lederer ein cleverer Geschäftsmann, zugleich ein intellektueller Philantrop und Visionär. In der Kfz-Wirtschaft genoss er hohes Ansehen. Er lud mich mehrere Male in die Schweiz zu Seminaren und Konferenzen ein, förderte und finanzierte auch viele Klassiker-Projekte.

Periodika, die mehr oder weniger regelmäßig Beiträge von mir veröffentlichten.

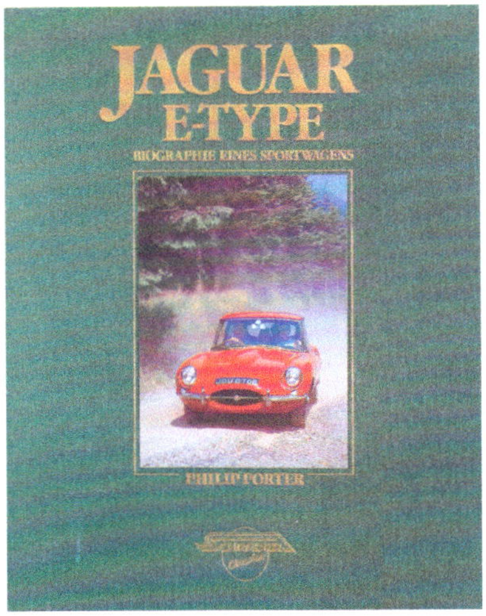

Allein in stiller Kammer arbeite ich konzentrierter als in einer Gruppe; ich bin leicht ablenkbar. Aber meine Emeritagen schließen Teamarbeit nicht aus. Und erst mit angenehmen Teampartnern (die unangenehmen habe ich vergessen) konnte ich viele recht erfolgreichere Operationen realisieren.

Mit guten Fotografen zusammenzuarbeiten war mir oftmals ein besonderes Vergnügen, so mit Walter Dittrich, Horst H. Baumann, Jan Keetmann, Wolfgang Drehsen, Neill Bruce, Peter Vann, Charles Wilp, Karsten de Riese, Anders Holmqvist, Winfried Rabanus, Herbert Hesselmann, David Sparrow, Reinhard Lintelmann, Michael Krone oder Jan W. Fusaro. Friedfertige Co-Autoren waren Stefan Knittel, Volker Christian Manz, Hagen Nyncke, Rainer Simons, Immo Mikloweit, Hans-Jürgen Schneider, Ulrich Knaack, Georg Amtmann, Regine Zschernig, Jan Petter Norbye, Heribert Hofner, Philipp Porter. Hinter den Kulissen – gleichwohl zum Resultat wesentlich beitragend – arbeiteten mit mir oder für mich Sidonie Naprawnik, Sonja Anderle, Karsten Moll, Julia Voigt, Ekkehard Reischl. Und da ich gerade am Aufzählen bin, will ich auch Ingrid Kruse, Gisela René Bentenrieder, Annette Berghofer,

Barbara Kleiß und Ulrike Schnell, ferner Keith Higgins, Georg Canzler, John Lowe, Heike Eichhorn, Helga Tauber, Nick Georgano, Christine Benda, Joachim Kuch, Horst-Dieter Görg, Eckhart Bartels, Achim Weise, Heiner Emde, die Verleger Manfred und Dietrich Olms, Heinz M. Bleicher, L. Scott-Bailey, Paul Pietsch und Dr. Patricia Scholten sowie Kurt Oesterreicher und Tom van Endert, die Gentlemen Paul Bracq, Karl Eric Ludvigsen, Tom Warth, Giorgio Nada sowie Kurt Pramendorfer, Artur Westrup, Günther Molter, Ghislaine Kaes und Theo Hoepner erwähnen, die sämtlich in meiner Hall of Fame die ihnen zustehenden Plätze einnehmen. Zwei Dutzend Namen, die Sie hier eventuell vermissen, finden an anderen Stellen dieses Buches Würdigung, so dass ich auf eine Wiederholung verzichten darf.

Hätte die 2008 beendete Zusammenarbeit mit Regine Zschernig eine Fortsetzung gefunden, wäre dieses Buch ohne Vorwort erschienen, denn Vorwörter, so sagte die Autorin und Lektorin aus Dresden, lese heutzutage niemand mehr, ich möge besser gleich zur Sache kommen... So aber habe ich Michael Sedgwicks Rat zu befolgen versucht, der da lautete: »Mit einem Vorwort musst du Neugierde wecken, und die solltest du bis zur letzten Seite am Köcheln halten – wenn du verstehst, was ich meine...«

BILDQUELLEN

ADAC 173 links
Adam Opel AG 31, 108 unten
Archiv Eckhart Bartels 35 oben, 36, 56
Archiv für Stadtgeschichte Frankfurt a..M. 21, 79
Audi AG 218 rechts
Bentley Motors 206 links, 206 oben
BMW AG 210, 211, 212, 213, 225
Paul Botzenhardt 45 oben
Renee Brinkerhoff 199 unten
Chrysler France 172
BVG 24
Daimler-Benz AG 34, 224 232, 233
Deutsches Museum 17 unten
Walter Dittrich 80, 82, 90, 91
Wolfgang Drehsen 152
Charles Herridge / Veloce 40, 41
Herbert Hesselmann 8 unten, 81 unten
Jaguar Deutschland GmbH 201
Jaguar UK 203 unten
Michael Krone 250 unten, 251 links
Reinhard Lintelmann 43
Claus Mirbach 157
Stuart Monteply 176 rechts
PSA 69 unten,153, 214 unten, 216
Dr. Max Reisch 135
Rob Walker Racing Ltd. 130, 133, 134
Rolls-Royce Motors 190, 191 unten
Rainer Simons 205, 206 oben
Peter Vann 158
Volkswagen AG 44 rechts, 174
Thomas E. Warth 158 unten
Wikimedia Commons 2-3, 35 unten, 70, 73, 74 unten, 83 rechts, 94, 95, 112, 113, 114, 116, 122, 161, 170 rechts, 178, 179 oben, 197
United States WW2 Document Center 15, 16, 19

Alle hier nicht genannten Abbildungen stammen vom Autor oder aus seinem automobilhistorischen Archiv.

Herzlichen Dank

Was nach Motoren und Hubraum klingt, ist das Kürzel für eine Gruppe ambitionierter Fachleute, die sich für die Bewahrung und Weitergabe der Fahrzeuggeschichte in der Öffentlichkeit einsetzt. So entstand auch dieses Buch durch den Gleichklang der Interessen, die »mobile Lebensgeschichte« von Halwart Schrader als einen Teil von F-kubik zu bewahren und durch die Zusammenarbeit mit dem Verlagshaus Olms zu realisieren.

Seit 2001 ist Halwart Schrader aktiv im Freundeskreis F-kubik, dem »Forum für Fahrzeuggeschichte«. Hier kooperieren Fahrzeug-Historiker, Motorjournalisten, Autoren und in diversen weiteren Medienbereichen aktive Spezialisten. Sie alle eint das Interesse an einer verbesserten Wahrnehmung der Fahrzeuggeschichte in der Öffentlichkeit. Die Gruppe F-kubik ist kein Verein mit Mitgliedschaften. Die Zusammenarbeit setzt eine regionale Nähe voraus, da neben dem medialen Kontakt untereinander auch viermal im Jahr ein direkter Themenaustausch stattfindet. Zur Gruppe F-kubik zählen zur Zeit Eckhart Bartels, Lars Döhmann, Horst-Dieter Görg, Dr. Wolfgang Kaese, Ulrich Knaack, Christian Ludewig, Rainer Manthey, Gerhard Placke, Burkhard Schäfer, Hans-Joachim Weise und als Senior Halwart Schrader. Neben eigenen Veröffentlichungen, gemeinsamen Buchprojekten und Expertisen zu historischen Fahrzeugen bündelt F-kubik ihr Fachwissen zur Fahrzeuggeschichte bei der Mitarbeit an Aufträgen der Industrie, öffentlichen Einrichtungen und privaten Sammlungen sowie bei Oldtimer-Veranstaltungen und -Messen wie der Bremen Classic Motorshow. In ihrer Initiative entstand 2006 die Auszeichnung »Goldener Kolben« für Persönlichkeiten und Institutionen, die sich durch besonderen Einsatz für die Vermittlung der Fahrzeuggeschichte Verdienste erworben haben. Diese jährliche Ehrung dokumentiert inzwischen für den deutschsprachigen Raum das Who is Who zum Erhalt des mobilen Kulturguts.

Zum Austausch in größerem Rahmen wurde das seit 2010 in zeitlichen Abständen veranstaltete »F-kubik Symposium« angeboten. Dessen Inhalte wurden durch Beiträge namhafter Referenten erweitert und auch in einer eigenen Buchreihe »Archiv zur Fahrzeuggeschichte« dokumentiert.

Partner von F-kubik ist der Verlag Olms in Hildesheim. Der Name Olms steht für ein 1888 gegründetes, kontinuierlich gewachsenes Familienunternehmen mit einer Vielzahl von international renommierten Druckwerken aus den unterschiedlichsten Sach- und Fachgebieten. Die Dokumentation von Fahrzeuggeschichte ist bei Olms ein Arbeitsfeld, das mit diesem Buch eine reizvolle Erweiterung findet.